增材制造技术原理及应用

魏青松　主编
史玉升　主审

科学出版社

北京

内 容 简 介

本书首先介绍了增材制造技术概念、发展历程、技术特点、工艺和材料种类以及发展趋势，然后按照工艺分类论述了光固化制造、叠层实体制造、熔融沉积制造、激光选区烧结、激光选区熔化、激光工程净成形、电子束选区熔化、三维喷印等增材制造技术，着重介绍了工艺原理、设备、材料、工艺特点、关键技术及零件性能，论述了增材制造中的数据处理及快速制模技术，最后以系列实验论述相应增材制造技术在各领域的应用。本书内容广泛，专业性突出，系统性强，内容新颖，形成了概念、技术细节和综合应用的有机整体。

本书可供高等学校的材料成形及控制工程专业学生使用，也可供非材料专业学生和工程技术人员参考。

图书在版编目(CIP)数据

增材制造技术原理及应用/魏青松主编.—北京:科学出版社，2017.10
ISBN 978-7-03-053953-3

Ⅰ.①增… Ⅱ.①魏… Ⅲ.①立体印刷—印刷术 Ⅳ.①TS853

中国版本图书馆 CIP 数据核字(2017)第 168323 号

责任编辑：吉正霞 王 晶／责任校对：邵 娜
责任印制：张 伟／封面设计：苏 波

科 学 出 版 社 出版
北京东黄城根北街 16 号
邮政编码：100717
http://www.sciencep.com

北京凌奇印刷有限责任公司 印刷
科学出版社发行 各地新华书店经销
*
开本：787×1092 1/16
2017 年 10 月第 一 版 印张:17
2023 年 7 月第五次印刷 字数:396 000
定价：68.00 元
(如有印装质量问题，我社负责调换)

《增材制造技术原理及应用》
编 委 会

前　　言

　　增材制造也称为快速成形、快速制造、增量制造等,是近三十年来全球先进制造领域兴起的一项集光、机、电、计算机及新材料于一体的先进制造技术。与切削等材料"去除法"不同,该技术通过将液体、粉末及丝状等离散材料逐层堆积成三维实体,因此被通俗地称为"3D 打印"。该技术发展时间虽短,但其在复杂结构快速制造、个性化定制方面显现出来的优势越来越受到重视。该技术不但改变了传统的加工模式,还是大规模生产向定制化制造转变的有效实现手段之一,因而受到了各国、各行各业的高度重视。但是,该技术发展并不成熟,新工艺、新材料、新装备不断涌现,技术进步速度快,以致至今还没有一本全面、专业、系统的大中专教学用教材。为此,华中科技大学组织了一批国内长期从事增材制造技术研究和教学的科研人员,综合国内外相关研究成果,在多年科研的基础上编写了本教材。

　　本书的编写思路及特点:以工艺为主线,兼顾材料形态;以典型方法为主,兼顾新工艺导向;侧重基础,着重于工艺原理和关键技术的论述;对于多种工艺方法,做到精选内容,讲透一种,举一反三;以典型案例呈现技术特点,实现基础与实用并重;在概论中着重讲述不同成形工艺的共同点,在实验部分中设计系列实验,形成全书总体概念、技术细节和综合应用有机的整体,达到由浅入深、学以致用的教学目的。

　　全书分为 12 章。第 1 章为概论,简述增材制造技术的概念、发展历程、技术特点、工艺和材料种类及发展趋势;第 2~9 章按工艺分类介绍光固化技术(SLA)、叠层实体制造(LOM)、熔融沉积成形(FDM)、激光选区烧结(SLS)、激光选区熔化(SLM)、激光工程净成形(LENS)、电子束选区熔化(SEBM)、三维喷印(3DP)8 种增材制造技术,重点介绍工艺原理、设备、材料、工艺特点、关键技术及零件性能等内容;第 10 章阐述增材制造中的数据处理;第 11 章讲述基于增材制造技术的快速制模技术;第 12 章设计系列实验,供实践教学参考。

　　本书由华中科技大学魏青松主编。具体写作分工如下:第 1 章、第 9 章、第 12 章由华中科技大学魏青松编写;第 2 章由华中科技大学莫健华编写;第 3 章、第 10 章由华东理工大学钱波编写;第 4 章由华中科技大学文世峰编写;第 5 章由华中科技大学闫春泽编写;第 6 章由华中科技大学魏青松、宋波编写;第 7 章由西安交通大学鲁中良编写;第 8 章由北京航空制造工程研究所张升编写;第 11 章由武汉理工大学刘凯编写。另外,华中科技大学博士后周燕,研究生韩昌骏、唐萍、李帅、赵晓、朱伟、田乐、王倩、季宪泰、陈鹏等参与了编写工作。本书最后由华中科技大学史玉升教授主审。

　　由于作者水平有限,书中难免有疏漏之处,恳请广大读者批评、指正。

编　者

2016 年 12 月

目　　录

第1章　概论 ………………………………………………………………………………… 1

　1.1　增材制造技术概念 ……………………………………………………………………… 1

　1.2　增材制造技术发展历程 ……………………………………………………………… 2

　1.3　增材制造技术特点 …………………………………………………………………… 3

　1.4　增材制造的工艺种类 ………………………………………………………………… 4

　1.5　增材制造使用的材料 ………………………………………………………………… 5

　1.6　增材制造技术的发展趋势 …………………………………………………………… 6

第2章　光固化制造技术 ……………………………………………………………………… 8

　2.1　光固化制造技术发展历史 …………………………………………………………… 8

　2.2　光固化成形工艺原理 ………………………………………………………………… 8

　2.3　光固化成形材料 ………………………………………………………………………… 9

　2.4　光固化成形系统及工艺 …………………………………………………………… 15

　　2.4.1　成形系统的组成及其工艺流程 …………………………………………… 15

　　2.4.2　成形过程 ………………………………………………………………………… 17

　　2.4.3　成形工艺 ………………………………………………………………………… 19

　　2.4.4　成形时间 ………………………………………………………………………… 20

　　2.4.5　成形件的后处理 ……………………………………………………………… 21

　2.5　光固化成形精度 ……………………………………………………………………… 22

　　2.5.1　影响精度的因素 ……………………………………………………………… 22

　　2.5.2　衡量精度的标准 ……………………………………………………………… 25

　　2.5.3　标准测试件的测量 …………………………………………………………… 25

　　2.5.4　提高精度的方法 ……………………………………………………………… 26

　2.6　光固化成形设备 ……………………………………………………………………… 27

　2.7　光固化成形典型应用 ……………………………………………………………… 30

　　2.7.1　在珠宝首饰中的应用 ………………………………………………………… 30

　　2.7.2　在生物制造工程和医学中的应用 ……………………………………… 31

　　2.7.3　在软模快速制造方面的应用 ……………………………………………… 31

第3章　叠层实体制造技术 ……………………………………………………………… 33

　3.1　叠层实体制造技术发展历史 ……………………………………………………… 33

　3.2　叠层实体制造工艺原理 …………………………………………………………… 33

3.3　叠层实体制造成形材料 ………………………………………………… 35

3.4　叠层实体制造设备及核心器件 ………………………………………… 37

3.5　叠层实体制造工艺参数 ………………………………………………… 41

3.6　叠层实体制造后处理 …………………………………………………… 42

3.7　叠层实体制造工艺特点 ………………………………………………… 43

　　3.7.1　叠层实体制造技术的特点 ……………………………………… 43

　　3.7.2　叠层实体制造成形的精度 ……………………………………… 45

3.8　叠层实体制造成形效率 ………………………………………………… 46

3.9　叠层实体制造典型应用 ………………………………………………… 47

　　3.9.1　复杂结构成形 …………………………………………………… 47

　　3.9.2　产品原型制作 …………………………………………………… 48

　　3.9.3　工业产品模型 …………………………………………………… 49

　　3.9.4　工艺品制作 ……………………………………………………… 49

　　3.9.5　铸造木模制作 …………………………………………………… 49

第4章　熔融沉积成形技术 ……………………………………………………… 51

4.1　熔融沉积成形技术发展历史 …………………………………………… 51

4.2　熔融沉积成形工艺原理 ………………………………………………… 52

　　4.2.1　熔融挤出过程 …………………………………………………… 52

　　4.2.2　喷头内熔体的热平衡 …………………………………………… 53

　　4.2.3　喷头内熔体流动性 ……………………………………………… 54

4.3　熔融沉积成形材料 ……………………………………………………… 56

　　4.3.1　聚合物材料物性分析 …………………………………………… 57

　　4.3.2　聚合物材料的热物理性质 ……………………………………… 58

　　4.3.3　成形材料的性能要求 …………………………………………… 59

　　4.3.4　支撑材料的性能要求 …………………………………………… 61

4.4　熔融沉积成形系统 ……………………………………………………… 62

　　4.4.1　硬件系统 ………………………………………………………… 62

　　4.4.2　软件系统 ………………………………………………………… 68

4.5　熔融沉积成形设备 ……………………………………………………… 69

　　4.5.1　熔融沉积成形设备的组成 ……………………………………… 69

　　4.5.2　典型熔融沉积成形设备 ………………………………………… 70

4.6　熔融沉积成形工艺流程 ………………………………………………… 72

　　4.6.1　前处理 …………………………………………………………… 72

　　4.6.2　原型制作 ………………………………………………………… 72

　　4.6.3　后处理 …………………………………………………………… 73

4.7　熔融沉积成形优缺点 …………………………………………………… 73

4.8　熔融沉积成形误差 ……………………………………………………… 74

　　4.8.1　原理性误差分析 ·············· 75
　　4.8.2　工艺性误差分析 ·············· 77
　　4.8.3　后期处理误差分析 ············ 81
4.9　熔融沉积成形制件力学性能 ········ 82
4.10　熔融沉积成形典型应用 ··········· 83
　　4.10.1　教育科研 ················· 83
　　4.10.2　建筑行业 ················· 84
　　4.10.3　消费娱乐行业 ·············· 84
　　4.10.4　地理信息系统 ·············· 84
　　4.10.5　医疗行业 ················· 85
　　4.10.6　工业设计行业 ·············· 85
　　4.10.7　配件饰品 ················· 86

第5章　激光选区烧结技术 ············· 87
5.1　激光选区烧结技术发展历史 ········ 87
5.2　激光选区烧结工艺原理 ··········· 88
　　5.2.1　激光选区烧结成形原理 ········ 88
　　5.2.2　激光烧结机理 ·············· 89
5.3　激光选区烧结成形材料 ··········· 91
　　5.3.1　粉末特性 ················· 91
　　5.3.2　成形材料分类 ·············· 92
5.4　激光选区烧结核心器件 ··········· 95
5.5　激光选区烧结成形设备 ··········· 97
5.6　激光选区烧结工艺特点 ··········· 99
5.7　激光选区烧结制件性能 ·········· 100
　　5.7.1　高分子尼龙-12/铝复合材料 SLS 制件性能 ·· 100
　　5.7.2　覆膜砂 SLS 制件性能 ········ 101
　　5.7.3　Al_2O_3 陶瓷 SLS 制件性能 ····· 102
　　5.7.4　金属制件性能 ············· 104
5.8　激光选区烧结的典型应用 ········· 105
　　5.8.1　铸造砂型(芯)成形 ········· 105
　　5.8.2　铸造熔模的成形 ············ 105
　　5.8.3　高分子功能零件的成形 ······· 106
　　5.8.4　生物制造 ················ 107

第6章　激光选区熔化技术 ············ 109
6.1　激光选区熔化技术发展历史 ······· 109
6.2　激光选区熔化工艺原理 ·········· 110

6.2.1 激光能量的传递 ……………………………………………………… 110

6.2.2 金属粉体对激光的吸收率 …………………………………………… 110

6.2.3 熔池动力学 …………………………………………………………… 111

6.2.4 熔池稳定性 …………………………………………………………… 111

6.3 激光选区熔化成形材料 ………………………………………………… 112

6.3.1 粉末堆积特性 ………………………………………………………… 112

6.3.2 粒径分布 ……………………………………………………………… 113

6.3.3 粉末的流动性 ………………………………………………………… 114

6.3.4 粉末的氧含量 ………………………………………………………… 114

6.3.5 粉末对激光的吸收率 ………………………………………………… 114

6.4 激光选区熔化核心器件 ………………………………………………… 115

6.4.1 主机 …………………………………………………………………… 115

6.4.2 激光器 ………………………………………………………………… 115

6.4.3 光路传输系统 ………………………………………………………… 117

6.4.4 控制系统 ……………………………………………………………… 118

6.4.5 软件系统 ……………………………………………………………… 118

6.5 激光选区熔化成形设备 ………………………………………………… 119

6.5.1 激光选区熔化成形的设备组成 ……………………………………… 119

6.5.2 典型 SLM 设备 ……………………………………………………… 121

6.6 激光选区熔化成形工艺流程 …………………………………………… 123

6.6.1 材料准备 ……………………………………………………………… 123

6.6.2 工作腔准备 …………………………………………………………… 124

6.6.3 模型准备 ……………………………………………………………… 124

6.6.4 零件加工 ……………………………………………………………… 124

6.6.5 零件后处理 …………………………………………………………… 126

6.7 激光选区熔化优缺点 …………………………………………………… 126

6.8 激光选区熔化冶金特点 ………………………………………………… 128

6.8.1 球化 …………………………………………………………………… 128

6.8.2 孔隙 …………………………………………………………………… 129

6.8.3 裂纹 …………………………………………………………………… 129

6.8.4 典型材料的微观特征与力学性能 …………………………………… 130

6.9 激光选区熔化的典型应用 ……………………………………………… 132

6.9.1 轻量化结构 …………………………………………………………… 132

6.9.2 个性化植入体 ………………………………………………………… 134

6.9.3 随形水道模具 ………………………………………………………… 135

6.9.4 复杂整体结构 ………………………………………………………… 136

6.9.5 免组装结构 …………………………………………………………… 137

第7章　激光工程净成形技术 ································· 140

7.1　激光工程净成形技术发展历史 ····················· 140

7.2　激光工程净成形的工艺原理 ······················· 142

　7.2.1　粉末熔化和凝固过程 ························· 143

　7.2.2　熔池特征 ······························· 144

　7.2.3　粉末穿过激光束到达熔覆层表面的状态 ············· 145

7.3　激光工程净成形材料 ··························· 145

　7.3.1　粉末粒度 ······························· 146

　7.3.2　粉末流动性 ····························· 147

　7.3.3　成形材料的种类 ··························· 147

7.4　激光工程净成形的核心器件 ······················· 147

　7.4.1　激光系统——高功率激光器 ···················· 148

　7.4.2　数控系统 ······························· 150

　7.4.3　送粉系统——喷嘴 ·························· 150

　7.4.4　气氛控制系统 ···························· 152

　7.4.5　监测与反馈控制系统 ························· 153

7.5　激光工程净成形的设备 ························· 153

7.6　激光工程净成形的工艺流程 ······················· 153

　7.6.1　模型准备 ······························· 154

　7.6.2　材料准备 ······························· 154

　7.6.3　送料工艺 ······························· 154

　7.6.4　零件加工 ······························· 154

　7.6.5　零件后处理 ····························· 155

7.7　激光工程净成形优缺点 ························· 155

7.8　激光工程净成形的冶金特点 ······················· 156

　7.8.1　体积收缩过大 ···························· 157

　7.8.2　粉末爆炸逆飞 ···························· 157

　7.8.3　微观裂纹 ······························· 157

　7.8.4　成分偏析 ······························· 158

　7.8.5　残余应力 ······························· 158

7.9　激光工程净成形典型应用 ······················· 159

　7.9.1　快速模具制造 ···························· 159

　7.9.2　高精复杂零件的快速制造和修复 ·················· 159

　7.9.3　梯度功能材料的设计与制造 ···················· 160

第8章　电子束选区熔化技术 ································· 162

8.1　电子束选区熔化技术发展历史 ····················· 162

8.2 电子束选区熔化技术工艺原理 ……………………………………………… 162

8.3 电子束选区熔化成形材料 ……………………………………………………… 163

8.4 电子束选区熔化核心器件 ……………………………………………………… 164

    8.4.1 电子枪系统 ………………………………………………………………… 164

    8.4.2 真空系统 …………………………………………………………………… 164

    8.4.3 控制系统 …………………………………………………………………… 164

    8.4.4 软件系统 …………………………………………………………………… 165

8.5 电子束选区熔化的装备 ………………………………………………………… 165

8.6 电子束选区熔化工艺流程 ……………………………………………………… 166

8.7 电子束选区熔化的优缺点 ……………………………………………………… 167

8.8 电子束选区熔化的冶金特点 …………………………………………………… 167

    8.8.1 电子束选区熔化技术的冶金缺陷 ……………………………………… 167

    8.8.2 典型材料的微观特征与力学性能 ……………………………………… 169

8.9 电子束选区熔化的典型应用 …………………………………………………… 170

第9章 三维喷印技术 ……………………………………………………………… 172

9.1 三维喷印技术发展历史 ………………………………………………………… 172

9.2 三维喷印技术工艺原理 ………………………………………………………… 173

    9.2.1 液滴对粉末表面的冲击 ………………………………………………… 173

    9.2.2 液滴在粉末表面的润湿 ………………………………………………… 174

    9.2.3 液滴的毛细渗透 ………………………………………………………… 174

    9.2.4 液滴对粉末的黏结固化 ………………………………………………… 175

9.3 三维喷印成形材料 ……………………………………………………………… 175

    9.3.1 基体材料 …………………………………………………………………… 176

    9.3.2 黏结材料 …………………………………………………………………… 178

    9.3.3 添加材料 …………………………………………………………………… 179

9.4 三维喷印核心器件 ……………………………………………………………… 179

    9.4.1 喷头的工作原理和典型结构示意图 …………………………………… 179

    9.4.2 喷头的工作参数 ………………………………………………………… 181

9.5 三维喷印成形设备 ……………………………………………………………… 182

    9.5.1 典型三维喷印设备的组成 ……………………………………………… 182

    9.5.2 国外主流三维喷印厂商设备 …………………………………………… 183

    9.5.3 主要工艺参数 …………………………………………………………… 183

9.6 三维喷印工艺过程 ……………………………………………………………… 184

    9.6.1 总体规划及黏结方案确定 ……………………………………………… 185

    9.6.2 黏结剂设计 ………………………………………………………………… 186

    9.6.3 粉末设计 …………………………………………………………………… 187

    9.6.4 粉液综合实验及工艺参数优化 ………………………………………… 188

9.6.5　后处理 ·· 188
9.7　三维喷印优缺点 ··· 189
9.8　三维喷印典型应用 ·· 190
9.8.1　原型制作 ·· 190
9.8.2　快速制模 ·· 190
9.8.3　功能部件制造 ··· 191
9.8.4　医学领域 ·· 191
9.8.5　制药工程 ·· 192
9.8.6　组织工程 ·· 192
9.8.7　电子电路制造的应用 ·· 192

第10章　增材制造数据处理 ··· 194

10.1　STL模型发展历史 ·· 194
10.2　STL模型的文件格式及拓扑优化 ·· 194
10.2.1　STL文件格式 ··· 194
10.2.2　STL文件拓扑关系的建立 ··· 196
10.2.3　STL文件数据的错误修正 ··· 198
10.2.4　STL模型偏置 ··· 202
10.2.5　STL模型镂空 ··· 202
10.3　STL模型切片 ··· 204
10.3.1　基于几何拓扑信息的分层切片 ·· 204
10.3.2　基于三角形面片位置信息的分层切片 ·· 205
10.3.3　基于STL网格模型几何连续性的分层切片 ·· 205
10.4　填充算法 ·· 206
10.4.1　填充的类型及特点 ·· 206
10.4.2　填充算法 ··· 207
10.5　支撑结构 ·· 210
10.5.1　柱状支撑 ··· 210
10.5.2　块体支撑 ··· 211
10.5.3　网格支撑 ··· 211
10.6　AMF文件格式 ·· 213
10.6.1　文件结构 ··· 213
10.6.2　几何规范 ··· 213
10.6.3　颜色规范 ··· 214
10.6.4　纹理映射 ··· 214
10.6.5　材料规范 ··· 214
10.6.6　打印纹理 ··· 214
10.6.7　元数据 ··· 214

　　　10.6.8　可选曲线三角形 ……………………………………………… 214
　　　10.6.9　公式 ………………………………………………………… 215
　　　10.6.10　压缩 ………………………………………………………… 215
　10.7　其他数据格式 ………………………………………………………… 215
　　　10.7.1　OBJ 文件 …………………………………………………… 215
　　　10.7.2　PLY 文件 …………………………………………………… 216
　　　10.7.3　常见的中间数据格式 ……………………………………… 216

第 11 章　快速制模技术 …………………………………………………… 218
　11.1　快速制模技术发展历史 ……………………………………………… 218
　11.2　软模技术 ……………………………………………………………… 219
　　　11.2.1　硅橡胶模具的特点 …………………………………………… 219
　　　11.2.2　制造硅橡胶模具工艺 ………………………………………… 220
　　　11.2.3　硅橡胶模具制作的主要工艺问题 …………………………… 221
　　　11.2.4　硅橡胶模具的应用 …………………………………………… 222
　11.3　过渡模技术 …………………………………………………………… 224
　　　11.3.1　铝填充环氧树脂模 …………………………………………… 224
　　　11.3.2　铸造模技术 …………………………………………………… 226
　11.4　硬模技术 ……………………………………………………………… 230
　　　11.4.1　直接成形金属模具 …………………………………………… 231
　　　11.4.2　间接方法制作金属模具 ……………………………………… 234

第 12 章　增材制造实验 …………………………………………………… 240
　12.1　飞机发动机模型光固化成形实验 …………………………………… 240
　12.2　故宫建筑模型叠层实体制造实验 …………………………………… 241
　12.3　兵马俑模型熔融沉积成形实验 ……………………………………… 243
　12.4　人脸反求工程实验 …………………………………………………… 245
　12.5　手机壳软模翻制实验 ………………………………………………… 247
　12.6　中国龙铸型激光选区烧结实验 ……………………………………… 249
　12.7　镂空结构金属戒指模型激光选区熔化制造实验 …………………… 250
　12.8　涡轮叶片砂型三维喷印成形实验 …………………………………… 252

参考文献 ……………………………………………………………………… 254

第1章 概　　论

1.1　增材制造技术概念

增材制造(additive manufacturing,AM)属于一种制造技术。它依据三维 CAD 设计数据,采用离散材料(液体、粉末、丝等)逐层累加制造实体零件。相对于传统切削的材料去除和模具成形的材料变形,增材制造是一种"自下而上"材料累加的制造过程,在材料加工方式上有本质区别。

自 20 世纪 80 年代开始,增材制造技术逐步发展,期间也被称为"材料累加制造"(material increase manufacturing)、"快速原型"(rapid prototyping)、"分层制造"(layered manufacturing)、"实体自由制造"(solid free-form fabrication)、"三维喷印"(3D printing)等,在我国大多称之为"快速成形""快速制造"或"快速成形制造"等,名称各异的叫法分别从不同侧面表达了该制造工艺的技术特点。

从加工过程中材料量的变化角度看,制造技术大致可分为以下三种形式:

(1) 材料去除方式,也称为减材制造。一般是指利用刀具或电化学方法,去除毛坯中不需要的材料,剩下的部分即是所需加工的零件或产品。

(2) 材料成形方式,也称为等材制造技术。如铸造、锻压、冲压、注塑等方法,主要是利用模具控形,将液体或固体材料变为所需结构的零件或产品。

(3) 增材制造。它是利用液体、粉末、丝等离散材料,通过某种方式逐层累积制造复杂结构零件或产品的方法。

前两种形式是目前加工制造的最常用工艺,像铸造工艺已有数千年历史。第三种形式至今仅有不到 30 年的发展历程。

增材制造具有明显的数字化特征,集新材料、光学、高能束、计算机软件、控制等技术于一体。其工作过程可以划分为两个阶段:

(1) 数据处理过程。对计算机辅助设计的三维 CAD 模型进行分层"切片"处理,将三维 CAD 数据分解为若干二维轮廓数据。

(2) 叠层制作过程。依据分层的二维数据,采用某种工艺制作与数据分层厚度相同的薄片实体,每层薄片"自下而上"叠加起来,构成了三维实体,实现了从二维薄层到三维实体的制造。从工艺原理上来看,数据从三维到二维是一个"微分"过程,依据二维数据制作二维薄层然后叠加成"三维"实体的过程则是一个"积分"过程。该过程将三维复杂结构降为二维结构,降低了制造难度,在制造复杂结构(如栅格、内流道等)方面较传统方法具有突出优势。该分层制造思想相对于传统"减材制造"模式是一个变革。该思想很早就有,但只是在近 30 年数字化设计和制造技术不断发展的基础上才转变为自动化设备,并形成了增材制造技术。

采用增材制造技术,人们可以发挥最大自由度的想象力,创造各种各样的成形方法。

例如,采用光化学反应原理,研制出了光固化成形方法;利用叠纸切割的物理方法,研制出了叠层实体制造方法;利用喷胶黏接方法,研制出了三维喷印成形方法;利用金属熔焊原理,研制出了金属熔覆成形方法等。多种实现工艺方法表明,增材制造技术已经从传统制造技术向多学科融合发展,物理、化学、生物和材料等新技术的发展给增材制造技术的提升带来了新的生命力。增材制造给制造技术带来了巨大的变革,更为重要的是这一工业化设备逐步走向生活,演变成办公和家庭等个人消费型产品,使得创造更加容易,加强了人们创新的积极性,增添了创新的乐趣。

1.2　增材制造技术发展历程

1. 增材制造技术在国外的发展概况

第一阶段,思想萌芽。增材制造技术的核心思想最早起源于美国。早在 1892 年,美国 Blanther 在其专利中提出了利用分层制造法制作地形图。1902 年,美国 Carlo Baese 在一项专利中提出了用光敏聚合物分层制造塑料件的原理。1940 年,Perera 提出了切割硬纸板并逐层黏接成三维地图的方法。直到 20 世纪 80 年代中后期,增材制造技术开始了根本性发展,出现了一大批专利,仅在 1986~1998 年间注册的美国专利就达 20 多项。但这期间增材制造仅仅停留在设想阶段,大多还是一个概念,并没有付诸实际。

第二阶段,技术诞生。标志性成果是 5 种常规增材制造技术的发明。1986 年,美国 Uvp 公司 Charles W. Hull 发明了光固化(stereo-lithography apparatus,SLA)技术;1988 年,美国 Feygin 发明了叠层实体制造(laminated object manufacturing,LOM)技术;1989 年,美国得克萨斯大学 Deckard 发明了粉末激光选区烧结技术(selective laser sintering,SLS);1992 年,美国 Stratasys 公司 Crump 发明了熔融沉积成形(fused deposition modeling,FDM)技术;1993 年,美国麻省理工大学 Sachs 发明了三维喷印技术(three-dimensional printing,3DP)。

第三阶段,设备推出。1988 年,美国 3D Systems 公司根据 Hull 的专利,制造了第一台增材制造设备 SLA250,开创了增材制造技术发展的新纪元。在此后的 10 年中,增材制造技术蓬勃发展,涌现出了十余种新工艺和相应的成形设备。1991 年,美国 Stratasys 公司的 FDM 设备、Cubital 公司的实体平面固化(solid ground curing,SGC)设备和 Helisys 公司的 LOM 设备都实现了商业化。1992 年,美国 DTM 公司(现属于 3D Systems 公司)的 SLS 设备研发成功。1994 年,德国 EOS 公司推出了 EOSINT 型 SLS 设备。1996 年,3D Systems 使用三维喷印技术,制造了第一台 3DP 设备 Actua2100。同年,美国 Zcorp 公司也发布了 Z402 型 3DP 设备。总体上,美国在增材制造设备研制和生产销售方面占全球的主导地位,其发展水平及趋势基本代表了世界增材制造技术的发展历程。另外,欧洲和日本也不甘落后,纷纷进行了相关技术研究和设备研发。

第四阶段,大范围应用。随着工艺、材料和设备的日益成熟,增材制造技术的应用范围由模型和原型制作进入产品快速制造阶段。早期增材制造技术受限于材料种类和工艺水平的限制,主要应用于模型和原型制作,如制作新型手机外壳模型等,因而习惯称之为快速原型技术(rapid prototyping,RP)。

以上述 5 种常规增材制造技术为代表的早期增材制造可被称为经典增材制造技术。

新兴增材制造技术则强调直接制造为人所用的功能制件及零件,如金属结构件、高强度塑料零件、高温陶瓷部件及金属模具等。高性能金属零件的直接制造是增材制造技术由"快速原型"向"快速制造"转变的重要标志之一。2002 年,德国成功研制了激光选区熔化(selective laser melting,SLM)设备,可成形接近全致密的精细金属零件和模具,其性能可达到同质锻件水平。同时,电子束熔化(electronic beam melting,EBM)、激光工程净成形(laser engineering net shaping,LENS)等金属直接制造技术与设备涌现出来。这些技术面向航空航天、生物医疗和模具等高端制造领域,直接成形复杂和高性能的金属零部件,解决一些传统制造工艺面临的结构和材料难加工甚至是无法加工等制造难题,因此增材制造技术的应用范围越来越广泛。

2. 增材制造技术在我国的发展概况

自 20 世纪 90 年代初开始,以西安交通大学、清华大学、华中科技大学和北京隆源公司几家单位为代表,在国内率先开展增材制造技术的研究与开发。西安交通大学重点研究 SLA 技术,并开展了增材制造生物组织和陶瓷材料方面的应用研究;清华大学开展了FDM、EBM 和生物 3DP 技术的研究;华中科技大学开展了 LOM、SLS、SLM 等增材制造技术的研究;北京隆源公司重点研发和销售 SLS 设备。随后又有一批高校和研究机构参与到该项技术的研究之中。北京航空航天大学和西北工业大学开展了 LENS 技术研究,中航工业北京航空制造工程研究所和西北有色金属研究院开展了 EBM 技术的研究,华南理工大学、南京航空航天大学开展了 SLM 技术的研究等。国内高校和企业通过科研开发和设备产业化改变了该类设备早期依赖进口的局面,通过近二十多年的应用研发与推广,在全国建立了数十个增材制造服务中心,用户遍布航空航天、生物医疗、汽车、军工、模具、电子电器及造船等行业,推动了我国制造技术的发展和传统产业升级。

1.3 增材制造技术特点

1. 适合复杂结构的快速制造

与传统机加工和模具成形等工艺相比,增材制造将三维实体加工变为若干二维平面加工,大大降低了制造的复杂度。从原理而言,只要在计算机上设计出结构模型,就可以应用该技术在无须刀具、模具及复杂工艺条件下快速地将"设计"变为"现实"。制造过程几乎与零件的结构复杂度无关,可实现"自由制造",这是传统加工无法比拟的。应用增材制造可制造出传统方法难加工(如自由曲面叶片、复杂内流道等)甚至是无法加工(如内部镂空结构,如图 1.1 所示)的非规则结构;可实现零件结构的复杂化、整体化和轻量化制造,尤其是在航空航天、生物医疗及模具制造等领域具有广阔的应用前景。

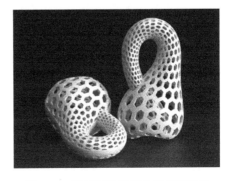

图 1.1 增材制造的复杂镂空结构件

2. 适合个性化定制

与传统大规模批量生产需要大量工艺技术准备和工装、设备等制造资源相比，增材制造在快速生产和灵活性方面极具优势。从设计到制造，中间环节少、工艺流程短，特别适合于珠宝、人体器官、文化创意等个性化定制、小批量生产以及产品定型之前的验证性制造，可极大降低加工成本和周期。

3. 适合于高附加值产品的制造

增材制造的诞生仅30多年的时间，相比于传统制造技术非常年轻和不成熟。现有大多数增材制造工艺的加工速率较低（主要指单位时间内制造的体积或重量）、零件加工尺寸受限（最大约为2m左右）、材料种类有限；主要应用于成形单件、小批量和常规尺寸制造，在大规模生产、大尺寸和微纳尺度制造等方面不具备优势。因此，增材制造技术适合应用于航空航天、生物医疗以及珠宝等高附加值产品的制造，且主要用于大规模生产前的研发与设计验证以及个性化制造。

4. 面临技术成熟度低、材料种类有限和应用范围小等局限

增材制造是一项以三维CAD模型为加工数据并由计算机控制，集数字化设计和数字化制造于一体的先进制造技术。但截至目前，增材制造比传统机加工、铸、锻、焊以及模具工艺的技术成熟度低，与大范围应用尚有一定差距。材料的适用范围比较少，制件的精度相对较低。目前来看，短时间内增材制造难以替代传统制造工艺，而是传统技术的一个发展和补充。增材制造的应用还面临着稳定性差、成本高等问题，而这些问题会随着研究和工程应用的深入而不断解决。

1.4　增材制造的工艺种类

增材制造综合了材料、机械、计算机等多学科知识，属于一种多学科交叉的先进制造技术。美国试验与材料协会（American Society for Testing and Materials，ASTM）F42增材制造技术委员会按照材料堆积方式，将增材制造技术分为表1.1所示的6大类。每种工艺技术都有特定的应用范围，大多数工艺可用于模型制造，部分工艺可用于高性能塑料、金属零部件的直接制造以及受损部位的修复。

表1.1　增材制造的工艺类型及特点

工艺方法	代表性公司	材料	用途
SLA	3D Systems(美国)	光敏聚合物	模型制造、零部件直接制造
三维喷印	Objet(以色列)	聚合物	模型制造、零部件直接制造
	3D Systems(美国)	聚合物、砂、陶瓷、金属	模型制造
FDM	Stratasys(美国)	聚合物	模型制造、零部件直接制造

续表

工艺方法	代表性公司	材料	用途
SLS/SLM/EBM	EOS(德国) 3D Systems(美国) Arcam(瑞典)	聚合物、砂、陶瓷、金属	模型制造、零部件直接制造
LOM	Fabrisonic(美国)	纸、金属、陶瓷	模型制造、零部件直接制造
LENS	Optomec(美国)	金属	修复、零部件直接制造

1.5　增材制造使用的材料

增材制造在材料形式上与传统加工工艺有非常大的区别,它主要采用液体、粉末、丝、片等离散材料。例如,SLA 采用光敏树脂液体材料,SLS、SLM、EBM、LENS、3DP 等采用粉末材料;FDM 采用丝状材料;LOM 采用片状材料。从材料的物化特性分类,增材制造的材料包括纸、高分子、陶瓷(砂子)、金属及其复合材料。其中,应用最多的为高分子和金属材料,其他材料则主要应用于一些特殊工艺或场合。高分子材料适用于 FDM、SLA、3DP 和 SLS 等工艺,金属材料适用于 SLM、EBM 和 LENS 等工艺。导致这两类材料应用最多的另外一个重要原因是其可用于终端功能零件的制造;而与之对应的如纸和陶瓷(砂子)等材料则主要用于模型或性能较低的初坯制作。

目前,针对各种工艺已形成了多种类型的材料。以 SLA 技术为例,其材料包括类工程塑料、类金属塑料、渗陶瓷或金属树脂几大类。光敏树脂经 SLA 成形后的制件从外观和力学性能上与普通工程塑料件非常接近,可充当功能零件进行力学测试、功能分析和整体评价。如荷兰 DSM 公司的 Somos9100、Somos9900 和注塑级 Somos9420EP-White 等产品,均是类 PP 塑料的光敏树脂,且各自性能有所差异。不同行业对制件的功能要求不同,如力学测试需要一定强度、验证装配需要较好的成形精度和尺寸稳定性。以色列 Solidimension 公司生产的 InVision LD 树脂材料,不需要进行后固化处理和加工,制件外观类似注塑件,具有高精度、坚固和耐老化等优点,可用于模型验证阶段的结构、配合和功能测试等。美国 Pitney 公司针对 SLA 成形的光敏树脂制件强度不高、耐磨性低、容易吸潮等缺点,通过电镀和电铸工艺在其表面沉积一层约 0.02 in(1 in＝0.0254 m)的铜/镍金属膜,使强度提高了近 10 倍,硬度增强了 100 倍,冲击强度提高了 6 倍,热变形温度提高了两倍,同时具有良好的尺寸稳定性、耐水性、抗翘曲性和耐老化等特性。法国 Dufaud 等人对压电陶瓷的光固化成形工艺进行了研究,将 PZT 压电陶瓷粉末混入丙烯酸基 Diacry 1101 和环氧树脂 Somos 6100 光敏树脂中,并添加一定含量的分散剂,对陶瓷悬浮液的流变和曝光性能进行了测试,成功地制造出具有精细结构的三维制件,其 PZT 陶瓷含量达 80wt·%。

用于 SLS 工艺的塑料材料种类也非常多。美国 3D Systems 公司提供了 8 个系列的 SLS 专用材料,与其设备配套销售。材料种类包括 PS、PA、PP、ABS 等塑料,应用范围涵盖航空航天、汽车、家电、数码及运动器材等领域。既可成形供最终产品组装使用的高性能塑料零件,又可成形供多金属铸造用的蜡型。在性能方面,有些材料具有高强度特性,有些则具有突出的弹性,有些甚至具备良好的高温性能。另外,在材料的外观形貌如色彩等方面也有丰富的变化可供选择。德国 EOS 公司提供尼龙-12(polyamide 12)和聚苯乙烯(polystyrene,PS)塑料粉末,还有添加金属合金、玻璃微珠或碳纤维后的改性材料。除此之外,EOS 公司还提供了一种 SLS 成形用耐高温(200~300 ℃)和高强度(约 90 MPa)塑料——聚醚醚酮(poly ether ether ketone,PEEK),有潜力成为航空航天、生物医疗和汽车等领域部分金属零件的理想替代材料。

与塑料等非金属材料不同,金属材料在烧结、注射成形及锻造等传统工艺中均有较为成熟的应用,有些可以直接为增材制造所用。例如,SLM 工艺可以选用商用微细金属粉末作为成形材料,要求粉末流动性好,粒径细小(10~50 μm);而 EBM 成形中粉末流动性太好容易导致粉层溃散,粒径较激光选区熔化工艺大一个数量级左右,一般为 50~200 μm。目前,用于增材制造用的金属材料包括镍基高温合金、钛合金、铁基合金、铝合金等。

1.6　增材制造技术的发展趋势

增材制造具有典型的数字化特征,代表了先进制造技术的发展趋势。增材制造可促进产品从大规模制造向定制化制造方向发展,以满足逐渐强烈的社会多样化需求。2012年,全球增材制造相关产业年直接产值为 17.1 亿美元,仅占全球制造业市场的 0.02%。但随着增材制造技术的不断发展以及应用的不断深入和拓展,其发展潜力和进步空间不可估量。增材制造为许多新产业和新技术的发展提供了快速响应的制造手段。例如,为人工定制化和个性化假体制造、三维组织支架制造提供了有效手段。用于汽车车型快速开发和飞机外形设计定型,可有效加快新产品的开发进度。国外增材制造技术在航空航天领域的应用量超过了 12%,而我国当前的应用量还非常低。增材制造尤其适合航空航天零件的单件小批量制造,具有成本低和效率高的突出优点,在航空发动机空心涡轮叶片、风洞模型和复杂精密制件制造方面具有巨大的应用潜力。鉴于增材制造在国内外的发展现状,总结增材制造技术的发展趋势为以下几点。

1. 快速原型向功能零件制造发展

随着工艺、材料和设备的日益成熟,增材制造的应用范围由模型和原型制造进入终端零部件的直接制造阶段。早期增材制造受限于材料种类及工艺水平的限制,主要应用于模型和原型制造,如制造新型手机外壳模型等。如今,FDM 和 SLA 技术可成形与塑料性能相当的功能零部件,SLS 技术则可直接成形尼龙、ABS、PP 等塑料零件。德国 EOS 公司新推出的 SLS 设备可成形耐高温 PEEK 塑料。该材料熔点接近 400 ℃,利用注塑和挤塑等传统塑料加工方法存在一定程度的难成形问题。应用 SLS 技术成形 PEEK 材质的复杂零部件,可局部替代航空航天、生物医疗及汽车等领域金属零部件,在低成本、轻量化方面具有非常突出的优势。金属零件的直接制造则更是增材制造直接成形高性能终端零部件的重要标志。LENS 技术成形的大型航空航天结构件已获装机应用;SLM 技术可获得近全致密的精细金属零件和模具,已在人工义齿及复杂模具镶块的快速制造方面获得工业化应用。

2. 常规尺度制造向微纳和大型化等多尺度制造拓展

随着各行各业技术的不断进步,对零件尺寸、精度和制造效率的极端化需求越来越显著。增材制造属于先进制造技术,因而也沿着这种极端化的趋势不断拓展。微纳制造在机械、生物和电子等领域的应用需求十分巨大,增材制造可实现微纳尺度复杂结构的快速制造。日本 Nagoya 大学研制了一种激光光斑直径为 $5~\mu m$、X-Y 平面扫描定位精度为 $0.25~\mu m$、Z 向定位精度为 $1~\mu m$ 的微光固化技术(microlithography),可制造 $5~\mu m \times 5~\mu m \times 3~\mu m$ 的微型制件,在静脉阀、集成电路等领域得到应用。类似于 3DP 工艺的全印制电子工艺,把功能性的油墨或浆料快速地印制在有机或无机基材上,形成各种电子元器件和电子线路。与传统蚀刻减材法相比,该方法具有突出的低成本、结构大面积化、外形柔性化和生产绿色化优点。与此同时,增材制造也不断向大型化方向发展。例如,美国 Optomec 公司最新的 LENS 技术采用 10 个喷嘴同时工作,大大提高成形效率,可制造有效尺寸超过 2 m 的金属结构件。德国 EOS 公司的最新 SLS 设备采用双激光扫描技术,将成形空间提高了近一倍。华中科技大学成功开发了世界最大工作台面的 SLS 设备,并成功应用于超过 1 m 长的六缸柴油发动机缸盖铸造砂芯的整体制造,将其制造周期由原来的 5 个月缩短为 1 周。

3. 工业应用型向日常消费型发展

增材制造最大的技术优势在于其结构和性能的个性化定制,因此特别适合衣、食、住、行等个性化日常消费型应用。低成本的增材制造设备本身还可作为玩具。个人的创意设计或从其他渠道获得的新颖结构可利用该技术快速地变为实物。如英国 Bits from Bytes 等个人消费型增材制造设备的成本仅为数千美元甚至更低,已经开始在教育、科研和个人消费领域获得较大范围的应用。据国外增材制造行业报告统计,截至 2012 年全球使用数量最多的增材制造设备类型为低成本的 FDM 和 3DP 设备。专业销售低成本 FDM 设备的美国 Stratasys 公司连续十年蝉联销售冠军。该公司 2011 年的销售设备数量占全年有统计数据的增材制造设备销售总量的 37.4%。美国 ASTM 委员会称,成本较 FDM 更低、成形材料更广的 3DP 技术在个性化低端制造方面更具发展前景。该类型设备不需要成本昂贵的激光器等器件,外形与现有办公打印机保持一致,只是打印出来的产品由原来二维的纸变为三维实体。3DP 设备可直接作为电脑终端,在办公室甚至是家庭内都可以方便使用,有望发展为人们不可或缺的日常消费品。

思考与判断

1. 名词解释:增材制造、3D 打印。
2. 简述增材制造的工艺原理及特点。
3. 简述增材制造的主要工艺种类。
4. 简述增材制造的技术发展趋势。

第2章 光固化制造技术

2.1 光固化制造技术发展历史

　　1981年,名古屋市工业研究所的小玉秀男发明了两种利用紫外光硬化聚合物的增材制造三维塑料模型的方法,其紫外线照射面积由掩模图形或扫描光纤发射机控制。1984年,美国Uvp公司Hull开发利用紫外激光固化高分子光聚合物树脂的光固化(stereo lithography apparatus,SLA)技术,1986年获得专利。Hull基于该技术创立世界上第一家增材制造公司(3D Systems),并于1988年推出了第一台商品化增材制造设备(SLA250)。同期,日本的CMET和SONY/D-MEC公司也分别在1988年和1989年推出了各自的商品化SLA设备。1990年,德国光电公司(EOS公司)出售了他们的第一套SLA设备,1997年将该业务出售给3D Systems公司,但其仍然是欧洲最大的SLA设备生产商。2001年,日本德岛大学研发出了基于飞秒激光的SLA技术,实现了微米级复杂三维结构的增材制造。

　　进入20世纪后,SLA技术发展速度趋缓,此时SLA在应用领域中主要分为两类:一类是针对短周期、低成本产品验证,如消费电子、计算机相关产品、玩具手办等;另一类是制造复杂树脂结构件,如航空航天、汽车复杂零部件、珠宝、医学零件等。但是高昂的设备价格一直制约着SLA技术的发展。2011年6月,奥地利维也纳技术大学Markus Hatzenbichler和Klaus Stadlmann研制了世界上最小的SLA打印机,仅有牛奶盒大小,重量约3.3 lb(1 lb＝0.453 592 kg)。2012年9月,美国麻省理工学院研究出一款新型SLA打印机——FORM 1,可制作层厚仅为25μm的物体,这是精度最高的增材制造方法之一,售价约2500美元。2016年4月,意大利solido 3D公司开发了基于手机LED屏幕的DLP光固化打印机,成形尺寸为7.6 cm×12.7 cm×5 cm,成形精度可达0.042 mm。该产品使用手机LED屏幕取代传统DLP打印机需要的投影仪,将设备成本大幅降低。国内西安交通大学从20世纪90年代初开始研发SLA技术,并获得产业化生产和销售;上海联泰科技有限公司则专门生产和销售SLA设备;近期则出现了一大批研发桌面型级光固化(DLP)设备的微小企业。

2.2 光固化成形工艺原理

　　利用光能的化学和热作用使液态树脂材料固化,控制光能的形状逐层固化树脂,堆积成形出所需的三维实体零件。利用这种光固化树脂材料的方法通常称之为光固化法。国际上通称为stereo lithography,简称SL。参照第一台光固化设备的生产商美国3D Systems公司的产品名称,也通常称为SLA方法。

　　光固化树脂是一种透明、黏性的光敏液体。当光照射到该液体上时,被照射的部分由于发生聚合反应而固化。光照的方式通常有三种方式,如图 2.1 所示。其一,光源通过一个遮光掩模照射到树脂表面,使材料产生面曝光;其二,控制扫描头使高能光束(如紫外激光等)在树脂表面选择性曝光;其三,利用投影仪投射一定形状的光源到树脂表面,实现其面曝光,拥有更高的效率,同时较第一种方式控制光源形状更为方便。

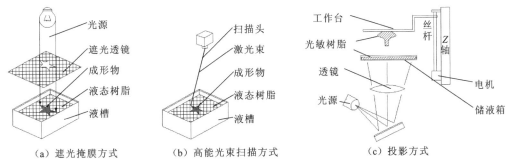

图 2.1　三种曝光方式

对液态树脂进行扫描曝光的方法通常又分为两种,如图 2.2 所示。其一,由计算机控制 X-Y 平面扫描系统,光源经过安装在 Y 轴臂上的聚焦镜实现聚焦,通过控制聚焦镜在 X-Y 平面运动实现光束对液态树脂扫描曝光;其二,采用振镜扫描系统,由电机驱动两片反射镜控制光束在液态光敏树脂表面移动,实现扫描曝光。"X-Y"平面运动方式系统光学器件少、成本低,且易于实现大幅面成形,但成形速度较慢;振镜方式利用反射镜偏转实现光束的直线运动,速度快,但成本较第一种方式贵,且扫描范围受限。

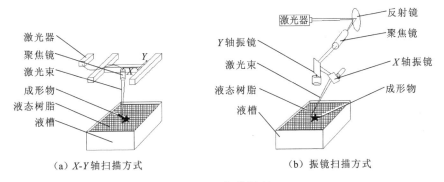

图 2.2　扫描原理

2.3　光固化成形材料

紫外光敏树脂在紫外光作用下产生物理或化学反应,其中能从液体转变为固体的树脂称之为紫外光固化性树脂。它是一种由光聚合性预聚合物(prepolymer)或低聚物(oligomer)、光聚合性单体(monomer)以及光聚合引发剂等为主要成分组成的混合液体(表 2.1)。其主要成分有低聚物(oligomer)、丙烯酸酯(acrylate)和环氧树脂(epoxy)等种类,它们决定了光固化产物的物理特性。低聚物的黏度一般很高,所以要将单体作为光聚合性稀释剂加入其中,以改善树脂整体流动性。在固化反应时单体也与低聚物的分子链反应并硬化。体系中的光聚合引发剂能在光能照射下分解,成为全体树脂聚合开始的"火种"。有时为了提高树脂反应时的感光度还要加入增感剂,其作用是扩大被光引发剂吸收的光波长带,以提高光能吸收效率。此外,体系中还要加入消泡剂、稳定剂等。根据光固化树脂的反应形式,可分为自由基聚合和阳离子聚合两种类型。

表 2.1 紫外光固化材料的基本组分及其功能

名称	功能	常用含量/%	类型
光引发剂	吸收紫外光能,引发聚合反应	≤10	自由基型、阳离子型
低聚物	材料的主体,决定了固化后材料的主要功能	≥40	环氧丙烯酸酯、聚酯丙烯酸酯、聚氨丙烯酸酯等
稀释单体	调整黏度并参与固化反应,影响固化膜性能	20～50	单官能度、双官能度、多官能度
其他	根据不同用途而异	0～30	

1. 光固化成形对紫外光固化树脂材料的要求

光固化成形对紫外光固化树脂材料的要求有以下几点。

(1) 固化前性能稳定,可见光照射下不发生反应。

(2) 黏度低。由于是分层制造技术,光敏树脂进行的是分层固化,就要求液体光敏树脂黏度较低,从而能在前一层上迅速流平;而且树脂黏度小,可以给树脂的加料和清除带来便利。

(3) 光敏性好。对紫外光的光响应速率高,在光强不是很高的情况下能快速固化成形。

(4) 固化收缩小。树脂在后固化处理中收缩程度小,否则会严重影响制件尺寸和形状精度。

(5) 溶胀小。成形过程中固化产物浸润在液态树脂中,如果固化物发生溶胀,将会使制件产生明显形变。

(6) 最终固化产物具有良好的机械强度、耐化学腐蚀性,易于洗涤和干燥,并具有良好的热稳定性。

(7) 毒性小。减少对环境和人体的伤害,符合绿色制造要求。

随着现代科技的进步,增材制造技术得到了越来越广泛的应用。为了满足不同需要,对树脂的要求也随之提高。下面分别介绍光敏树脂主要组成成分的特性及要求。

1) 低聚物

又称预聚物,是含有不饱和官能团的低分子聚合物,多数为丙烯酸酯的低聚物。在辐射固化材料的各组分中,低聚物是光敏树脂的主体,它的性能很大程度上决定了固化后材料的性能。一般而言,低聚物分子量越大,固化时体积收缩越小,固化速度越快;但分子量越大,黏度越高,需要更多的单体稀释剂。因此低聚物的合成或选择无疑是光敏树脂配方设计中重要的一个环节。表 2.2 为常用的光敏树脂低聚物结构和性能。

表 2.2 常用的光敏树脂低聚物结构和性能

类型	固化速率	抗拉强度	柔性	硬度	耐化学性	抗黄变性
环氧丙烯酸酯	快	高	不好	高	极好	中至不好
聚氨丙烯酸酯	快	可调	好	可调	好	可调

续表

类型	固化速率	抗拉强度	柔性	硬度	耐化学性	抗黄变性
聚酯丙烯酸酯	可调	中	可调	中	好	不好
聚醚丙烯酸酯	可调	低	好	低	不好	好
丙烯酸树脂	快	低	好	低	不好	极好
不饱和聚酯	慢	高	不好	高	不好	不好

2）稀释单体

单体除了调节体系的黏度以外,还能影响到固化动力学、聚合程度以及生成聚合物的物理性质等。虽然光敏树脂的性质基本上由所用的低聚物决定,但主要的技术安全问题却必须考虑所用单体的性质。自由基固化工艺所使用的是丙烯酸酯、甲基丙烯酸酯和苯乙烯,以及阳离子聚合所使用的环氧化物以及乙烯基醚等都是辐射固化中常用的单体。由于丙烯酸酯具有非常高(丙烯酸酯>甲基丙烯酸酯>烯丙基>乙烯基醚)的反应活性,工业中一般使用其衍生物作为单体。单体分为单、双官能团单体和多官能团单体。一般增加单体的官能团会加速固化过程,但同时会对最终转化率带来不利影响,导致聚合物中含有大量残留单体。

3）光引发剂

指任何能够吸收辐射能,经过化学变化产生具有引发聚合能力的活性中间体的物质。光引发剂是任何光敏树脂体系都需要的主要组分之一,它对光敏树脂体系的灵敏度(即固化速率)起决定作用。相对于单体和低聚物而言,光引发剂在光敏树脂体系中的浓度较低(一般不超过 10%)。在实际应用中,引发剂本身(固化后引发化学变化的部分)及其光化学反应的产物均不应该对固化后聚合物材料的化学和物理性能产生不良影响。

2. 光固化成形的特性

1）固化形状

激光由于其单一性可将光斑聚集得很小,因此光固化成形一般采用激光作光源。图 2.3 为激光束光强度沿光斑半径方向的高斯分布状态。光束的中心部分光强度最高。用 I 表示单位面积的光强度,I_0 是光束中心部分的 I 值。沿 Z 方向即光束轴线方向,为光强的空间分布。取一直角坐标系 X,Y 平面垂直于光束轴线,强度分布如图 2.3(a)所示。

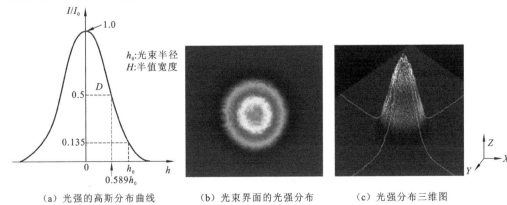

　（a）光强的高斯分布曲线　　　（b）光束界面的光强分布　　　（c）光强分布三维图

图 2.3　单一模式激光束截面的光强度分布

光强度在 X,Y 水平面上的分布可用式(2-1)表示,

$$I(x,y)=\left(\frac{2P_t}{\pi r_0{}^2}\right)e^{-\frac{2h^2}{h_0{}^2}} \tag{2-1}$$

式中,P_t 为激光功率;h 为距光轴原点(x_0,y_0)的距离,可用式(2-2)表示,

$$h=\left[(x-x_0)^2+(y-y_0)^2\right]^{\frac{1}{2}} \tag{2-2}$$

式中,h_0 为激光束中心光强度值 $1/e^2$(约 13.5%)处的半径。当激光束垂直地照射在树脂液面时,设液面为 Z 轴的原点,激光强度 $I(x,y,z)$ 沿树脂深度方向 Z 分布,光强度遵循 Lambert-Beer 法则,沿 Z 方向衰减,即

$$I(x,y,z)=\left(\frac{2P_t}{\pi h_0^2}\right)e^{-\frac{2h^2}{h_0^2}}e^{-\frac{z}{D_p}} \tag{2-3}$$

式中,D_p 为光在树脂中的透过深度。照射在树脂上的激光束处于静止状态时,该处树脂上的曝光量 E 是时间 τ 的函数,可表示为

$$E(x,y,z)=I(x,y,z)\tau \tag{2-4}$$

此时固化形状如图 2.4 所示,呈旋转抛物面状态。

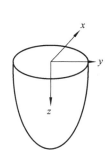 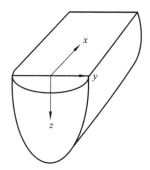

(a) 静止照射时的固化形状　　　　　　　(b) 移动照射时的形状

图 2.4　激光束照射得到固化形状

光固化成形时激光束按一定速度扫描,当沿 x 轴方向以速度 V 进行扫描时,在某时刻 t,树脂中一点的光强度可表示为 $I(x-V_t,y,z)$。当扫描范围在 $-\infty<x<\infty$ 之间时,树脂各部分曝光量为

$$E(x,y,z)=\int_{-\infty}^{\infty}I(x-V_t,y,z)dt=\left(\frac{\sqrt{2}\,P_t}{\pi\,h_0V}\right)e^{-\frac{2y^2}{h_0^2}}e^{-\frac{z}{D_p}} \tag{2-5}$$

当 $E=E_c$(临界曝光量)时开始固化。在 $E\geqslant E_c,z\geqslant 0$ 空间范围内固化成形时,式(2-5)变为

$$\frac{2\,y^2}{h_0^2}+\frac{z}{D}=\ln\left(\frac{\sqrt{2}P_t}{\pi\,h_0VE_c}\right) \tag{2-6}$$

图 2.4(b)中的(y,z)平面是关于 z 轴的抛物线,沿 x 轴方向是等截面的柱体。将 $z=0$ 代入式(2-6)中,求出 y 值,即可得到两倍的固化宽度 w,即

$$w=2\,h_0\left[\ln\left(\frac{\sqrt{2}P_t}{\pi\,h_0VE_c}\right)\right]^{\frac{1}{2}} \tag{2-7}$$

光固化成形过程如图 2.5 所示,控制激光束按式(2-5)决定的单个树脂固化空间相互重叠地进行扫描,使单个固化体相互黏接而形成一个整体形状。

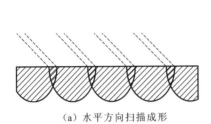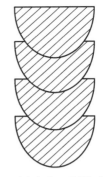

（a）水平方向扫描成形　　　　　　（a）垂直方向（叠层）扫描成形

图 2.5　光固化成形过程

2）固化曲线

当一束均匀的光从液面上方垂直照射到树脂上时,在液面下一定深度 z 处的曝光量为 E,用曝光时间 τ 乘式(2-1),即 $I\tau = E$,$I_0\tau = E_0$,则得

$$E(z) = E_0 \mathrm{e}^{-\frac{z}{D_p}} \tag{2-8}$$

式中,E_0 为液面的曝光量。

光引发剂在光的照射下发生分解,对于丙烯酸系单体这种有氧气阻聚特性的树脂,产生的自由基都被溶解在树脂中的氧消耗掉了。但当 E 超过某个值后,氧对自由基的消耗达到饱和时开始出现初始聚合反应。设该临界值为 E_c,则在一定深度范围内产生固化。当 $E(z) \geqslant E_0$ 时,固化的范围为

$$z \leqslant D_p \ln \frac{E_0}{E_c} \tag{2-9}$$

式中,z 为深度。设其值为 C_d,则

$$C_d = D_p \ln \frac{E_0}{E_c} \tag{2-10}$$

固化深度与曝光量 E_0 成对数比例关系,这一关系曲线称之为固化曲线,该曲线因树脂的种类而异。如将式(2-10)改写为

$$C_d = D_p \ln E_0 - D_p \ln E_c \tag{2-11}$$

并将 E_0 作为对数坐标,则表示固化深度的固化曲线成为直线,其斜率数值上等于 D_p。

式(2-11)中的第二项表示固化阻聚。当 E_0 增加,C_d 为正值时,固化开始。也就是说,E_c 表示树脂感光度的参数之一。因为阻聚的主要因素为氧气阻聚,所以如果没有氧气阻聚,则 E_0 会很小。E_0 很快达到正值,使固化开始。自由基聚合型树脂在氮气环境中长期放置,树脂中的氧气会释放,E_c 值变小。

图 2.6 是实验得到的丙烯酸树脂的固化曲线,是控制固化深度的重要参考特性。如同理论计算一样,可以用直线近似表示。同时,丙烯酸树脂在空气中由于氧气阻聚原因,其 E_c 值更大。即同样的固化深度较之在氩气中需要更大的曝光量。

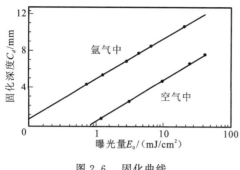

图 2.6　固化曲线

3）感光度

若 I 为照射到液态树脂中的光强度，分子吸光率为 ε，光引发剂的浓度（mol/l）为 c，则沿深度 z 方向的吸光比例可表示为

$$\frac{\mathrm{d}I}{\mathrm{d}z}=-\varepsilon c I \qquad (2\text{-}12)$$

在单位时间里光引发剂所吸收的光表示为

$$I_a(x,y,z,t)=\varepsilon c I \qquad (2\text{-}13)$$

光引发剂的浓度变化率逐渐衰减，可表示为

$$\frac{\mathrm{d}c}{\mathrm{d}z}=-\varphi I_a \qquad (2\text{-}14)$$

式中，φ 为光引发剂光反应的量子效率。设 R_p 为光聚合速度，则单体以及低聚物的浓度 M 的变化率为

$$\frac{\mathrm{d}M}{\mathrm{d}t}=-R_p \qquad (2\text{-}15)$$

R_p 与扩散系数 k_p 成正比，可表示为

$$R_p=k_p M\left(\frac{\varphi I_a}{k_t}\right)^{\frac{1}{2}} \qquad (2\text{-}16)$$

因此，

$$\frac{\mathrm{d}M}{\mathrm{d}t}=-k_p M\left(\frac{\varphi I_a}{k_t}\right)^{\frac{1}{2}} \qquad (2\text{-}17)$$

式中，k_t 为终止速率；$-\mathrm{d}M/\mathrm{d}t$ 为单位时间的反应量。从式（2-17）也可看出：反应初期 M 值越大，则反应越活泼；光引发剂浓度越大，则反应速度越快；树脂的流动性越高，则扩散系数越大。由此可知，用强光照射可提高反应效率。

图 2.7 为分子吸光系数 ε、引发剂浓度 c 与 D_p 间关系的实验数据。在同一曝光量下，调节引发剂浓度可达到控制固化深度的目的，浓度高则固化范围浅。

由式（2-16）可知，$I_a=0$ 则 $R_p=0$，即当光照射停止聚合反应即刻终止。但实际上，当光的照射停止后还有部分自由基生存并继续反应（即所谓"暗反应"）。因此，如果设自由基浓度为 r，k_1，k_2 为自由基的增减系数，则有

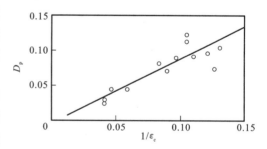

图 2.7　引发剂与固化深度的关系

$$\mathrm{d}r/\mathrm{d}t=\varphi I_a-k_1 M r \qquad (2\text{-}18)$$

$$\frac{\mathrm{d}M}{\mathrm{d}t}=-k_1 M r \qquad (2\text{-}19)$$

当光照射停止即 $I_a=0$ 时，浓度 R 呈递减变化，反应逐渐终止。

图 2.8 表示阳离子树脂的感光度与树脂温度间关系曲线,图 2.9 是该树脂黏度与树脂温度间的关系曲线。由此可知,如对该树脂加温可降低其黏度,同时提高其感光度。

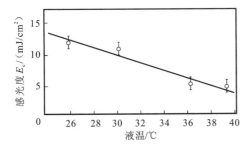

图 2.8　感光度与树脂温度的关系

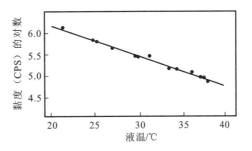

图 2.9　黏度与树脂温度的关系

2.4　光固化成形系统及工艺

2.4.1　成形系统的组成及其工艺流程

如图 2.10 所示,光固化成形系统硬件部分主要由激光器、光路系统("1"～"5")、扫描照射系统"6"和分层叠加固化成形系统("8"～"10")几部分组成。光路系统及扫描照射系统可以有多种形式,光源主要采用波长为 325～355 nm 的紫外光。设备有紫外灯、He-CO 激光器、亚离子激光器、YAG 激光器和 YVO₄ 激光器等,目前常用的有 He-CO 激光器和 YVO₄ 激光器。辐照方式主要有 XY 扫描仪和振镜扫描两种,目前最常用的是振镜扫描系统。

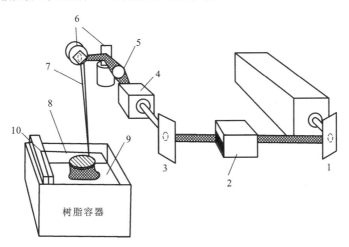

图 2.10　光固化成形系统结构原理图

1.反光镜;2.光阑;3.反光镜;4.动态聚焦镜;5.聚焦镜;6.振镜;7.激光束;
8.光固化树脂;9.工作台;10.涂敷板

光固化成形系统及其工作原理:激光束从激光器发出,通常光束的直径为 1.5～3 mm。激光束经过反射镜折射并穿过光阑到达反射镜,再折射进入动态聚焦镜。激光束经过动态聚焦系统的扩束镜扩束准直,然后经过凸透镜聚焦。聚焦后的激光束投射到第一片振镜,称 X 轴振镜。从 X 轴振镜再折射到 Y 轴振镜,最后激光束投射到液态光固化树脂表面。计算机程序控制 X 轴和 Y 轴振镜偏摆,使投射到树脂表面的激光光斑能够沿 X、Y 轴平面作扫描移动,将三维模型的断面形状扫描到光固化树脂上使之发生固化。然后计算机程序控制托着成形件的工作台下降一个设定的高度,使液态树脂能漫过已固化的树脂。再控制涂敷板沿平面移动,使已固化的树脂表面涂上一层薄薄的液态树脂。计算机再控制激光束进行下一个断层的扫描,依此重复进行直到整个模型成形完成。

最初使增材制造实现工业应用的,是美国 3D Systems 公司的光固化成形法,这是一种通过一组振镜扫描系统,将紫外激光束照射到液态的光敏树脂表面,使其固化成所需形状的技术。其工作过程如图 2.11 所示,首先在计算机上用三维 CAD 设计产品的三维实体模型,然后生成并输出 STL 文件格式的模型。再利用切片软件对该模型沿高度方向进行分层切片,得到模型的各层断面的二维数据群 $S_n(n=1,2,\cdots,N)$。依据这些数据,计算机从下层 S_1 开始按顺序将数据取出,通过一个扫描头控制紫外激光束,在液态光敏树脂表面扫描出第一层模型的断面形状。被紫外激光束扫描辐照过的部分,由于光引发剂的作用,引发预聚体和活性单体发生聚合而固化,产生一薄固化层。形成了第一层断面的固化层后,将基座下降一个设定的高度 d,在该固化层表面再涂覆上一层液态树脂。接着依上所述用第二层 S_2 断面的数据进行扫描曝光、固化。当切片分层的高度 d 小于树脂可以固化的厚度时,上一层固化的树脂就可与下层固化的树脂黏接在一起。然后第三层 S_3、第四层 S_4……,这样一层层地固化、黏接,逐步按顺序叠加直到 S_n 层为止,最终形成一个立体的实体原型。

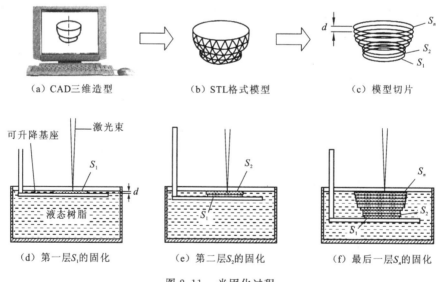

（a）CAD三维造型　　　　　（b）STL格式模型　　　　　（c）模型切片

（d）第一层S_1的固化　　　（e）第二层S_2的固化　　　（f）最后一层S_n的固化

图 2.11　光固化过程

通常从上方对液态树脂进行扫描照射的成形方式称之为自由液面型成形系统,如图 2.12 所示。这种系统需要精确检测液态树脂的液面高度,并精确控制液面与液面下已固化树脂层上表面的距离,即控制成形层的厚度。

成形机由液槽、可升降工作台、激光器、扫描系统和计算机控制系统等组成。液槽中

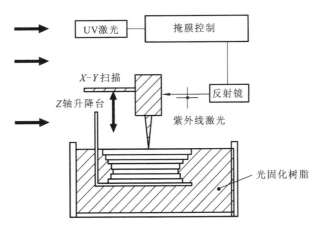

图 2.12　自由液面型光固化成形系统

盛满液态光敏树脂。工作台在步进电机的驱动下可沿 Z 轴方向作往复运动。工作台面分布着许多可让液体自由通过的小孔。光源为紫外(UV)激光器,通常为氦镉(He-Cd)激光器和固态(solid state)激光器。近年来 3D Systems 公司趋向于采用半导体激光器。激光器功率一般为 $10\sim200$ W,波长为 $320\sim370$ nm。扫描系统通常由一组定位镜和两只振镜组成。两只振镜可根据控制系统的指令,按照每一截面轮廓曲线的要求作往复转摆,从而将来自激光器的光束反射并聚焦于液态树脂的上表面,在该面作 X-Y 平面的扫描运动。在这一层受到紫外光束照射的部位,液态光敏树脂在光能作用下快速固化,形成相应的一层固态截面轮廓。

2.4.2　成形过程

光固化成形的全过程一般分为前处理、分层叠加成形、后处理三个主要步骤。

1. 前处理

所谓前处理包括成形件三维模型的构造、三维模型的近似处理、模型成形方向的选择、三维模型的切片处理和生成支撑结构。如图 2.13 所示为这种处理的流程。

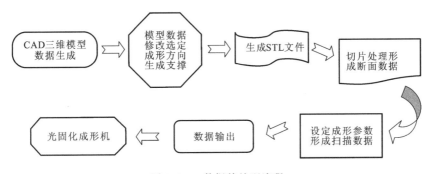

图 2.13　数据前处理流程

由于增材制造系统只能先接受计算机构造的原型的三维模型,然后才能进行其他的处理和造型。因此,首先必须在计算机上,用三维计算机辅助设计软件,根据产品的要求设计三维模型;或者用三维扫描系统对已有的实体进行扫描,并通过反求技术得到三维模型。

在将模型制造成实体前,有时要进行修改。这些工作都可以在市售的三维设计软件上进行。模型确定后,根据形状和成形工艺性的要求选定成形方向,调整模型姿态。然后使用专用软件生产工艺支撑,模型和工艺支撑一起构成一个整体,并转换成 STL 格式的文件。

生成 STL 格式文件的三维模型后要进行切片处理。由于增材制造是用一层层断面形状来进行叠加成形的,因此加工前必用切片软件将三维模型沿高度方向上进行切片处理,提取断面轮廓的数据。切片间隔越小,精度越高。间隔的取值范围一般为 0.025~0.3 mm。

2. 分层叠加成形过程

这是增材制造的核心,其过程由模型断面形状的制作与叠加合成。增材制造系统根据切片处理得到的断面形状,在计算机的控制下,增材制造设备的可升降工作台的上表面处于液面下一个截面层厚的高度(0.025~0.3 mm),将激光束在 X-Y 平面内按断面形状进行扫描,扫描过的液态树脂发生聚合固化,形成第一层固态断面形状之后,工作台再下降一层高度,使液槽中的液态光敏树脂流入并覆盖已固化的断面层。然后成形设备控制一个特殊的涂敷板,按照设定的层厚沿 X-Y 平面平行移动使已固化的断面层树脂覆上一层薄薄的液态树脂,该层液态树脂保持一定的厚度精度。再用激光束对该层液态树脂进行扫描固化,形成第二层固态断面层。新固化的这一层黏接在前一层上,如此重复直到完成整个制件。

3. 后处理

树脂固化成形为完整制件后,从增材制造设备上取下的制品需要去除支撑结构,并将制件置于大功率紫外灯箱中作进一步的内腔固化。此外,制件的曲面上存在因分层制造引起的阶梯效应[图 2.14(a)],以及因 STL 格式的三角面片化而可能造成的小缺陷;制件的薄壁和某些小特征结构的强度、刚度不足;制件的某些形状尺寸精度还不够;表面硬度也不够,或者制件表面的颜色不符合用户要求等。因此,一般都需要对增材制造制件进行适当的后处理。对于制件表面有明显的小缺陷而需要修补时,可用热熔塑料、乳胶以细粉料调和而成的腻子,或湿石膏予以填补,然后用砂纸打磨、抛光和喷漆[图 2.14(b)]。打磨、抛光的常用工具有各种粒度的砂纸、小型电动或气动打磨机以及喷砂打磨机。

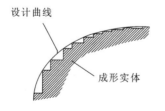

（a）因分层制造引起的台阶效应　　　　（b）打磨、抛光和喷漆

图 2.14　制件的后处理

2.4.3　成形工艺

由于各种因素会使制件出现收缩变形、复杂结构的制件需要附加工艺支撑结构、制件的阶梯效应需要采取工艺措施减小等原因,制造实体模型前需要通过软件设定一些工艺措施对数字模型进行修饰、调整或补偿。有两种主要方式,一种是直接对 CAD 三维模型进行操作,另一种是修改或调整扫描路径数据。分别阐述如下。

直接对 CAD 三维模型数据的修改或调整:

(1) 调整模型在制作时的方向;

(2) 对模型进行扩大或缩小;

(3) 设定一次同时制作多个模型;

(4) 设定模型在升降工作台上的位置。

对三维模型数据修改、调整,或对三维断面形状的扫描轨迹数据作修饰,以期提高成形精度。

(1) 精度设定:指在 X,Y 平面,设计的三维模型断面轮廓与激光束实际扫描轮廓间的最大容许误差的设定。这个误差越小,制件的曲面越光滑。

(2) 模型断面切片厚度设定:如图 2.15 所示,在切片厚度一定时,曲面与水平面的夹角越小其台阶效应越大。因此,可以根据模型的方向及其曲面对水平面夹角较小的部分,设定更小的切片厚度。

(3) 扫描轨迹偏移:使激光束扫描的轮廓大于设计轮廓[图 2.16(a)正补偿]让成形件留有一个加工余量,或使其扫描的轮廓小于设计轮廓[图 2.16(b)负补偿]让成形件留有一个涂覆涂料的余量。

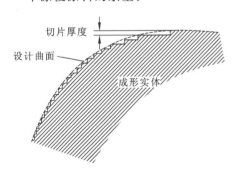

图 2.15　切片厚度与台阶效应

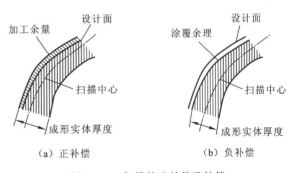

(a) 正补偿　　　　(b) 负补偿

图 2.16　扫描轨迹的偏移补偿

(4) 添加底垫支撑:如图 2.17 所示,在成形实体与升降台之间需要设一层底垫支撑框架,让模型与升降台保持一定距离成形,使制件不受升降台不平度的影响。底垫支撑是一些类似薄筋板的结构,以便实体模型成形完成后易于去除并移出实体模型。

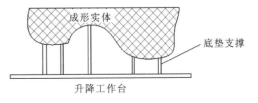

图 2.17　增添底垫支撑示意图

（5）添加框架及柱形支撑：当紫外光辐照在光固化树脂上使其完全固化时，由于固化树脂的收缩，制件在成形过程中就会发生变形，这时不管用什么方法对树脂的曝光部分稍加固定，都可以防止制件的变形。如图 2.18 所示，采用一种框架支撑结构对制件整体进行加固，使框架支撑与制件一起成形。

图 2.19 所示为添加的柱型支撑结构与制件一起成形。其功能是一方面防止制件在水平方向伸出的部分发生变形，同时也可防止成形途中制件从升降工作台漂离开。上述框架支撑结构和柱型支撑结构均与底垫支撑一样，其强度远比成形实体低，使得对制件进行后处理打磨时易于去除。

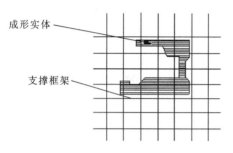
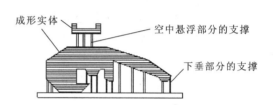

图 2.18　框架支撑结构示意图　　　　　图 2.19　柱型支撑结构示意图

（6）扫描路径的选择：激光束扫描一个切片断面的方式大致有三种：沿断面外轮廓边沿的扫描；除轮廓边沿以外，内部的蜂巢状格子结构的扫描；内部的密集填充扫描。

2.4.4　成形时间

成形时间主要与模型的体积、模型内树脂按一定比例的填充率、单位时间内的固化量等有关。其可以表示为

成形时间＝总层数×（单层的扫描时间＋未固化层形成的时间）

其中，

总层数＝模型高度/层厚度

单层的扫描时间＝断面积×扫描密度（断面内的填充率）/扫描速度

扫描密度如图 2.20 所示。图 2.20(a)只扫描外圈，密度最低；图 2.20(b)除了扫描外圈，其内部用网格状填充，密度次之；图 2.20(c)为整个断面全部扫描固化，密度为 1。

(a) 扫描外圈　　　　　(b) 扫描外圈及网格　　　　　(c) 全断面填充扫描

图 2.20　扫描方式及填充示意图

扫描速度是激光强度、树脂感光度和层厚度的函数，并与单位时间的固化量有关。由

上述可知要缩短成形时间可以采取以下一些措施：

(1) 调整模型的姿态，使其高度方向尺寸减小；

(2) 降低单层扫描的填充率；

(3) 增强激光功率并提高扫描速度；

(4) 采用低临界曝光量 E_c 的树脂并提高扫描速度；

(5) 增加单层的厚度，使总层数减少。

2.4.5　成形件的后处理

制件在液态树脂中成形完毕，升降台将其提升出液面后取出，并实施光整、打磨等后处理。后处理的方法有多种，这里列举一种并阐述其过程以做参考。

1. 取出成形件

将薄片状铲刀插入制件与升降台板之间，取出制件。但是如果制件较软时，可以将其连同升降台板一起取出进行后固化处理。

2. 未固化树脂的排出

如果在制件内部残留有未固化的树脂，则残留的液态树脂会在后固化处理或成形件储存的过程中发生暗反应，使残留树脂固化收缩引起成形件变形，因此从制件中排出残留树脂很重要。当有未固化树脂封闭在制件内部时，必须在设计 CAD 三维模型时预开一些排液的小孔，或者在成形后用钻头在制件适当的位置钻几个小孔，将液态树脂排出。

3. 表面清洗

可以将制件浸入溶剂或者超声波清洗槽中清洗掉表面的液态树脂，如果用的是水溶性溶剂，应先用清水洗掉成形件表面的溶剂，再用压缩空气将水吹除掉，最后用蘸上溶剂的棉签除去残留在表面的液态树脂。

4. 后固化处理

当用激光照射成形的制件硬度还不满足要求时，有必要再用紫外灯照射的光固化方式和加热的热固化方式对制件进行后固化处理。用光固化方式进行后固化时，建议使用能透射到制件内部的长波长光源，且使用强度较弱的光源进行辐照，以避免由于急剧反应引起内部温度上升。要注意的是随着固化会产生内应力、温度上升将导致软化，这些因素会使制件发生变形或者出现裂纹。

5. 去除支撑

用剪刀和镊子先将支撑去除，然后用锉刀和砂布进行光整。对于比较脆的树脂材料，在后固化处理后去除支撑容易损伤制件，因此建议在后固化处理前去除支撑。

6. 机械加工

这里指在成形件上打孔和攻螺纹。一般来说,对塑料进行切削、铣削、研磨等精加工时都会发生小片剥离缺损和开裂等问题。特别是打孔时,主要是防止开裂和结胶。对于阳离子型树脂,进刀速度过低会发生结胶,速度过快会出现裂纹。钻孔时为了防止出现开裂,应避免钻头的偏心旋转。旋转速度较慢时,力矩不能过大。需要攻螺纹的孔,须选择适当的底孔径,攻螺纹时不要用力过猛。

7. 打磨

SLA 成形的制件表面都会有 0.05~0.1 mm 的层间台阶效应,会影响制件的外观和质量。因此有必要用砂纸打磨制件的表面去掉层间台阶,获得光滑的表面。其方法是先用 100 目的粗砂纸打磨,然后逐渐换细砂纸,一直换到 600 目砂纸为止,每次更换砂纸时都要用水将制件洗净并风干,最后抛光打磨得到光亮表面。在更换砂纸渐进打磨进行到一定的程度时,如果用浸润了光固化树脂的布头涂擦制件表面,使液态树脂填满层间台阶和细小的凹坑,再用紫外灯照射,即可获得表面光滑而透明的制件。

如果制件表面需要喷涂漆,则用以下方法进行处理:

(1)先用腻子材料填补层间台阶,要求这种腻子材料对树脂的原型件有较好的黏附性、收缩率小、打磨性要好;

(2)然后喷涂底色,覆盖突出部分;

(3)用 600 目以上的水砂纸和磨石打磨几个微米的厚度;

(4)再用喷枪喷涂 10 μm 左右的面漆;

(5)最后用抛光机将原型件打磨成镜面。

2.5　光固化成形精度

随着成形精度的提高,光固化增材制造技术被应用到各个制造领域,大大地提高了生产效率。目前世界上许多公司都意识到光固化增材制造技术可以达到他们设计需要的精度要求。

2.5.1　影响精度的因素

光固化成形过程中影响制件精度的主要环节有造型及工艺软件、成形过程及材料、后处理过程。而在众多因素中影响最大的是液态光敏树脂的固化收缩,其次是层间的台阶效应。下面简要分析制件成形过程中影响精度的因素。

1. 软件造成的误差

1)数字模型近似误差

目前增材制造领域通用一种 STL 格式的三维数字模型,这是一种用无数三角面片逼近三维曲面的实体模型,如图 2.21 所示,由此造成曲面的近似误差。

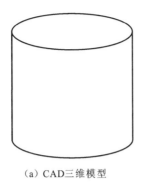
(a) CAD三维模型

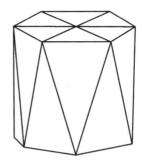
(b) 三角面片近似模型

图 2.21　三角面片近似曲面过程

如果用更细小的三角面片去近似曲面则可减小近似误差,但却产生了大量的三角形,使数据量增大,处理时间拉长。

2) 分层切片误差

成形前模型需要沿 Z 轴方向进行切片分层,由此曲面沿 Z 轴方向会形成台阶效应。降低分层的厚度可以减小台阶效应造成的误差,目前最小的分层厚度可达到 0.025 mm。

3) 扫描路径误差

对于扫描设备来说,一般很难真正扫描曲线,但可以用许多短线段近似表示曲线,但这样就会产生扫描误差(图 2.22)。如果误差超过了容许范围,可以加入插补点使路径逼近曲线,减少扫描路径的近似误差。

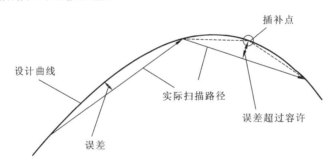

图 2.22　用短线段近似曲线

2. 成形过程造成的误差

1) 激光束的影响

(1) 激光器和振镜扫描头由于温度变化和其他因素的影响,会出现零漂或增溢漂移现象,造成扫描坐标系统偏移,使下层的坐标原点与上层的坐标原点不一致,致使各个断面层间发生相互错位。这可以通过对光斑在线检测,并对偏差量进行补偿校正消除误差。

(2) 振镜扫描头结构本身造成原理性的扫描路径枕形误差,振镜扫描头安装误差造成的扫描误差,可以用一种 X/Y 平面的多点校正方法消除扫描误差。

(3) 激光器功率如果不稳定,使被照射的树脂接受的曝光量不均匀。光斑的质量不好、光斑直径不够细等都会影响制件的质量。

2）树脂固化收缩的影响

高分子材料的聚合反应一般会出现固化收缩的现象。因此，光固化成形时，光敏树脂的固化收缩会使成形件发生变形，即在水平方向和垂直方向发生收缩变形。这里用图2.23说明其变形过程。如图 2.23(a)所示的悬臂部分，当激光束在液态树脂表面扫描，悬臂部分为第一层时，液态树脂发生固化反应并收缩，其周围的液态树脂迅速补充，此时固化的树脂不会发生翘曲变形。然后升降台下降一个层厚的距离使已固化成形的部分沉入液面以下，其上表面被涂敷一层薄树脂(厚度与下降的层厚一致)，然后激光束扫描上表面这层液态树脂。上表面这层树脂发生固化反应，并与下面一层已固化的树脂黏接在一起，此时上层新固化的树脂由于收缩拉动下层已固化的树脂，结果导致悬臂部分发生翘曲变形[图 2.23(b)]。如此一层一层继续固化成形下去，已固化部分不断增厚使刚度增强，上面一薄层树脂固化的微弱收缩力已拉不动下层，翘曲变形渐渐停止，但下表面的变形部分已经定形[图 2.23(c)]。

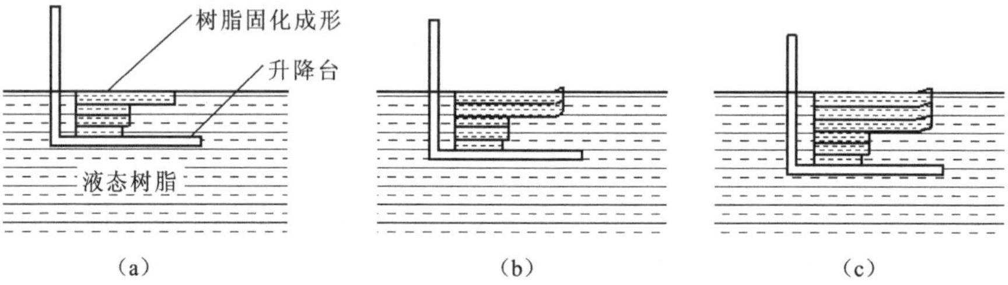
树脂固化成形
升降台
液态树脂
(a)
(b)
(c)

图 2.23　树脂固化成形过程发生翘曲变形

3）形状多余增长

所谓形状多余增长，是指在成形件形状的下部，树脂固化深度超量，使成形形状超出设计的轮廓[图 2.24]，如不注意解决会产生如下一些问题：

(1) 成形件悬臂部分的下边由于形状多余增长产生误差[图 2.24(a)]；

(2) 成形件的小孔部分会出现塌陷，大孔部分会变成椭圆[图 2.24(b)]；

(3) 对于成形件的圆柱部分会出现夯拉型椭圆[图 2.24(c)]。

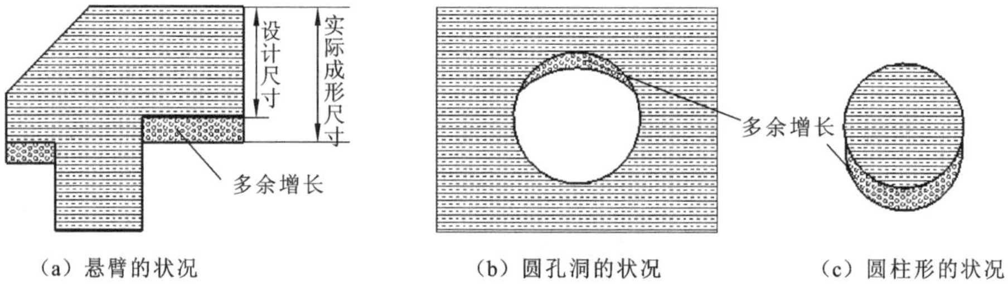
设计尺寸
实际成形尺寸
多余增长
多余增长
(a) 悬臂的状况
(b) 圆孔洞的状况
(c) 圆柱形的状况

图 2.24　成形件出现多余增长现象示意图

形状多余增长问题有两种方法可以解决：一是采用软件检测数字模型下部的特征，并通过修改模型的数据对其有可能向下多余增长的部分，进行向上补偿；二是对于精度要求高的部分，可以在成形前将模型旋转一个角度，使该部分处于不会出现多余增长的垂直方向。

2.5.2　衡量精度的标准

确定一种检测成形精度的标准形状,有利于定量描述成形系统的精度、比较两台设备间的精度差别、比较几种树脂间不同的特性、验证成形工艺经改善后的效果。

1990 年,北美光固化成形技术应用组织发明了一种可以检测增材制造整体精度的标准测试件,称之为 user-part,如图 2.25 所示。从那以后,3D Systems 公司借助该方法不断地应用于优化成形方法的研究,提高精度和加工性能。图 2.25 就是该部件的图和它的相关尺寸。这个几何形状具有如下特性:

(1) 在 X,Y 轴上的尺寸足够大,以至可以表述光固化成形机的承物台边缘和中间所有部分的精度;

(2) 具有大、中、小三种不同类型的数据;

(3) 用内、外两个尺寸来衡量线性补偿是否合适;

(4) 在 Z 轴方向的尺寸上很小,可减少测量时间;

(5) 很大程度上减少了材料的损耗;

(6) 各尺寸数据很容易用综合测量仪测量得到;

(7) 将平面、圆角、方孔、平面区域和截面厚度都表示了出来。

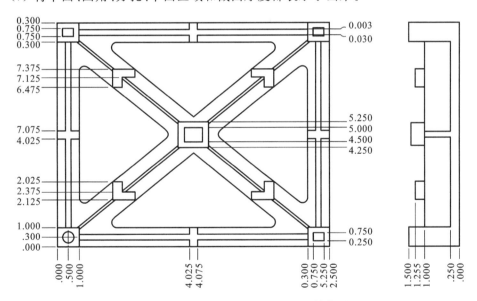

图 2.25　光固化成形精度标准测试结构图

2.5.3　标准测试件的测量

缺乏复杂度的制件难以作为公用的检测标准,也不能很明显地表示出系统误差。尽管 user-part 制件可能缺乏几何多样性,但应用该制件得到了相当多的基础数据,这些数据已经成为研究和进一步开发的公用标准,具有宝贵的参考价值。图 2.26 是 user-part 制件的示意图,它总共有 170 个尺寸点,其中 X 方向上 78 个,Y 方向 78 个,Z 方向 14 个。

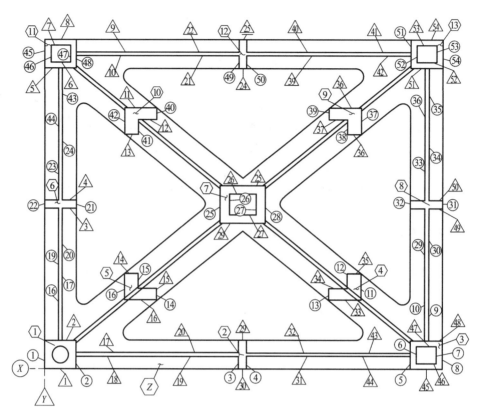

图 2.26　光固化成形精度标准测试方式示意图

△○◇分别对应图中 X、Y、Z 方向

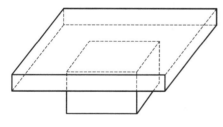

图 2.27　测试翘曲量模型示意图

　　图 2.27 是一个用来简单测试成形件翘曲量的制件。该制件的中间部分被黏接在工作台上,目的是测试悬出端由于变形导致的与工作台之间距离的变化。

2.5.4　提高精度的方法

可以从 4 方面提高制件的精度:

(1) 树脂材料:最好采用高强度、低黏度、小收缩率的树脂;

(2) 硬件方面:使用较细的激光束;

(3) 软件方面:优化扫描路径及分层方式;

(4) 制造工艺:协调优化材料、硬件、软件等以增强整个光固化系统的精度,采用合适的层厚、扫描方式等。

2.6　光固化成形设备

目前,美国的 3D Systems 公司依旧是 SLA 设备生产厂商中的领导者。除美国之外,日本、德国、中国分别有部分企业在进行 SLA 设备的生产及销售。其中日本 SLA 设备制造技术同样引人注目,包括 DenkenEngineering 公司、日本三菱公司下属的 CMET 公司、Sony 公司、Meiko 公司、Mitsui Zosen(三井公司),以及帝人制机公司。德国的 Fockele & Schwarze 公司主要生产小型的 SLA 设备,并以出售设计和打印服务为主。最近一家名为 Formlabs 的公司通过美国众筹网站 Kickstarter 生产并销售一款小型高精度的 SLA 设备 Form 1。

如图 2.28 所示为光固化成形系统设备的各个子系统组成结构图,包括激光及振镜系统、平台升降系统、储液箱及树脂处理系统、树脂铺展系统、控制系统。

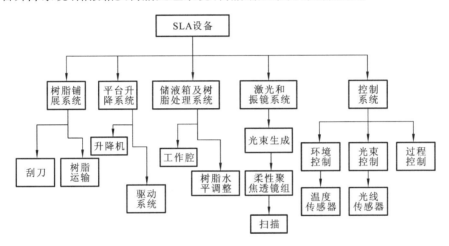

图 2.28　光固化成形设备组成结构图

1. 激光及振镜系统

它包括激光、聚焦及自适应光路和两片用于改变光路形成扫描路径的高速振镜。现在大多数 SLA 设备采用固态激光器,相比以前的气态激光器,固态激光器拥有更稳定的性能。3D Systems 公司所生产的 SLA 设备使用的激光器为 $Nd\text{-}YVO_4$ 激光,其波长大约为 1062 nm(近红外光)。通过添加额外的光路系统使得该种激光器的波长变为原来的三分之一,即 354 nm,从而处于紫外光范围。这种激光器相对于其他增材制造设备所采用的激光器而言具有相对较低的功率(0.1～1 W)。

2. 平台升降系统

它包括一个用于支撑零件成形的工作平台及一个控制平台升降的装置。该升降装置为丝杆传动结构。

3. 储液箱及树脂处理系统

它的结构比较简单,主要包括一个用于盛装光敏树脂的容器、工作平台调平装置以及自动装料装置。

4. 控制系统

控制系统包括三个子系统。

（1）过程控制系统，即处理某个待打印零件所生成的打印文件，并执行顺序操作，指令通过过程控制系统进一步控制更多的子系统，如驱动树脂铺展系统中刮刀运动、调节树脂水平、改变工作平台高度等。同时过程控制系统还负责监控传感器所返回的树脂高度、刮刀受力等信息以避免刮刀毁坏等。

（2）光路控制系统，即调整激光光斑尺寸、聚焦深度、扫描速度等。

（3）环境控制系统，即监控储液箱的温度、根据模型打印要求改变打印环境温度及湿度等。

5. 树脂铺展系统

它是指使用一个下端带有较小倾角的刮刀对光敏树脂进行铺展的系统。铺展过程是SLA技术中比较核心的一个过程，具体流程如下：

（1）当一层光敏树脂被固化之后，工作平台向下下降一个层厚。

（2）铺展系统的刮刀从整个打印件上端经过，将光敏树脂在工作平面上铺平。刮刀与工作平面之间的间隙是避免刮刀撞坏打印零件的重要参数，当间隙太小时，刮刀极易碰撞打印零件并破坏上一固化层。

SLA技术相比其他的AM技术，最主要的优点是零件精度高、表面质量好。对于SLA技术而言，尺寸精度一般用单位长度的误差值作为表征。例如，目前3D Systems公司的ProJet 6000的精度为每25.4 mm零件有0.025～0.05 mm的误差。当然，精度还可能因为构建参数、零件几何结构和尺寸、部件方位和后处理工艺而有所不同。表面质量在上表面R_a达到亚微米级，在倾角处R_a达到100微米。

目前3D Systems公司的SLA产品生产线上拥有两种类型的设备：ProJet 6000和ProJet 7000系列。具体设备参数见表2.3。

表 2.3　典型商业化 SLA 成形设备对比

国内外	单位	型号	外观图片	成形尺寸/mm	激光器	成形效果	针对材料
国外	3D Systems（美国）	ProJet 6000 HD		250×250×50	固态三倍频 Nd:YVO₄，波长 354.7 nm	分辨率：4000 DPI	光敏树脂 VisiJet 系列材料
		ProJet 7000 HD		380×380×250	固态三倍频 Nd:YVO₄，波长 354.7 nm		

续表

国内外	单位	型号	外观图片	成形尺寸/mm	激光器	成形效果	针对材料
国外	3D Systems（美国）	ProX 800		650×750×550	单激光器,固态三倍频 Nd：YVO$_4$,波长 354.7 nm	分辨率:0.001 27 mm	Accura Xtreme,Accura Peak,Accura ClearVue,Accura 25 等
		ProX 950		1500×750×550	双激光器,固态三倍频 Nd：YVO$_4$,波长 354.7 nm		
	Formlabs（美国）	Form 1+		125×125×165		打印精度 0.3 mm	丙烯酸光敏树脂系列
		Form 2		145×145×175		激光功率 250 mW	
	Envision TEC(德国)	Perfactory 4 standard		160×100×180	DMD(数字光处理器)	像素:1920×1200	E-Shell 系列
		Perfactory 4 standard XL		192×120×180			
国内	北京大璞三维科技有限公司	中瑞 SLA660		600×600×300	二极管泵浦固体激光器 Nd：YVO4 354.7 nm	打印精度 0.1 mm;零件扫描速度 6~10 m/s	光敏树脂
		中瑞 SLA500		500×400×300			
		中瑞 SLA450		450×450×300			
		中瑞 SLA300		300×300×200			
		中瑞 SLA200		200×160×150			

国内外	单位	型号	外观图片	成形尺寸/mm	激光器	成形效果	针对材料
国内	上海联泰科技股份有限公司	Lite 300		300×300×200		成形精度：0.1 mm 扫描速度 6～10 m/s	Somos 系列光敏树脂
		RSPro 450		450×450×350			
		RSPro 600		600×600×400			

2.7　光固化成形典型应用

自从光固化增材制造技术出现以来,新理论、新发明、新工艺方法层出不穷,扩大了该技术的制造水平、应用领域和应用范围。目前 SLA 主要应用在新产品的开发设计检验、市场预测、航空航天、汽车制造、电子电信、民用器具、玩具、工程测试(应力分析,风道等)、装配测试、模具制造、医学、生物制造工程、美学等方面。

2.7.1　在珠宝首饰中的应用

首饰制造业中通常使用手工方式制作原模,该法人力成本高、生产周期长。此外由于手工绘制的首饰设计图不会在所有部分标注精确的尺寸,很多部位往往依靠起版师傅在深入揣摩和感受设计图样的基础上,结合个人的经验进行实际版样的制作,因此必然存在主观误差。通过 SLA 技术可以顺利解决以上问题,所以目前在珠宝首饰领域,SLA 技术越来越受到重视。

图 2.29 为根据深圳市某珠宝公司需求采用 SLA 技术打印出的戒指原模。与传统手工工艺相比,应用 SLA 技术设计珠宝首饰有如下优势:

(1) 首饰的外形复杂度不再受工艺水平的限制,完全可以根据设计者的灵感来设计;

(2) 容易实现小批量个性化生产,因此可以根据消费者的需求来定制化生产;

(3) 细节处理更加细致精良,因此首饰会更具有艺术美感;

(4) 产品的更新速度大大提高,提升了公司的市场竞争力。

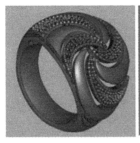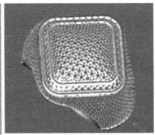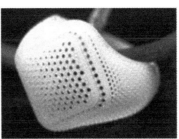

图 2.29　戒指工艺品光固化增材制造

2.7.2　在生物制造工程和医学中的应用

生物制造工程是指采用现代制造科学与生命科学相结合的原理和方法,通过直接或间接细胞受控组装完成组织和器官的人工制造的科学、技术和工程。以离散—堆积为原理的增材制造技术为制造科学与生命科学交叉结合提供了重要的手段。用增材制造技术辅助外科手术是一个重要的应用方向。

图 2.30 是一个将光固化成形制件用于辅助连体婴儿分离手术的成功案例。图 2.30(a)是这对连体婴儿的照片,图 2.30(b)为用光敏树脂制造的连体婴儿头颅模型,可以看出其中的血管分布状况全部原样成形了出来。2003 年 10 月 13 日,美国达拉斯市儿童医疗中心对两个两岁的埃及连体儿童进行了分离手术。在手术过程中,先进的医用造型材料和光固化成形技术发挥了关键作用。

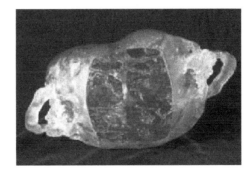

(a) 手术前照片　　　　　　　　(b) 光敏树脂制造的连体头颅内部与周围骨骼相连血管模型

图 2.30　光固化技术制造模型辅助外科手术案例

2.7.3　在软模快速制造方面的应用

图 2.31 为光固化成形技术应用于注塑模快速制造电子秤外壳的案例。产品开发过程如下:第一步是在计算机上用三维图形软件设计、建构产品的数字模型和注塑该产品的模具的模型[图 2.31(a)];第二步是将模具的三维模型转换成 STL 格式模型,输入到光固化成形系统中,制造成树脂模具[图 2.31(b)];第三步是用硅橡胶材料和真空注型技术制造一个过渡软模[图 2.31(c)];第四步是用上述的硅橡胶模具和低压灌注技术制作出树

脂凸、凹模镶块,与钢制模架组合成注塑模具[图 2.31(d)]。用上述组合模具即可小批量制造出零件图 2.31(e)。图 2.31(f)为用这种工艺路线制作的壳体件与电子元件组装在一起的电子秤产品。

（a）三维模型

（b）光固化树脂模具

（c）利用硅橡胶和真空注型制造软模具

（d）由树脂模和钢模组成的模具

（e）注塑件

（f）电子称组装图

图 2.31　光固化成形技术应用于注塑模具

思考与判断

1. 名词解释:光敏树脂、光固化。
2. 用于 SLA 的材料有哪些特点? 未来的成形材料将是怎样的发展趋势?
3. 影响 SLA 成形零件精度的因素有哪些? 如何判断 SLA 成形件的表面质量?
4. 归纳 SLA 设备的核心元器件,并阐述其作用。
5. SLA 技术适合哪些领域或特殊零件的制造?

第3章 叠层实体制造技术

3.1 叠层实体制造技术发展历史

叠层实体制造也称薄形材料选择性切割,涉及机械、数控、高分子材料和计算机等技术,是增材制造技术的重要分支。美国 Helisys 公司最早研发 LOM 技术,并在 1991 年推出了第一台功能齐全的商品化 LOM 设备,主流产品为 LOM-2030H 和 LOM-1015 PLUS 系统。

除 Helisys 公司之外,新加坡的 KINERGY 公司、日本的 KIRA 公司、我国华中科技大学、清华大学等单位也相继推出了各自的 LOM 设备。LOM 技术在航天航空、汽车、机械、电器、玩具、医学、建筑和考古等行业的产品概念设计的可视化和造型设计评估、产品装配检验、熔模精密铸造母模、仿形加工靠模、快速翻制模具的母模及直接制模等方面获得应用。但由于该技术受到材料的限制,目前在工业上应用较少。

3.2 叠层实体制造工艺原理

LOM 系统主要由激光器、光学系统、X-Y 扫描机构、材料传送机构、热压黏贴机构、升降工作台和控制系统组成,如图 3.1 所示。

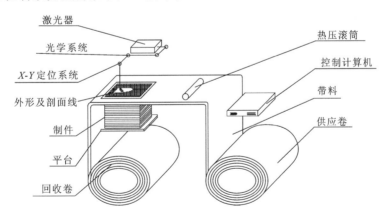

图 3.1 叠层实体制造系统示意图

LOM 技术制造一般所选用的激光器为 CO_2 激光器。在 CO_2 激光器的放电管中,通常输入几十毫安或几百毫安的直流电流。放电时,放电管中的混合气体内的氮分子由于受到电子的撞击而被激发起来。这时受到激发的氮分子便和二氧化碳分子发生碰撞,氮气分子把自己的能量传递给二氧化碳分子,分子从低能级跃迁到高能级上并形成粒子数反转发出激光,随后激光通过光学扫描机构投射到薄片材料上,像传统切削加工的刀具一样将薄材切割成所需形状。其激光切割原理为:对于常用的纸张、塑料薄膜、复合材料薄片,其利用高能量密度的激光束加热薄材,在较短的时间内汽化,形成蒸气,如图 3.2 所示。在材料上形成切口,继而切割薄材。而对于金属片材,则是通过高能量密度的激光束加热薄材,使得金属薄片熔化,形成切口,继而切割薄材。

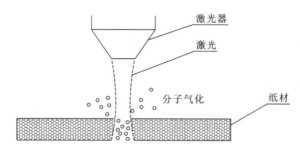

图 3.2　　激光切割原理图

纸叠层成形系统的工艺过程如图 3.3 所示:首先由计算机接收 STL 格式的三维数字模型,并沿垂直方向进行切片,得到模型横截面数据;根据模型横截面图形数据生成切割界面轮廓,进而生成激光束扫描切割控制指令;材料送进机构将原材料(底面涂敷有热熔胶的纸或塑料薄膜)送至工作区域上方;热压黏贴机构控制热压滚筒滚过材料,使上下两层薄片黏贴在一起,由于薄片材料的厚度会有偏差,此时需要通过位移传感器测量当前高度供后续切片使用;在计算机控制下,激光切割系统根据模型的当前切割层轮廓的轨迹,在材料上表面切割出轮廓线,同时将模型实体区以外的空白区域切割成特定网格,这是为了在成形件后处理时容易剔除废料而将非模型实体区切割成小碎块;支撑成形件的可升降工作台在模型每层截面轮廓切割完后下降设定的安全高度,材料传送机构将材料送进工作区域,工作台缓慢回升,一个工作循环完成。重复上述工作循环,直至最终形成三维实体制件。

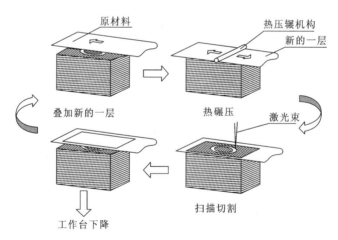

图 3.3　　纸叠层实体制造系统的工艺过程

制件完成后需要进行必要的后处理工作。成形后的制件及废料如图 3.4 所示,将完成的制件卸下来,手动将制件周围被切成小块的废料剥离。此时,制件表面比较粗糙,可以通过打磨和喷涂的方法处理,最终完成一个制件。

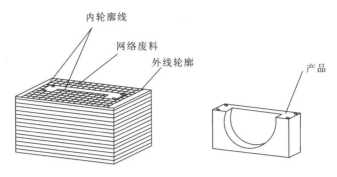

图 3.4　成形件及废料

简而言之,LOM 工艺采用表面涂覆有一层热熔胶的薄片材料,通过热压辊热压,将薄片材料上的热熔胶熔化并与上一层片材黏接,冷却后两层片材胶接在一起;然后激光器及扫描系统在计算机控制下按照切片图形轮廓切割片材,并对非图形区域进行网格切分;工作台下降,所切割的薄片与整体片材分离,最后供料卷转动重新送料,热压辊热压,反复进行,从而堆积成形。

3.3　叠层实体制造成形材料

LOM 成形过程所用的材料应具有的特点:黏结可靠、强度高,容易剥离废料、制件精度稳定、成本低廉、对环境无污染等特点。制件经过后处理,仍然能保持精度、表面质量和尺寸稳定性。LOM 使用的成形材料为涂有热熔胶的薄层材料,层与层之间的黏结是靠热熔胶保证的,LOM 的材料一般由薄片材料和热熔胶两部分组成。

1. 薄片材料

根据对原型件性能要求的不同,薄片材料可分为纸片材、金属片材、陶瓷片材、塑料薄膜和复合材料片材。一般情况下对基体薄片材料有如下性能要求:

(1) 良好的抗湿性;

(2) 良好的浸润性;

(3) 良好的抗拉强度;

(4) 较小的收缩率;

(5) 较好的剥离性。

现在常用的纸材采用了熔化温度较高的黏结剂和特殊的改性添加剂,其成形的制件坚如硬木,表面光滑,有的材料甚至能在 200 ℃下工作,制件在成形过程中翘曲变形较小,且成形后的制件易分离,经表面涂覆处理后不吸水,有良好的稳定性。

2. 热熔胶

用于 LOM 的热熔胶按基体树脂划分,主要有共聚物类热熔胶、聚酯类热熔胶、尼龙类热熔胶或其混合物。一般情况下对于热熔胶有如下性能要求：

（1）良好的热熔冷固性能（室温下固化）；

（2）在反复"熔化-固化"条件下其物理化学性能稳定；

（3）熔融状态下与薄片材料有较好的涂挂性和涂匀性；

（4）足够的黏结强度；

（6）良好的废料分离性能。

目前，EVA 型热熔胶应用最广。EVA 型热熔胶是由共聚物 EVA 树脂、增黏剂、蜡类和抗氧剂等组成。增黏剂的作用是增加对被黏物体表面黏附性和黏接强度；抗氧剂的作用是为了防止热熔胶热分解、变质和黏接强度下降，延长胶的使用寿命。

热熔胶涂布可分为均匀式涂布和非均匀式涂布两种。均匀式涂布采用狭缝式刮板进行涂布，非均匀式涂布有条纹式和颗粒式。一般来讲，非均匀涂布可以减少应力集中，但涂布设备比较贵。

LOM 过程中应用最为广泛的材料是纸，我国的纸有 6 大类，高达几百个品种。但 LOM 对纸有特殊的要求。

（1）纸纤维的组织结构要好。纤维长且粗大，分布均匀，纤维之间有一定孔隙。这有利于涂胶，也有利于力学性能的提高。

（2）纸的厚薄要适中。在精度要求高时应选择薄纸，纸越薄越均匀，LOM 制件的精度就越高；在能满足精度的前提下，尽量选择厚度大的纸，可以提高生产效率。

（3）要有一定的力学性能。能承受一定的拉力，以便实现自动传输和收卷。它的耐折度和抗撕裂度也严重影响零件的力学性能。

（4）涂胶后的纸厚薄必须均匀。厚薄均匀才便于加工和保证零件的精度。

国产的纸完全可以满足以上要求，纸是由纤维、辅料和胶（含一定的水分）组成。普通的纸具有以下特点。

（1）多孔性：纸的主要成分是纤维素，纤维细胞中心具有空腔。纤维之间是交织结构，所以纸的一个明显特征就是多孔性，包括纤维内孔和纤维间孔，都可以吸收空气中的水分，所以纸具有易吸湿性。

（2）反应性：纤维素还带有很多羟基。它们具有醇羟基的特性，可以和其他的活性官能团如醛基、羧基、氨基等反应。

（3）化学特性和机械特性：在 LOM 上的应用方面，纸的化学特性和机械特性表现为热熔胶的黏结能力、抗张能力、抗撕裂能力等。一般的卷筒纸都是纵向强度大于横向强度，稍加处理，卷筒纸就可以满足加工要求.

纸的机械性能对应于其微观结构，就是指纤维的质量和纤维之间的交织结构。首先，纤维结构较长较粗大，在各个方向上交织紧密，就具有较强的力学性能，可有效改善剥离分层。其次，表面纤维具有一定的孔隙，有利于腔的渗透和黏和。试验证明，涂过热熔胶的纸，其抗张强度、耐折度、抗撕裂强度都有很大的提高，制件用的纸层达 250 层时纵向抗拉强度可达 6250 N，要产生 0.2 mm 的形变就需要 343 N 的力（一般制件尺寸精度误差要求小于 0.2 mm），制件一般不会受到这么大的力。并且纸的平整度也会得到改善。只有纸在受拉力的方向上有足够的抗张强度，才有利于自动化作业的连续性，提高生产效率。

· 36 · 增材制造技术原理及应用

3.4　叠层实体制造设备及核心器件

LOM 设备的外形图如图 3.5 所示。

图 3.5　LOM 增材制造设备的外形图

以华中科技大学自主研发的 LOM 增材制造系统为例,其主要包括机械系统、计算机控制系统和激光器及冷却器等。

1. 机械系统

LOM 增材制造系统是以激光束作 X-Y 平面运动、工作台 Z 向垂直升降、材料送给、热压叠层运动等机构组成的多轴小型激光加工系统。考虑到加工、安装调试等因素,各运动单元相对独立,并根据不同的精度要求设计加工和选购零部件。在系统连续自动运行过程中,各单元彼此间为并行、顺序复合运动。

2. 机身

机身是整个系统的基础,用于安装、固定全部执行机构。采用型材焊接及铸造件相结合的组合式框架结构,以减轻重量,提高刚性,并便于加工、安装。

3. 激光扫描系统(*X-Y* 型切割头)

激光扫描系统由激光器、扫描头、光路转换器件、接收装置及需要的反馈系统构成,如图 3.6 所示。在激光扫描系统中,扫描头是主要的关键部件,光束在工作台面上的扫描过程是由扫描器件接受指令来完成的。目前扫描器件有很多种,如机械式绘图扫描器、声光偏转扫描器件、二维振镜扫描器件等。快速、高精度的激光振镜式扫描系统是激光扫描技术发展的总趋势,振镜式扫描系统以其快速、高精度的特点成为激光扫描系统中最广泛的应用之一。

振镜式扫描系统由 *X-Y* 轴伺服系统和 *X-Y* 两轴反射振镜组成,如图 3.7 所示。当向 *X-Y* 轴伺服系统发出指令信号,*X-Y* 轴电机就能分别沿 *X* 轴和 *Y* 轴做出快速、精确偏转。从而,激光振镜式扫描系统可以根据待扫描图形的轮廓要求,在计算机指令的控制下,通过 *XY* 两个振镜镜片的配合运动,投射到工作台面上的激光束就能沿 *X-Y* 平面进行快速扫描。在大视场扫描中,为了纠正扫描平面上点的聚焦误差,通常需要在振镜系统前端加

图 3.6　二维激光振镜实物图

入动态聚焦系统；同时为了满足聚焦要求，需在激光器后端加入光学转换器件（如扩束镜、光学杠杆等）。激光器发射的光束经过扩束镜之后，如图 3.8 所示，得到均匀的平行光束；再经过动态聚焦镜聚焦，依次投射到 X-Y 轴振镜上，经过两个振镜的二次反射，最后投射到工作台面上，形成扫描平面上的扫描点。光束经过扩束镜后，直径变为输入直径与扩束倍数的乘积。在选用扩束镜时，其入射镜片直径应大于输入光束直径，输出的光束直径应小于与其连接的下一组光路组件的输入直径。例如，激光器光束直径为 5 mm，选用的扩束镜输入镜片直径应大于 5 mm，经扩束镜放大三倍后激光束直径变为 15 mm，后续选用的振镜（扫描系统）其输入直径应大于 15 mm。理论上，可以通过控制激光振镜式扫描系统镜片的相互协调偏转来实现平面上任意复杂图形的扫描。

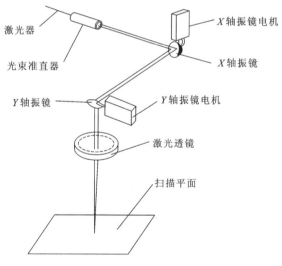

图 3.7　激光振镜结构示意图

4. 材料送给装置

装置由原材料存储辊、送料夹紧辊、导向辊、余料辊、交流变频电机、摩擦轮和材料撕断报警器组成。卷状材料套在原材料存储辊上，材料的一端经送料加紧辊、导向辊、材料撕断报警器黏在余料辊上。余料辊的辊芯与送料直流电机的轴芯相连。摩擦轮固定在原

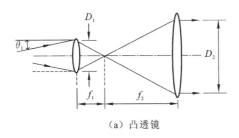 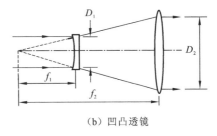

（a）凸透镜　　　　　　　　　　　　（b）凹凸透镜

图 3.8　扩束镜光路原理图

D_1 为输入光斑直径；D_2 为输出光斑直径；θ_1 为入射发散角；f_1，f_2 为焦距

材料存储辊的轴芯上,此外因与一带状弹簧的制动快相接触产生一定的摩擦阻力矩,以便保证材料始终处于张紧状态。送料时,送料交流变频电机沿逆时针方向旋转一定的角度,克服加在摩擦轮上的阻力矩,带动材料向左前进一定距离。此距离等于所需的每层材料的送进量。它由成形件的最大左、右尺寸和两相邻切割轮廓之间的搭边确定。当某种原因偶然造成材料撕断时,材料撕断报警器会立即发出声音信号,停止送料直流电机的转动及后续工作循环。

5. 热压叠层装置

该机构由变频交流电机、热管(或发热管)、热压辊、温控器及高度检测传感器等组成。其作用是对叠层材料加热加压,使上一层纸能牢固地黏结于下一层纸上面,如图 3.9 所示。变频交流电机经齿形皮带驱动热压辊,使其能在工作台的上方做左右往复运动。热压辊内装有大功率发热管,以便使热压辊快速升温。温控器包括温度传感器(热电偶或红外温度传感器)

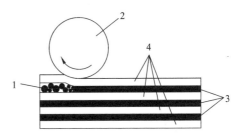

图 3.9　制裁的热黏贴示意图

1. 粘贴前的粉粒状热熔胶；2. 加热辊；
3. 热熔胶受热熔融黏和态；4. 薄片状纸材

和显示、控制仪,它能检测热压辊的温度,并使其保持在设定值,温度设定值根据所采用材料的黏结温度而定。当热压辊对工作台上方的纸进行热压时,高度检测器能精确测量正在成形的制件的实际高度,并将此数据及时反馈给计算机,然后据此高度对产品的三维模型进行切片处理,得到与上述高度完全对应的截面轮廓,从而可以较好地保证成形件在高度方向的轮廓形状和尺寸精度。

6. 抽风排烟装置

该装置是为解决成形过程中的烟尘对设备(激光镜头、精密运动机构)及工作环境的污染问题而设置的,由风扇组及外接管构成。该装置不仅简洁、高效,而且易清洁、保养。

7. 计算机控制系统

LOM 系统是多任务、大数据量、多运动轴、高速实时系统。其控制对象的加工过程由以下基本运动构成:实时检测成形制件的高度;对三维实体模型实时切片和进行数据处理;激光头平面切割运动;工作台升降运动;成形材料送进运动;热压叠层运动。因此,采用分布式控制系统结构,该系统由计算机、智能化模板、检测装置、数据传输装置、驱动器等部分组成。

8. 激光器及冷却器

激光器如图 3.10 所示,是 LOM 系统的关键元器件,用于切割成形材料,直接影响系统运行的可靠性和连续性、制件质量、整个系统的成本以及制件成本。考虑到这个特点以及我国的市场及用户情况,可采用 50W CO_2 激光器,并根据用户要求选用美国 Synrad 公司或国产产品。

图 3.10　CO_2 激光器实物图

与其他气体激光器一样,CO_2 激光器的工作原理如图 3.11 所示。分子有三种不同的运动:一是分子里的电子运动,其运动决定了分子的电子能态;二是分子里的原子振动,即分子里原子围绕其平衡位置不停地作周期性振动并决定了分子的振动能态;三是分子转动,即分子作为一整体在空间连续地旋转,分子的这种运动决定了分子的转动能态。分子运动极其复杂,因而能级也很复杂。

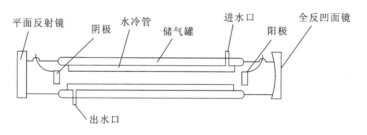

图 3.11　CO_2 激光器结构图

CO_2 激光器由激光管、光学谐振腔、电源及泵浦等构成。

1) 激光管

激光管是激光器中最关键的部件,常用硬质玻璃制成,一般采用层套筒式结构。最里面的一层为放电管,第二层为水冷套管,最外一层为储气管。二氧化碳激光器放电管直径比 He-Ne 激光管粗。放电管的粗细对输出功率一般没有影响,主要考虑到光斑大小所引起的衍射效应,应根据管长而定。管长放电管直径较大,管短的放电管直径较小,管短的细一点。放电管长度与输出功率成正比。在一定的长度范围内,每米放电管长度输出的功率随总长度而增加。加水冷套管的目的是冷却工作气体,使输出功率稳定。放电管的两端都与储气管连接,即储气管的一端有一小孔与放电管相通,另一端经过螺旋形回气管与放电管相通,这样就可使气体在放电管与储气管循环流动,便于放电管中的气体随时交换。

2) 光学谐振腔

CO_2 激光器的谐振腔常用平凹腔,反射镜用 K8 光学玻璃或光学石英,经加工成大曲率半径的凹面镜,镜面上镀有高反射率的金属膜——镀金膜,在波长为 10.6 μm 处的反射率达 98.8%,且化学性质稳定。二氧化碳发出的光为红外光。所以反射镜需要应用透红外光的材料,因为红外光对普通光学玻璃不透。就要求在全反射镜的中心开一小孔。再密封上一块能透过 10.6 μm 激光的红外材料,以封闭气体。这就使谐振腔内激光的一部分从这一小孔输出到腔外,形成一束激光。

3) 电源及泵浦

封闭式 CO_2 激光器的放电电流较小,采用冷电极,阴极用钼片或镍片做成圆筒状。30~40 mA 的工作电流,阴极圆筒的面积为 500 cm^2,为不致镜片污染,在阴极与镜片之间加一光栏。泵浦采用连续直流电源激发。激励 CO_2 激光器直流电源原理是直流电压把室内的交流电压,用变压器提升,经高压整流及高压滤波获得高压电加在激光管上。

4) 冷却器

冷却器采用国产可调节恒温水循环式冷却器。激光器提供切割能量对成形材料进行切割,冷却器为激光器提供冷却水,保持激光管在某特定的温度范围内工作,使激光输出能量稳定。

3.5　叠层实体制造工艺参数

从 LOM 成形工艺的原理可看出,该制造系统主要由控制系统、机械系统、激光器等几部分组成。LOM 增材制造设备的主要参数如下。

1. 激光切割速度

激光切割速度影响着原型件表面质量和原型件制作时间,通常是根据激光器的型号规格进行选定。

2. 加热辊温度与压力

加热辊温度与压力的设置应根据原型层面尺寸的大小、纸张厚度及环境温度来确定。

3. 激光能量

激光能量的大小直接影响着切割纸材的厚度和切割速度。

4. 切碎网格尺寸

切碎网格尺寸的大小直接影响着废料剥离的难易程度和原形的表面质量,同样影响制作效率。

3.6　叠层实体制造后处理

剥离是将成形过程中产生的废料、支撑结构与工件分离。虽然 SLA、FDM 和 3DP 成形基本无废料,但是有支撑结构,必须在成形后剥离。LOM 成形无须专门的支撑结构,但是有网格状废料,也需在成形后剥离。剥离是一项细致的工作,在某些情况下也很费时。剥离有三种方法,即手工剥离、加热剥离和化学剥离。对于纸叠层成形件,多采用手工剥离法。

1. 手工剥离

手工剥离法是操作者用手和一些简单的工具使废料、支撑结构和制件分离。这是最常见的一种剥离方法。对于 LOM 成形件的制件,一般用这种方法使网格状废料与制件分离。

2. 加热剥离

当支撑结构为蜡,而成形材料为熔点较蜡高的材料时,可以用热水或适当温度的热蒸气使支撑结构融化并与制件分离。这种方法的剥离效率高,制件表面较清洁。

3. 化学剥离

当某种化学溶液溶解支撑结构而又不损伤制件时,可以使用此种化学液使支撑结构与制件分离。例如,对于 Model Maker 成形机的制件,就可以用溶液来溶解蜡,从而使制件(热塑性材料)与支撑结构(蜡)、基底(蜡)相分离。这种方法的剥离效率高,制件表面较清洁。

4. 修补、打磨和抛光

当制件表面有较明显的小缺陷而需要修补时,可以使用热熔塑料、乳胶与细粉料调和而成的腻子,或湿石膏予以填补,然后用砂纸打磨、抛光。打磨、抛光的常用工具有各种粒度的砂纸、小型电动或者气动打磨机。

对于用纸基材料增材制造的制件,当其上有很小而薄弱的特征结构时,可以先在它们的表面涂覆一层增强剂(如强力胶、环氧树脂基漆或聚氨酯漆),然后再打磨、抛光;也可以先将这些部分从制件上取下,待打磨、抛光后,再用强力胶或环氧树脂黏结、定位。聚氨酯漆是聚氨基甲酸漆的简称,它是多异氰酸酯和多羟基化合物反应得到的含有氨基甲酸酯的高分子化合物,德国 Opel 公司生产的 S210F 水晶漆与 S50 硬化剂混合后可成为此类化合物。用氨基甲酸涂覆的纸基工件,易于打磨、耐腐蚀、耐热、耐水,表面光亮。

由于用纸增材制造的制件有很好的切削加工和黏结性能,因此,当受到增材制造设备最大成形尺寸的限制,而无法制造更大的制件时,可以将这个大型制件的三维模型划分为若干个成形机能制造的小模型,分别进行成形,然后在这些小模型的结合部位制造定位孔,并用定位销和强力胶予以连接,结合成整体的大零件。当发现已制造的制件局部不符合设计者要求时,可仅仅切除这一部分,并且只补成形这一部分,然后将补做的部分黏到原来的增材制造件上构成修补后的新工件,从而可以大大节省时间和费用。

5. 表面涂覆

在增材制造制件的表面上可以喷刷多种涂料,常用的涂料有油漆、液态金属和反应型液态塑料等。对于油漆、灌装喷射式环氧基油漆、聚氨酯漆使用方便,有较好的附着力和防潮能力。所谓液态金属是一种金属粉末(如铝粉)与环氧树脂的混合物,在室温下呈液态或半液态,当加入固化剂后,能在若干小时内硬化,其抗压强度为 $70\sim80$ MPa,工作温度可达 140 ℃,有金属光泽和较好的耐湿性。反应型液态塑料是一种双组分液体,其中 A 是液态异氰酸酯,用做固化剂,B 是液态多元醇树脂,它们在室温下按一定比例混合并产生化学反应后,能在约 1 min 后迅速变成凝胶状,然后固化成类似(ABS)的聚氨酯塑料。将这种未完全固化的材料涂刷在增材制造制件表面,能够形成一层光亮的塑料硬壳,显著提高工件的强度、刚度和防潮能力。

3.7　叠层实体制造工艺特点

3.7.1　叠层实体制造技术的特点

1. LOM 技术的优点

(1) LOM 技术在成形空间大小方面的优势。各种类型的增材制造系统"加工"的制件最大尺寸都不能超过成形空间的最大范围。由于 LOM 系统使用的纸基原材料有较好的黏接性能和相应的力学性能,可将超过增材制造设备限制范围的大零件优化分块,使每个分块制件的尺寸均保持在增材制造设备的成形空间之内,分别制造每个分块,然后把它们黏接在一起,合成所需大小的零件,即 LOM 技术适合制造较大的零件。

(2) LOM 技术在原材料成本方面的优势。每种类型的系统都对其成形材料有特殊的要求。例如,LOM 要求片材易切割,SIS 要求成形粉材的颗粒较小,SLA 技术要求可光固化的材料为液体,FDM 要求线材可熔融。这些成形原材料不仅在种类和性能上有差异,而且在价格上也有较大的不同。常用增材制造系统在原材料成本方面:FDM 和 SLA 的材料价格较昂贵;SIS 的材料价格适中;LOM 的材料价格最便宜。

(3) LOM 技术在成形工艺和加工效率方面的优势。根据离散堆积的工艺原理,最小成形单位越大,成形效率越高。而最小成形单位可以是点、线或面,其大小直接影响增材制造的加工效率;基本成形过程可划分为由点构成线(用①代表),再由线构成面(用②代表),最后面堆积成体(用③代表)。成形方式有三种基本形式:①—②—③;②—③;③。以上对比的几种典型工艺成形方式中,LOM 技术以面作为最小的成形单位,具有最高的成形效率。

2. LOM 工艺的不足

（1）制件（尤其是薄壁件）的抗拉强度和弹性不够好，容易变形。LOM 成形过程中的热压过程和冷却过程以及在最终冷却到室温的过程中，成形件体积收缩会在制件内部形成复杂的内应力，导致制件产生不可恢复的翘曲变形和开裂。

翘曲变形是 LOM 工艺中最严重的一种变形。如果在零件成形过程中发生翘曲，成形过程就无法进行下去。成形过程中发生的翘曲，其破坏一般从制件的端部开始，裂纹不断向内扩展，变形逐渐变大。翘曲有两种主要的表现形式：一种是内应力破坏了零件内部的结合面，零件从层间界面裂开，导致裂纹以上部分发生翘曲；另一种是细长零件沿长边方向发生翘曲，成形过程中在内应力作用下，零件与底板之间的约束被破坏，左右两端脱离底板。

热熔胶与纸的热膨胀系数相差较大，两者受热时的膨胀量不同，这是导致制件翘曲的主要原因。在热压后的冷却过程中，已切割成形的制件因黏胶和纸层的收缩受到相邻层结构的限制，会造成不均匀约束，也会导致不可恢复的翘曲变形。

热熔胶与纸的热膨胀系数的差异还导致纸胶之间产生复杂的不均匀的微观应力，可能会导致在纸胶界面上甚至纸与胶内部产生微观裂纹，降低界面结合强度，纸纤维产生微观扭曲或破坏，在宏观上表现为横向开裂和层间破坏。

（2）制件易吸湿膨胀，容易引起制件收缩。在 LOM 工艺中，制件收缩应力的大小主要与树脂性质和成形制件尺寸有关，而在 LOM 工艺中，一般采用树脂热熔胶对材料进行黏结，其主要成分是低密度聚乙烯和醋酸乙烯，它们都属于热塑性材料。因此，热熔胶的固化会伴随着严重的体积收缩。

热熔胶固化体积收缩产生的层间应力有正应力和切应力。正应力与树脂弹性模量、收缩率成正比，与凝固区域到中心的距离成二次函数关系，最大正应力由弹性模量和收缩率决定。切应力与树脂弹性模量、收缩率及至中心的距离成正比，最大切应力发生在距中心最远边缘处，与胶层厚度成反比。减小层间正应力有利于提高黏接质量和强度，减小切应力可以有效减小翘曲变形。

树脂性能的改善对于控制内应力非常重要，树脂性能主要用弹性模量和收缩率衡量。降低收缩率可以选用低收缩的热熔胶，并使组成热熔胶的材料熔点形成一定温度梯度。例如，蜡的熔点最高，在冷却时先结晶析出，由于其他材料此刻处于熔融态，蜡可以自由收缩，从而可以大大降低胶体的残余应力。

大多数非晶高聚物低温时处于玻璃态，弹性模量很高，对温度的变化非常敏感，当温度升高到一定值时，弹性模量急剧下降进入高弹态，提高成形制件内部和周边环境温度，降低树脂黏性，可以有效减小内应力和翘曲变形。

（3）LOM 加工过程中容易引起变形。因为体积收缩率与体系中参加反应的官能团的浓度成正比，所以首先通过共聚或者提高预聚体的分子量等方法降低反应体系中官能团的浓度是降低收缩应力的有效措施。其次，在树脂中加入不参与化学反应的无机物填料，可以使固化收缩和热膨胀系数降低。除此之外，加入能溶于树脂的预聚体中的高分子聚合物，在固化过程中由于溶解度参数的改变使高分子聚合物析出，相分离时发生体积膨胀抵消掉部分体积收缩。

　　成形件尺寸是影响变形的重要因素。成形件尺寸越大,内应力和翘曲变形越大。如果成形件尺寸较大,可以将其分解成多个小件成形,然后再进行黏接完成整体制作,这样可以显著改善翘曲变形。选择合理的网格划分方式和切割顺序,适当增加层厚,降低热熔胶厚度,也有利于减轻变形。

3.7.2　叠层实体制造成形的精度

　　由 LOM 系统的组成可知,影响制件原型精度的因素主要有两个方面:一个是软件,一个是硬件。软件方面包括:①CAD 造型系统中曲面表示形式及精确程度,即 CAD 实体的模型精度;②实体的切片精度,即切片截面层的轮廓线精度;③切片层厚度的选取;④控制软件的实时性等。硬件方面包括:①激光功率;②激光切割头移动的响应速度;③激光束通断响应速度;④激光光斑大小;⑤激光聚焦点扫描平面的平面度,即聚焦光斑的扫描运动轨迹是否处在理想位置处或所调整的 Z 向水平高度处;⑥伺服系统的位移控制精度;⑦切割速度;⑧热压辊温度控制以保证黏接质量;⑨热压辊压力;⑩薄层材料厚度的均匀性;⑪工作台面与 Z 向的垂直度及与激光切割头扫描平面的平行度等。

　　这里重点对 CAD 面化模型精度、切片层轮廓线精度、切片层厚度的选取、激光光斑半径补偿及伺服系统位移控制精度加以分析。

1. CAD 面化模型精度对制件原型精度的影响

　　由于增材制造技术普遍采用 STL 文件格式作为其输入数据模型的接口,因此,CAD 实体模型都要转换为用许许多多的小平面空间三角形来逼近原 CAD 实体模型的数据文件,毋庸置疑,小平面三角形的数目越多,它所表示的模型与原实际模型就越逼近,其精度就越高,但许多实体造型系统的转换等级是有限的,当在一定等级下转换为三角形面化模型时,若实体的几何尺寸增大,而平面三角形的数目不会随之增多,这势必将导致模型的逼近误差加大,从而降低 CAD 面化模型的精度,影响后续的制件原型精度,如在 AutoCAD AME 2.0 中作实体造型,其转换为 STL 的等级为 12,当我们取最大等级时,其几何形状一定的实体转换为三角形面的数目是一定的,当此实体的尺寸增大时,其模型误差也将增大(多面体除外),为了得到高精度的制件原型,首先要有一个高精度的实体数据模型,必须提高 STL 数据转换的等级、增加面化数据模型的三角形数量或寻求新的数据模型格式。当然,三角形数量越多,后续运算量也就越大。

2. 切片层轮廓线精度对制件原型精度的影响

　　当采用普遍的 STL 三角形面化数据模型作为 LOM 系统的实体输入数据模型时,实体切片处理将给切片层的截面轮廓线带来误差,其主要原因是由于三角形平面片的顶点落在切片平面内。由于切片算法的实时性要求,我们采用了对切片高度作上下微量移动的措施来避免算法处理的复杂性,提高切片的速度,但也将同时给截面轮廓线带来误差,即所求实测切片平面高度处的截面轮廓线与由算法实际所求高度处的截面轮廓线不同,从而形成误差。但只要切片高度上下摄动的量很小,且切片厚度不大时,此时轮廓线误差对后续成形精度的影响可忽略,但当切片厚度较大,且截面的变化也较大时,此时轮廓线误差对制件原型的精度影响较大。因此,要提高制件原型的精度,切片厚度应取小一点(即选薄一点的纸)。

3. 激光光斑半径大小对制件原型精度的影响

在 LOM 系统中,截面轮廓都是由激光切割出来的,但在实际加工过程中,由于激光光斑是有一定大小的,而切片产生的截面轮廓线是数控光束的理论轨迹线,如同机床数控加工技术一样,光斑如同刀具一样需要进行半径补偿,尤其当激光光斑半径较大时,其半径补偿是必需的,否则,它将直接影响切片截面的轮廓切割线精度,从而影响整个制件原型的精度。因此,在加工过程中,应减小光斑的大小或需测得光斑的大小,以便在激光扫描过程中进行光斑半径的实时补偿处理,以提高制件原型的截面精度。在进行光斑半径补偿时,首先要自动识别出所补偿的实体截面轮廓边界的内外性,然后根据轮廓边界的走向及半径补偿的类型来确定补偿矢量,以对具体的轮廓边界进行相应的半径补偿处理。

4. 切片层厚度的选取对制件原型精度的影响

切片层厚度将直接影响制件的表面粗糙度、切片轴方向的精度和制造时间,它是增材制造技术中较重要的参数之一,当制件的精度为首要时,尤其对于制件截面变化较大的地方,应该选用较小的切片层厚度,否则,它将不能保证制件原型的精度,甚至有时会出现严重的失真现象。另外,对不同几何形状的制件可选用不同的切片层厚度进行加工,以减少台阶效应和加快制造速度。

3.8　叠层实体制造成形效率

影响叠层实体制造效率的因素很多,在实际生产中,可以从设备、工艺、控制各个方面进行优化和完善,以达到提高成形效率的目的。

将加工平面分为不同加工区域进行并行加工,控制系统同时驱动多套扫描系统进行增材制造,可以显著提高成形效率。例如,将一个矩形区域分割为两个区域进行并行加工,成形效率可以提高 40%。

在普通 LOM 工艺中,激光扫描切割后工作台下降实现剩余纸与成形件的分离,这种方法的脱纸效率很低。通过分析脱纸工艺可知,脱纸操作的实质是使切割边框与工作台相对运动保持一定距离。基于这一原则利用涂敷纸上升实现脱纸,可以缩短成形周期的 30%。

在普通 LOM 工艺中,各工艺阶段为顺序排列,即每一个工艺过程结束后,再开始下一个过程。通过对工艺的分析,结合控制系统的硬件特性以及对多个过程的并行控制,对部分进程叠加进行,可以缩短成形周期。

通过对扫描机构惯性问题的分析以及扫描速度与激光功率实时匹配问题的研究,提高激光扫描加工速度,进而提高成形效率。通过研究开发适合大型原型成形的热压系统,提高热压工艺的传热效率和热压速度,可以实现总体效率的提高。

3.9　叠层实体制造典型应用

近年来,随着增材制造技术的飞速发展,LOM 技术的推广应用也越来越广泛,大致可以归纳为表 3.1。

表 3.1　LOM 应用范围及特点

应用	特点
直接熔模铸造	因 LOM 模型不会膨胀,所以不会把陶瓷外形弄裂,特别适用于熔模铸造过程中
非直接熔模铸造	LOM 模型可作低价硬模具,用来制造小至中量蜡版给熔模铸造过程中使用
硅胶模具	因 LOM 模型不会有相位改变和抵抗收缩,所以特别适合于制造精度硅胶模具。与传统的母模制造方式相比具有制造柔性大、效率高、质量好、成本低的显著优势,故符合当今多品种、小批量,且快速响应市场的制造业需要,为液体硅橡胶真空注塑制模技术注入了新的活力
喷涂金属模塑	LOM 模型的准确和稳定性,可用来制造喷涂金属模作注塑模具
真空吸塑	LOM 模型的持久和刚性,可承受高温和高压,特别适合用于真空吸塑
模具制造	LOM 可直接制造各种模具、纸模腔,只需涂上脱模机并注满原料后,便可制造出 Wax 或 Epoxy 等样板,坚固的复合材料,更可承受高压和高温,适用来直接制造塑胶注塑模具
砂型铸造	因 LOM 过程只需经过每一横截面的周边,加上便宜的 LOM 原料,所以特别适合制造庞大的实心固体模型来应用于砂型铸造
石膏铸造	LOM 模型的尺寸稳定且精密度高,所以特别适用于石膏铸造,而纸原料性质与木料原料很近似,因此可运用传统木工打磨方法来得到极光滑的铸造表面

下面举几个例子来说明 LOM 的应用。

3.9.1　复杂结构成形

在航空航天动力系统中,许多地方的复杂微通道结构件由于通道尺寸细小,有些可达微米级或亚微米级,同时通道排布复杂,通道内表面要求高,采用传统方法极难加工,因此,扩散焊叠层实体成形为这种复杂结构件的制造拓展了一条新途径。图 3.12 显示了采用 LOM 成形的发汗头锥。该零件由 200 层 0.015 mm 厚度的不锈钢薄片制成,目的是实现冷却所需的复杂内部流道。该零件使用冷却剂能完成良好的热保护功能。在使用过程中,冷却剂通过基体进入头锥,由内部通道完成对流动分布的有效控制,并保证流动不受头锥表面热量的影响。然后冷却剂进入到分布通道,最终在头锥表面,冷却剂被喷射到层

图 3.12　LOM 成形的发汗头锥

流边缘。该零件的关键在于内部流道的精密控制与制造。采用扩散焊叠层实体成形技术实现了对高性能零件内部流道的精密控制与直接制造。

3.9.2　产品原型制作

地球仪是地理教育中的常用模型,可以帮助青少年更直观地认识地球。如图 3.13 所示,普通地球仪表面一般均为圆球面,各地不同的高程只能用不同颜色加以区别,而利用增材制造技术,可以很准确地制作具有各种地形的三维地球形貌的地球仪,可直观地看到各种地形地貌。

（a）普通地球仪模型　　　　　　（b）三维地球仪模型

图 3.13　普通地球仪模型和三维地球仪模型

早在 1994 年,清华大学就采用中科院遥感所的地球 3D 数据,进行了三维地球仪模型的设计与制造。如图 3.14 所示,将地球表面的高程差数据按比例扩大,转变为层片数据,最终转变为 STL 模型;然后采用 LOM 技术成形了具有三维地理信息的地球仪,如图 3.15 所示。

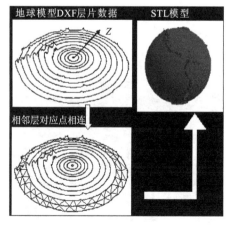

图 3.14　三维地球仪数据的获得

图 3.15　利用遥测卫星数据重构的地球仪模型

3.9.3 工业产品模型

汽车工业中很多形状复杂的零部件均由精铸直接制得,如何高精度、高效率、低成本地制造这些精铸件的母模是汽车制造业中的一个重要问题。采用传统的木模工手工制作,对于曲面形状复杂的母模,效率低、精度差,难以满足生产需要。采用数控加工制作,则成本太高。因此,北京殷华激光增材制造及模具技术有限公司与江苏省常州市华能精细铸造厂合作,采用 LOM 工艺成功地制造出汽车复杂零部件精铸所用母模。图 3.16 是采用 LOM 工艺制造的奥迪轿车刹车钳体精铸母模的原型,其尺寸精度高,尺寸稳定不变形,表面粗糙度低、线条流畅,完全达到并超过了精铸母模质量验收标准,并精铸出金属制件,如图 3.17 所示,取得了明显的成果,有力地支持了高级轿车国产化。

图 3.16 奥迪轿车刹车钳体精铸母模   图 3.17 奥迪轿车刹车钳体精铸件

3.9.4 工艺品制作

太极球的增材制造是典型的利用增材制造方法快速方便地制造概念模型零件的实例。它是为方便牢固地连接杆件面设想的一种连接方式,其结合面完全是由锥面通过复杂的旋转构成的,X,Y,Z 三个方向中任何一个轴的加工误差将影响其无缝连接效果,故这也是检验增材制造和数控加工总体精度最直观最简便的方法。如果采用铣削工艺时,这种零件需要用多轴数控铣床进行加工,加工费用昂贵,工时较多。

利用 LOM 工艺制造时,成形件内应力很小,不易变形。只要处理得当,不易吸温,尤其是其精度高,表面粗糙度低,可以保证两个太极半球精确扣合的设计要求,如图 3.18 所示。

3.9.5 铸造木模制作

在铸造行业中,传统制造木模的方法不仅周期长、精度低,而且对于一些形状复杂的铸件,如叶片、发动机缸体、缸盖等制造木模困难。数控机床加工设备价格昂

图 3.18 太极球 LOM 原型(分离)

贵,模具加工周期长。用 LOM 制作的原型件硬度高,表面平整光滑、防水耐潮,完全可以满足铸造要求。与传统的制模方法相比较,此方法制模速度快,成本低,可进行复杂模具的整体制造。

思考与判断

1. 什么是叠层实体制造? 其工艺过程是什么?
2. 叠层实体制造是由哪些机构构成的,其作用分别是什么?
3. 叠层实体制造在成形后,剥离方式分为哪几种? 请分别叙述一下。
4. 叠层实体制造工艺相比与其他增材制造技术工艺,其特点是什么?
5. 叠层实体制造工艺有哪些应用? 请举例说明。

第 4 章　熔融沉积成形技术

4.1　熔融沉积成形技术发展历史

熔融沉积成形又称熔融挤出成形,由美国学者 Scott Crump 博士于 1988 年率先提出。这种工艺不采用激光,采用热熔挤压头的技术,整个成形系统构造原理和操作简单,维护成本低,运行安全,广泛应用于产品设计、测试与评估等方面。目前产品制造系统开发最为成功的公司主要是美国明尼苏达州的 Stratasys 公司,该公司从 1987 年开始研究 FDM 技术,1989 年研制出第一台 3D Modele 样机,经过两年的试用和完善,于 1991 年正式将改进型 FDM1000 投放市场,之后又先后推出了一系列的基于熔融沉积成形工艺的增材制造设备,特别是 1998 年推出的 FDM-Quantum 机型,采用了挤出头磁浮定位系统,可以独立控制两个喷头,其中一个喷头用于填充成形材料,另一个喷头用于填充支撑材料,因此其成形速度为过去的 5 倍,且最大成形体积为 600 mm×500 mm×600 mm。其生产的设备型号及主要性能参数见表 4.1。

表 4.1　Stratasys 公司典型熔融沉积成形设备的型号及性能参数

型号	最大成形尺寸/mm	成形材料	成形精度/mm	其他
Prodigy Plus	203×203×305	ABS	±0.127	水溶性支撑
FDM 3000	254×254×406	ABS,WAX	±0.127	水溶性支撑
FDM 8000	457×457×609	ABS	±0.127	水溶性支撑
FDM Titan	406×335×406	PC,ABS,PPSF	±0.127	可成形多种材料
FDM Maxum	600×500×600	ABS,ABSi	±0.127	水溶性支撑
Dimension	203×203×305	ABS	±0.127	

在国内,清华大学激光快速成形中心、北京殷华激光快速成形与模具技术有限公司进行了 FDM 工艺成形设备的研制工作,是国内较早从事熔融沉积成形设备及工艺研究开发的单位,该公司还研制推出了专门用于人体组织工程支架的增材制造设备 Medtiss,该型号设备以清华大学激光快速成形中心发明的低温冷冻成形(LDM)工艺为基础,最多可同时装备 4 个喷头。该型号设备成形材料广泛,可成形 PLLA、PLGA、PU 等多种人体组织工程用高分子材料。成形的支架孔隙率高,贯通性好,在组织工程中有良好的应用前景。四川大学和华中科技大学正在研究开发可以成形粒状或粉状材料的螺杆式双喷头,以扩大成形原料的使用范围。

近几年来,桌面级熔融沉积成形设备有了飞速发展,因其物美价廉被很多教育单位、企业等选用。最具代表性的桌面级 FDM 设备品牌有 MakerBot 公司的 MakerBot Replicator 系列、3D Systems 公司的 Cube 系列,以及开源打印机 RepRap 系列等。

　　应用于 FDM 的材料方面,熔丝主要有 ABS、人造橡胶、铸蜡和聚脂热塑性材料。1998 年,澳大利亚的 Swinburne 工业大学研究了一种金属-塑料复合材料丝。1999 年,Stratasys 公司开发出水溶性支撑材料,有效地解决了小型中空结构以及复杂型腔中的支撑材料难以去除的难题,使得 FDM 工艺在成形具有复杂内部结构零件时,比无须外支撑的成形工艺诸如 SLS 和 3DP 更具优势。从 2003 年至今,Stratasys 公司为扩大 FDM 工艺在 RM 领域的应用,先后推出 PC、PC/ABS、PPSF 等三种材料,使成形的零件可直接用作汽车仪表盘、电子产品外壳甚至塑料注塑模具等。根据 Stratasys 技术报告提供的数据,采用 PPSF 材料制造的注塑模具可生产 150 件 POM 零件或者 201 件 PA 零件。此外,Stratasys 公司还推出了 6 种标准颜色的工程塑料 ABS,包括白、蓝、黄、黑、红、绿色,允许客户定制。

4.2　熔融沉积成形工艺原理

　　FDM 成形设备由送丝机构、喷嘴、工作台、运动机构以及控制系统组成。成形时,丝状材料通过送丝机构不断地运送到喷嘴。材料在喷嘴中加热到熔融态,计算机根据分层

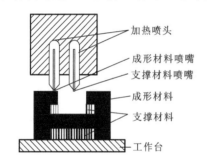

截面信息控制喷嘴沿一定的路径和速度进行移动,熔融态的材料从喷嘴中被挤出并与上一层的材料黏结在一起,在空气中冷却固化。每成形一层,工作台或者喷嘴上下移动一层距离,继续填充下一层。如此反复,直到完成整个制件的成形。当制件的轮廓变化比较大时,前一层强度不足以支撑当前层,需设计适当支撑,保证模型顺利成形。目前很多 FDM 设备采用双喷嘴,两个喷嘴分别用来添加模型实体材料和支撑材料,如图 4.1 所示。

图 4.1　双喷头 FDM 设备及原理示意图

4.2.1　熔融挤出过程

　　FDM 过程与 SLS/SLM 等不同,这种工艺不用激光,通过控制 FDM 喷头加热器,直接将丝状或粒状的热熔性材料加热熔化。在进行 FDM 工艺之前,材料首先要经过挤出机成形制成直径约为 1.8 mm 的单丝。如图 4.2 所示,FDM 的加料系统采用一对夹持轮将直径约为 2 mm 的单丝插入加热腔入口,在温度达到单丝的软化点之前,单丝与加热腔之间有一段间隙不变的区域,称其为加料段。加料段中,刚插入的料丝和已熔融的物料共存。尽管料丝已开始被加热,但仍能保持固体时的物性;已熔融的物料则呈流体特性。由于间隙较小,已熔融的

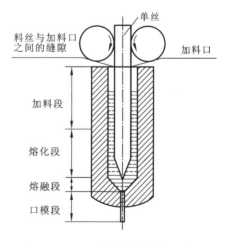

图 4.2　FDM 加料系统结构示意图

物料只有薄薄的一层,包裹在料丝外。此处的熔料不断受到机筒的加热,能够及时将热量传递给料丝,熔融物料的温度可视为不随时间变化;又因为熔体层厚度较薄,因此,熔体内各点的温度近为相等。随着单丝表面温度升高,物料熔融形成一段单丝直径逐渐变细直到完全熔融的区域,称为熔化段。在物料被挤出口模之前,有一段完全由熔融物料充满机筒的区域,称为熔融段。在这个过程中,单丝本身既是原料,又起到活塞的作用,从而把熔融态的材料从喷嘴中挤出。

4.2.2　喷头内熔体的热平衡

喷头中的温度条件对熔体流量大小、压力降和熔体温度有明显的影响,存在于喷头内部的物料因弹性引起的各种效应(如膨胀和收缩)对于温度的变化也十分敏感。因此,必须认真设计和计算喷头的温度控制装置,方可减少能量消耗,保证挤出熔体的产量和质量。而温度控制装置设计得合理与否,与喷头的热平衡分析和计算密切相关。假设喷头和机体之间不存在由传导进行的热交换(该假设是可接受的),为使喷头稳定工作,即其温度大致恒定时应供给或移走的热量,必须控制整个喷头的热量平衡。

假设喷头各处温度相等,可略去沿接触方向的热流,在此假设条件下,热平衡中必须考虑的热流如图 4.3 所示。Q_{ME},Q_{MA},Q_{RAD},$Q_{耗}$,Q_{H} 分别为随熔体进入喷嘴的热量、喷头中被对流带走的热量、喷头中以热辐射方式失去的热流、喷头中单位时间内的能量耗散以及加热系统供给的热流。

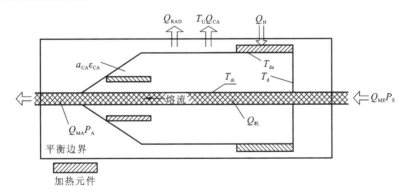

图 4.3　喷头中的热平衡

热平衡的一般形式为

进入系统的热流-离开系统的热流+单位时间内系统产生的热=单位时间内系统内存储的热

对于如图 4.3 所示的喷头,其平衡式如下:

$$(Q_{ME}+Q_H)(Q_{MA}+Q_{CA}+Q_{RAD}+Q_{耗})\frac{\partial}{\partial t}(m_d C_{pd} T_d) \tag{4-1}$$

在稳定工作状态下,即喷头温度恒定。为进一步便于计算,这里假设流道壁是绝热的,则式(4-1)的平衡方程变为

$$Q_{耗}=Q_{MA}-Q_{ME} \tag{4-2}$$

熔体的温度升高是由热能的增加而引起的,可以通过下式计算,

$$\Delta T_{\mathrm{M}} = \frac{(Q_{\mathrm{MA}} - Q_{\mathrm{ME}})}{(mC_{\mathrm{P}})} = (P_{\mathrm{E}} - P_{\mathrm{A}})/(\rho C_{\mathrm{P}}) \tag{4-3}$$

式中，m 为（质量）流量；C_{P} 为熔体的比热容；ΔT_{M} 为熔体温度。

可见，已知材料性质的熔体温度升高只与喷头在挤出过程中出现的压力损失有关。为了消除由于流道壁的温度太低而引起滞留现象，喷嘴的温度应比流入物料的温度更高。综合式(4-1)，解出热稳定的条件（喷头常温）为

$$Q_{\mathrm{H}} = Q_{\mathrm{CA}} - Q_{\mathrm{RAD}} \tag{4-4}$$

通过上式可以看出，加热热能是辐射和对流损失热能之和。空气中流失的热量为

$$Q_{\mathrm{CA}} = A_{\mathrm{da}}\alpha_{\mathrm{CL}}(T_{\mathrm{da}} - T_{\mathrm{a}}) \tag{4-5}$$

式中，A_{da} 为喷头与周围空气在温度为 T_{da} 热交换的表面积，此时的室温为 T_{a}，自然对流的热传导系数为 α_{CL}，它的近似可取为 8 W/($\mathrm{m^2 \cdot K}$)。辐射到周围的热流 Q_{RAD} 可由下式确定，

$$Q_{\mathrm{RAD}} = 10^{-8}A_{\mathrm{da}}HC_{\mathrm{R}}(T_{\mathrm{da}}^4 - T_{\mathrm{s}}) = A_{\mathrm{da}} \cdot \alpha_{\mathrm{RAD}}(T_{\mathrm{da}} - T_{\mathrm{s}}) \tag{4-6}$$

式中，H 为辐射系数。对于光滑的钢制表面，$H = 0.25$；对于氧化过的钢制表面，$H = 0.75$。C_{R} 为块体辐射热传导数，$C_{\mathrm{R}} = 5.77$ W/(m·K)；α_{RAD} 为辐射热传导系数。

上述方法确定的加热功率是加热喷头所需的额定值。为保证有足够的热值储备，使控制系统在合理的区域内工作，实际加热负荷应该是计算的加热功率额定值的两倍。控制系统的工作点是可以进行调节的，以提高它的加热功率上限。

4.2.3　喷头内熔体流动性

熔融沉积成形过程中的聚合物在经过喷头加热系统处理后都处于黏流塑化状态，黏流塑化状态的聚合物不仅流动性好，形变能力强，而且更易于熔体的输送和最终的成形。熔融沉积成形的物料在螺槽中由固体状态加热转化为熔融状态的物理过程如图 4.4 所示，该图展示了 FDM 增材制造原材料在展开螺槽和螺槽的横截面熔融的一般情况。

从图 4.4(a)可以看出，在熔融沉积挤出过程中，物料在螺杆的分布情况：螺杆的尾部是未熔融的固体物料；头部充满着已熔融待挤出的熔体；固体与熔体的共存段位于螺杆的中间段，此区段内进行物料的熔融。

在图 4.4(b)中，与机筒壁发生接触的成形丝料或颗粒由于受到热传导和摩擦共同作用，首先发生熔融并形成一层致密的熔膜，熔融过程导致熔膜积存的厚度不断增加，超过机筒与螺杆之间的距离时，不断旋转的螺杆棱会将积存过厚的熔膜刮落，由于熔体积存在螺杆棱前侧还会出现漩涡状的熔池，熔池即为物料的液体区域。冷的未塑化的固体粒子则堆积在螺杆棱推进面的后侧，而在熔膜形成的熔池和冷的未塑化粒子之间，是正在受热黏结的固体粒子，此时的固体粒子所组成的物料固相即为固体床。图 4.4(b)还表明，固相与液相之间存在着明显的物料熔融发生的分界面，在界面熔融的物料在挤出螺杆的推动下往喷嘴的方向运动，熔融的过程逐渐进行，自图中熔融区点开始，可以明显看出在固相宽度逐渐减小的同时，液相宽度不断地增加，在熔融区终点，螺槽内充满着熔融物料，已不存在未融的固相。

螺杆中，熔体输送过程是输送位于螺槽和机筒所形成的密闭腔室内高聚物的熔体，由

于螺杆的转动作用,在以机筒壁为静止边界,螺槽的底和侧壁构成运动边界而建立的熔体的拖拽流动。

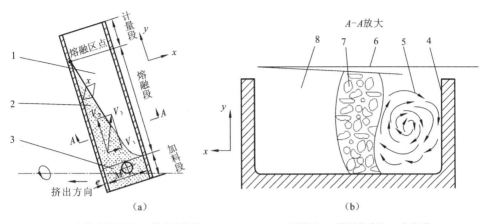

1. 未熔融的物料;2. 熔融的物料;　　　　　　4. 机筒壁;5. 漩涡状熔池;6. 螺杆核;
3. 已熔融待挤出的物料　　　　　　　　　　　7. 受热黏结的固体粒子;8. 冷的未塑化粒子

图 4.4　螺槽中物料的熔融过程

如图 4.5 所示,喷嘴复杂流道的基本结构有直径为 D_1 和 D_2 的各处截面相等的圆形管,以及从 D_1 到 D_2 进行过渡变化成锥形的圆形管。锥形圆管能够减小熔体在流动过程中流道的突变引起的阻力变化,同时还可以避免发生局部紊流现象。圆管直径为 D_2 的末端主要用于熔体挤出成形前的稳定性流动,有助于成形过程尺寸的稳定性。

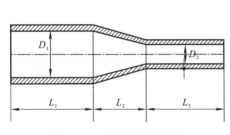

图 4.5　喷嘴流道示意图

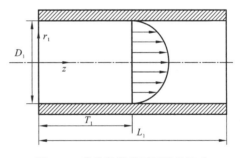

图 4.6　熔体沿等截面圆管的流动

1) 等截面圆形管道中的熔体流动

对于等截面内的熔体沿直径为 D_1 圆形管道的流动,如图 4.6 所示,适合用柱坐标 r 和 z 来描述,根据熔体流动的对称特性,分析以管轴为中心,长度为 L_1,半径为 r 的圆柱体的流动过程。假设仅作等温稳定性轴向流动,忽略入口效应并假设流动是充分发展的,则该流动流场可简化为 z 方向单向流动。其压力差为

$$\Delta P = -P_{zl}L = K_p Q^n L\, D_1^{-3n-1} \tag{4-7}$$

式中,P_{zl} 为进口处压力梯度;Q 为体积流量;K_p 为相关系数。

2) 锥形圆管中的熔体流动

根据图 4.7 所示,锥形圆管的半径 r_2 可作为 T_2 的线性函数,并通过 L_2 段的锥形由 D_1 逐渐过渡到 D_2。假定熔体在喷嘴内流动过渡区域圆形管道的锥角很小,即直径的差值

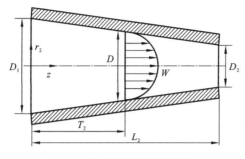

图 4.7   熔体沿锥形圆管的流动

远小于管道的长度 $D_1 - D_2 \ll L_2$，流道可视为近似润滑，过渡区域内任何截面处的流动与普通圆形管道内的流动性相同。因此，如果设距离口模 T_2 处的圆锥截面的直径为 D，则此处的压力梯度与 $\bar{\tau}/D$ 成正比。于是，对于稳定流动而言，体积流率与轴向坐标 z 无关，并由式(4-9)可得到锥管中的总压差 ΔP 的计算公式。这时有

$$P_z = P_{zl} \left(\frac{D}{D_1} \right)^{-1-3n} \tag{4-8}$$

式中，因 D 随 T_2 线性变化，有 $D = D_1 + (D_2 - D_1)(T_2/L_2)$，于是得

$$P_1 - P_2 = \frac{P_{zl} L D_1}{-3n(D_1 - D_2)} \left[\left(\frac{D_2}{D_1} \right)^{-3n} - 1 \right] \tag{4-9}$$

3）口模内熔体流动的综合分析

喷嘴流道如图 4.5 所示，包含等截面圆形管道和锥形圆管流道，按照上面的推导即可计算各段的压力差。根据以上各压差的计算公式，整个流道中的总压力差为两段圆形管道和一段锥形管道三段压差之和(设直径缩小系数 $K_D = D_1/D_2$)，

$$\Delta P = \Delta P_1 + \Delta P_2 + \Delta P_3 = \frac{Q^n K_p}{D_1^{3n+1}} \left[L_1 + \frac{g(k_d)}{3n} L_2 + K_D^{3n+1} L_3 \right] \tag{4-10}$$

4.3   熔融沉积成形材料

一般的热塑性材料作适当改性后都可用于 FDM。同一种材料可以做出不同的颜色，用于制造彩色制件。FDM 也可以堆积复合材料制件。例如，把低熔点的蜡或塑料熔融丝与高熔点的金属粉末、陶瓷粉末、玻璃纤维、碳纤维等混合作为多相成形材料。到目前为止，单一成形材料一般为 ABS、石蜡、尼龙、聚碳酸酯（polycarbonate，PC）和聚苯砜（polyphenysulfone，PPSF）等。多相材料成形目前仍处于实验室阶段，尚无投入企业实际生产的商品化设备。表 4.2 为 Stratasys 公司的几种成形材料。

支撑材料有两种类型：一种是剥离性支撑，需要手动剥离零件表面的支撑；另一种是水溶性支撑，它可以分解于碱性水溶液。

表 4.2   Stratasys 公司几种成形材料及其使用范围

材料型号	材料类型	使用范围
ABS P400	丙烯腈—丁二烯—苯乙烯聚合物细丝	概念型、测试型
ABSi P500	甲基丙烯酸—丙烯腈—丁二烯—苯乙烯聚合物细丝	注射模造
ICW06 Wax	消失模铸造蜡丝	消失模制造
Elastomer E20	塑胶丝	医用模型制造
Polyster P1500	塑胶丝	直接制造塑料注射模具
PC	聚碳酸酯	功能性测试，如电动工具、汽车零件等
PPSF	聚苯砜	航天工业、汽车工业以及医疗产品业
PC/ABS	聚碳酸酯和 ABS 的混合材料	玩具以及电子产业

4.3.1　聚合物材料物性分析

用聚合物材料的力学性质反映聚合物所处的物理状态,通常用热-机械特性曲线,又称为温度-形变(或模量)曲线。这种曲线显示出了形变特征与聚合物所处的物理状态之间的关系,如图 4.8 所示。

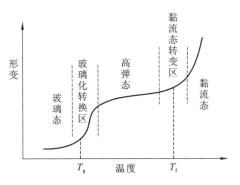

图 4.8　线性非晶态高聚物的温度-形变曲线

首先,对高聚物而言,引起高聚物聚集态转变的主要因素是温度。形变的发展是连续的,也说明了无定型聚合物三种聚集态的转变不是相转变。当温度低于 T_g 时,聚合物处于玻璃态下,呈现为刚硬固体。此时,聚合物的主价键和次价键所形成的内聚力使材料有相当大的力学强度,热运动能小,分子间力大,大分子单键内旋被冻结,仅有原子或基团的热振运动,外力作用尚不足以使大分子或链段做取向位移运动。因此,形变主要由键角变形所贡献,形变值小,在极限应力内形变具有可逆性,内应力和模量均较大,形变和形变恢复与时间无关(瞬时的),且随温度变化很小。所以,玻璃态固体的形变属于普通弹性形变,称普弹形变,但若温度低到一定程度,很小的外力即可使大分子链发生断裂,相应的温度为脆化温度,这就使材料失去使用价值。

当温度在 T_g 与 T_f 之间时聚合物处于高弹态,呈现类橡胶性质。这时,温度较高,链段运动已激化(即解冻),但链状分子间的相对滑移运动仍受阻滞,外力作用只能使链段作取向位移运动。因此,形变是由链段取向引起大分子构象舒展做出的贡献,形变值大,内应力和模量均小;除去外力后,由于链段无规则热运动而恢复了大分子的卷曲构象,即恢复了最大构象熵状态,形变仍是可逆的。而且,在 T_g 与 T_f(或 T_m)之间靠近 T_f(或 T_m)一侧,聚合物的黏性很大。

当温度达到或高于聚合物的黏流温度 T_f(无定型聚合物)或熔融温度 T_m(结晶性聚合物)时,聚合物处于黏流态下,呈现为高黏性熔体(液体),在这种状态下,分子间力能与热运动能的数量级相同,热能进一步激化了链状分子间的相对滑移运动,这时聚合物的两种运动单元同时显现,使聚集态(液态)与相态(液相结构)的性质一致了。外力作用不仅使得大分子链作取向舒展运动,而且使链与链之间发生相对滑动。因此,高黏性熔体,在力的作用下表现出持续不断的不可逆形变,称为黏性流动,也常称为塑性形变。这时,冷却聚合物就能将形变永久保持下来。

当温度升高到聚合物的分解温度 T_d 附近时,将引起聚合物分解,以致降低制品的物理机械性能或引起外观不良等。无定型聚合物的三种聚集态,仅仅是动力学性质上的差异(因分子热运动形式不同),而不是物理相态上或热力学性质上的区别,故常称为力学三态。这样,一切动力学因素,如温度、力的大小和作用时间等的改变都会影响他们的性质相互转变。

另外,实现聚合物材料的熔融挤压堆积成形过程,必须考虑到材料的可挤压性。一方面,聚合物挤出喷嘴的过程应完全处于黏流态,温度应控制在 T_f(或 T_m)以上;另一方面,料丝本身在挤压过程中起着活塞推进的作用,要求料丝在加热腔的引导段应具有足够的抗弯强度,温度应控制在玻璃态温度 T_g 附近。因此在液化管引导段有时应考虑采取强制散热措施,以避免因轴向热传导引起太大的温升。

4.3.2　聚合物材料的热物理性质

分析由温度引起的聚合物聚集态转变过程,材料的导温能力是一个重要的考察因素。记导温系数为

$$\alpha = k/\rho c_p$$

式中,k 为导热系数;ρ 为密度;c_p 为等压比热。

T_g,T_f,(或 T_m),k,ρ,c_p,H_m 是聚合物加工过程中非常重要的热学参数。不同的聚合物材料有不同的热学性质,甚至于同一牌号的聚合物,因批号不同或生产厂家不同,其热学系数也会有差异,因此在分析材料的加工性能时,首先必须了解材料的热学性质,确定材料的热学参数。

影响加工性能的另一个重要因素是聚合物的流变性质。在大多数聚合物的加工过程中,聚合物都要产生流动和形变。聚合物的流变性质主要体现在熔体黏度的变化,所以聚合物的黏度及其变化特性是聚合物加工过程中极为重要的参数。影响聚合物流变性质的主要因素有温度、压力、剪切速率或剪切力以及聚合物的结构。

1. 温度对黏度的影响

对于处于黏流温度以上的聚合物,很多研究结果表明,热塑性聚合物熔体的黏度随温度升高而呈指数的方式降低。在流变学中,黏度 η 对温度 T 的这种依赖关系可用

$$\ln \eta_a = \ln \eta_0 + \Delta E_\eta / RT$$

或

$$\eta_a = \eta_0 e^{\Delta E_\eta / RT}$$

表示。

式中,η_a 为表观黏度;η_0 为零剪切黏度;ΔE_η 为黏流活化能;R 为气体常数;T 为热力学温度。

对于那些较大的聚合物,只要不超过分解温度,提高加工温度将增加材料的流动性。代表黏度对温度依赖性的就是黏流活化能,黏流活化能越大,黏度受温度变化影响便越大。当温度较高时($T > T_g + 100\ ℃$),为一常量;而当温度较低时($T > T_g \sim T_g + 100\ ℃$),随温度的下降而急剧增加。在实际加工中,一般推荐聚合物的加工温度为 T_f(或 T_m)以上 30 ℃左右,因此,用上述公式说明黏度与温度的依赖关系还是适用的。

2. 压力对黏度的影响

压力对黏度的影响是建立在聚合物熔体在较大压力作用下有一定的可压缩性的基础上。对于大多数的聚合物材料,当受到 10^7 Pa 压力作用时,聚合物的体积收缩率一般不超过 1%,但随着压力的增加,体积收缩急剧。例如,尼龙材料,当压力增加到 7×10^7 Pa 时,

体积收缩达 5.1%。体积收缩引起大分子间的距离缩小,链段跃动范围减小,分子间的作用力增强,导致熔体黏度上升。因此,增加压力对黏度的影响与降低温度对黏度的影响有相似性。例如,对于多数聚合反应,压力增加到 10^8 Pa 时,熔体黏度变化相当于温度降低30 ℃~50 ℃的效果。考虑到在熔融挤压堆积成形过程中,以料丝本身起活塞推进作用所能达到的挤压力不可能太高,所以对熔体黏度与压力的依赖关系只作参考,而侧重考察温度对黏度的影响。

3. 剪切速率对黏度的影响

众所周知,在通常的加工条件下,大多数聚合物熔体都表现为非牛顿型流动,其黏度对剪切速率有依赖性。在非牛顿型流动区的低剪切率范围,聚合物熔体的黏度约为 10^3~10^9 Pa。当剪切速率增加时,大多数聚合物熔体的黏度下降。但不同种类的聚合物对剪切速率的敏感性有差别,因此在实际成形加工时,通过调整剪切速率来改变熔体的黏度,对剪切速率敏感的聚合物是有效的,而对那些对剪切速率不敏感的聚合物可采用对其黏度更为敏感的因素——温度来调整更合适。

在熔融挤压沉积成形过程中,聚合物的流变行为对加工性能的影响主要体现在聚合物熔体在加热腔中的输送阶段。在实际成形过程中发现,聚合物熔体在加热腔的挤出过程中因黏度过大造成喷嘴阻塞是造成成形失败的主要原因之一。反之,当黏度太小,经喷嘴挤出的细丝将呈“流滴”形态,丝径大幅度变小,当分层厚度较大时,喷嘴将逐渐远离堆积面,同样造成成形过程失败。

综上所述,针对熔融挤压堆积成形的工艺特点,有关成形材料的物性分析应主要围绕着材料的热学性质和流变性质两大方面进行。相应地,根据 FDM 成形设备的工作原理,对应的可控工艺参数有加热腔的加热温度和送丝机构的送丝速度。加热腔加热温度与送丝速度的良好匹配,是保证聚合物在成形过程中既处于合适的加工温度,又具有适当的剪切速率的主要途径。

以上主要是从聚合物的可加工性的角度分析聚合物的加工性能与加工参数的依赖关系。如果从制品的成形质量的角度考虑,还将涉及所采用的具体成形材料的结构性能,以及在加工过程中的物理化学变化,如聚合物的结晶过程等。

4.3.3　成形材料的性能要求

FDM 工艺由于使用将成形材料加热熔融再挤出堆积的方式来成形制件,所以可成形的材料很多,如改性后的石蜡、ABS 塑料、尼龙、橡胶等热塑性材料,以及多相混合材料,如金属粉末、陶瓷粉末、短纤维等与热塑性材料的混合物。

目前,直接成形金属制件的增材制造工艺仍处于研究阶段,蜡型则存在精度不高,强度低,表面硬度低的问题,在使用中很容易划伤甚至破损,不适合于反复适用和试装配。而高聚物材料的特性就有相对蜡而言的优势,如低收缩率,高强度等,这就使得其成形制件具有较高强度,可直接用于试装配、测试评估及投标,也可用于快速经济模具的母模。下面简要介绍一下适用于 FDM 工艺的高聚物成形材料的基本性能。

1. 材料的流动性

为了能从喷嘴中顺利挤出材料,所用材料在高温熔融时应具有较好的流动性。流动性差的材料产生较大的阻力,流动性太好的材料将导致流涎的发生,影响成形质量。

2. 材料的熔融温度区间

合适的成形区间是指在设定温度处材料既能达到合适的黏度区间,又能远离氧化分解临界温度。如果熔融温度与氧化点相隔太近,将使成形温度的控制变得极为困难。

3. 材料的机械性能

丝状进料方式要求料丝具有较好的抗弯强度、抗压强度和抗拉强度,这样在驱动摩擦轮的牵引和驱动力作用下才不会发生断丝和弯曲现象。材料还应具有较好的柔韧性,不会在弯曲时轻易地折断。

4. 材料的收缩率

体积收缩率是指材料热膨胀和收缩时的体积变化率。成形材料在液固相变时的体积收缩是 FDM 过程中产生内应力,使零件产生变形甚至导致层间剥离和零件翘曲以至成形失败的根本原因。所以,收缩率越小越好。

5. 制丝要求

FDM 所用的丝状材料直径为 2 mm,要求表面光滑、直径均匀、内部密实,无中空、表面疙瘩等缺陷,另外在性能上要求柔韧性好,所以应对常温下呈脆性的原材料改性,提高其柔韧性。

6. 材料的吸湿性

材料吸湿性高,将会导致材料在高温熔融时会因水分挥发而影响成形质量。所以,用于成形的材料丝应干燥保存。

下面以常用的 ABS 塑料为例对成形材料进行详细说明。

改性聚苯乙烯聚合物是对苯乙烯与不同单体的共聚,或其均聚物、共聚物的共混得到一系列聚苯乙烯的改性品种。ABS 就属于这类改性聚苯乙烯的聚合物,是苯乙烯与丙烯腈、丁二烯共聚得到的同时兼有"韧、硬、刚"特性的塑料。

ABS 机械强度很高,拉伸强度一般为 35~50 MPa,屈服伸长率为 2%~4%;压缩强度大于拉伸强度,标准 ABS 在 14.1 MPa 压缩负荷下和处于环境 50 ℃下,经 24 h,尺寸变化不超过 0.2%~1.7%;弯曲强度达 28~70 MPa。

大部分 ABS 树脂无毒性、不透水、有很低的吸水率。ABS 制品的表面可以抛光,得到高度光泽的制品。ABS 收缩率很低,为 0.4%~0.9%,改性后还可更低。

ABS 是无定型聚合物,成形后无结晶,收缩率低,约为 0.4%~0.5%。对于无定型聚合物,材料随温度升高逐渐软化。

　　无定型聚合物的熔融温度指的是材料的黏流温度。ABS 的熔融温度较低,且熔程较宽(随三种单体配比而异,一般在 160～190 ℃),参照注射成形工艺,并假定采用柱塞式注射机,比较接近于熔融挤压成形的熔体挤出行为。ABS 的成形温度一般控制在 180～230 ℃,但决不允许超过 250 ℃,否则,将会出现降解,甚至产生有毒的挥发物质。但这只是对未改性的 ABS 而言。

　　ABS 树脂的黏度适中,在熔融状态下的流变特性为非牛顿型。因此在加工成形时流动性对温度不敏感,所以成形温度较易控制。图 4.9 为 ABS 材料的熔融流变特性的测试结果。

　　ABS 存在氰基等较强极性基团,所以有一定的吸水性,仅次于尼龙,含水量一般在0.3%～0.8%范围内。因此加工前应对材料丝进行干燥处理,温度控制在 70～80 ℃,处理时间为 4 h 以上。

　　ABS 属无定型聚合物,具有优良的成形加工性,用一般成形设备即可加工,如注塑、挤出、中空成形和二次加工等。

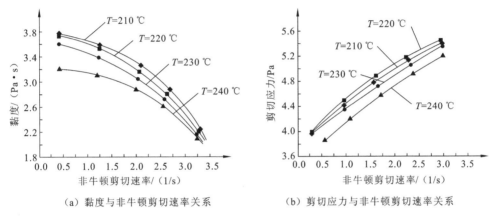

(a) 黏度与非牛顿剪切速率关系　　　　　(b) 剪切应力与非牛顿剪切速率关系

图 4.9　ABS 的流变特性

4.3.4　支撑材料的性能要求

　　图 4.10 为支撑材料和成形材料之间融合的放大图,两种材料之间扩散后的界面层厚度为界面 a。

　　当施加一定的外力,断裂总是发生在机械强度较弱的部位。若断裂发生在 b(成形材料)上,则制件的表面上容易出现小凹坑;若断裂发生在 c(支撑材料)上,则制件的表面上容易留下一些毛刺。这些必须进行表面光滑处理,才能得到希望的表面粗糙度。在去除支撑时,希望在界面 a 处断裂。

　　为了便于支撑材料的去除,应保证:相对于成形材料各层间,支撑材料和成形材料之间形成相对较弱的黏结力。最后,应保证支撑各层之间有一定的黏结强度,以避免脱层现象。黏结性是支撑材料开发的重点。

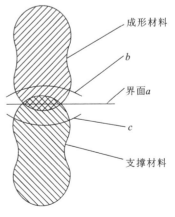

图 4.10　支撑材料和成形
材料之间黏结

下面就支撑材料须具备的性能进行介绍。

1. 剥离性支撑材料的要求

1）能承受一定高温

由于支撑材料要与成形材料在支撑面上接触，所以支撑材料必须能够承受成形材料的高温，在此温度下不产生分解与融化。由于 FDM 工艺挤出的丝比较细，在空气中能够比较快速的冷却，所以支撑材料能承受 100 ℃ 以下的温度即可。

2）材料的机械性能

FDM 对支撑材料的机械性能要求不高，要有一定的强度，便于单丝的传送；剥离性的支撑材料需要一定的脆性，便于剥离时折断，同时又需要保证单丝在驱动摩擦轮的牵引和驱动力作用下不可轻易弯折或折断即可。

3）流动性

由于支撑材料的成形精度要求不高，为了提高机器的扫描速度，要求支撑材料具有很好的流动性。

4）黏结性

支撑材料是加工中采取的辅助手段，在加工完毕后必须去除，所以相对成形材料而言，剥离性支撑材料的黏结性可以差一些。

5）制丝要求

熔融挤压快速成形所用的丝状材料直径大约为 2 mm，要求表面光滑、直径均匀、内部密实，无中空、表面疙瘩等缺陷，另外在性能上要求柔韧性好，所以对于剥离性的支撑材料应对常温下呈脆性的原材料进行改性，提高其柔韧性。

6）剥离性

对于剥离性的支撑材料最为关键的性能要求，就是保证材料在一定的受力下易于剥离，可方便地从成形材料上去除支撑材料，而不会损坏成形件的表面精度。这样就有利于加工出具有空腔或悬臂结构的复杂成形件。

2. 水溶性支撑材料要求

对于水溶性支撑材料，除了应具有成形材料的一般性能以外，还要求遇到肥皂水（浓缩洗衣粉液）即会溶解，特别适合制造空心及具有微细特征的零件，解决人手不易拆除支撑的问题，或因结构太脆弱而被拆破的可能性，更可增加支撑接触面的光洁度。

4.4　熔融沉积成形系统

FDM 设备是由硬件系统、软件系统和供料系统等组成。下面分别介绍各个组成部分的功能、构成及特点。

4.4.1　硬件系统

FDM 硬件系统由机械系统和控制系统组成，机械系统又由运动、喷头、成形室、材料室等单元组成,多采用模块化设计,各个单元相互独立。控制系统由控制柜与电源柜组成,用来控制喷头的运动以及成形室的温度等。

1. 运动单元

只完成扫描和喷头的升降动作,运动单元的精度决定了设备的运动精度。下面以 HTS-300 和 Rostock-kossel 为例进行动作分析。

HTS-300 的外形结构如图 4.11 所示。X 轴、Y 轴采用的是伺服电机通过精密滚珠丝杆带动,在精密的导轨上做直线运动;Z 轴却采用的是步进电机通过精密滚珠丝杆带动,在精密直线导轨上做直线运动。这个运动方式必须沿着直线轨迹运行,所以在喷头打印制品的时候,在所运动的直线上将会拉出很多的丝料出来,对制品的成形精度和外观有很大的影响。

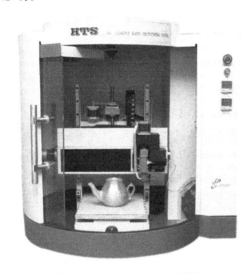

图 4.11　HTS-300 FDM 设备　　　　　　图 4.12　Rostock-kossel FDM 设备

Rostock-kossel 的外形结构如图 4.12 所示。该机型的机械运动结构采用的是类 Delta 并联臂结构,类似于并联机床的结构,6 个臂杆每两个一组构成平行机构安装在滑块上,滑块靠步进电机带动,并且靠紧密直线光杆做导向。这种机构可以直接运动到某个点的位置上,而不需要像传统 FDM 打印机一样要一步一步的运动叠加,就是由于这种特殊结构,所以它就可以自动踩点收集点的信息,然后使热床平台自动校准,这是传统结构的 FDM 打印不具有的优势。

2. 喷头与进料装置

根据塑化方式的不同,可以将 FDM 的喷头结构分为柱塞式喷头和螺杆式喷头两种,如图 4.13 所示。

柱塞式喷头的工作原理是由两个或多个电机驱动的摩擦轮或皮带轮提供驱动力,将丝料送入塑化装置熔化。其中后进的未熔融丝料充当柱塞的作用,驱动熔融物料经微型喷嘴而挤出,如图 4.13(a)所示,其结构简单,方便日后维护与更换,而且仅仅只需要一台

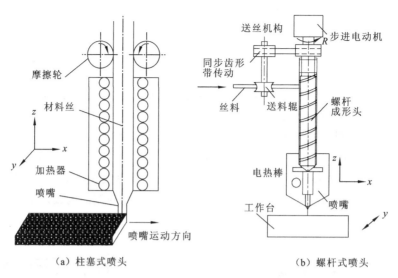

图 4.13　喷头

步进电机就可以完成挤出功能,成本低廉。

　　而螺杆式喷头则是由滚轮作用将熔融或半熔融的物料送入料筒,在螺杆和外加热器的作用下实现物料的塑化和混合作用,并由螺杆旋转产生的驱动力将熔融物料从喷头挤出,如图 4.13(b)所示。采用螺杆式喷头结构不但可以提高成形的效率和工艺的稳定性,而且拓宽了成形材料的选择范围,大大降低了材料的制备成本和贮藏成本。

　　用于 FDM 的原料一般为丝料或粒料,根据原料形态不同采用的进料装置也不尽相同。

　　1) 丝料的进料方式

　　当原料为丝料时,进料装置的基本方式是利用由两个或多个电机驱动的摩擦轮或皮带提供驱动力,将丝料送入塑化装置熔化。图 4.14 为两种进料装置,图 4.14(a)为美国 Stratasys 公司开发,该进料装置结构简单,丝料在两个驱动轮的摩擦推动作用下向前运动,其中一个驱动轮由电机驱动。由于两驱动轮间距一定,这就对丝料的直径非常敏感。若丝料直径大,则夹紧驱动力就大;反之,驱动力就小,并可能引起不能进料的现象。图 4.14(b)为清华大学开发的弹簧挤压摩擦轮送料装置。该装置采用可调直流电机来驱动摩擦轮,并通过压力弹簧将丝料压紧在两个摩擦轮之间。两摩擦轮是活动结构,其间距可调,压紧力可通过螺母调节,这就解决了图 4.14(a)喷头结构中进料装置的缺点。该进料装置的优点是结构简单、轻巧,可实现连续稳定地进料,可靠性高。进料速度由电机控制,并利用电机的启停来实现进料的启停。但由于两摩擦轮与丝料之间的接触面积有限,使其产生的摩擦驱动力有限,从而使得进料速度不快。

　　一般可以采用增加辊的数目或增加与物料的接触面积和摩擦的方法来提高摩擦驱动力。图 4.15 为一款多辊进料的喷头结构。该喷头采用多辊共同摩擦驱动的进料方式,其特点在于由主驱动电机带动三个主动辊和三个从动辊来共同驱动。三个主动辊由皮带或链条连接,并由主驱动电机来驱动。在弹簧的推力作用下,依靠压板将从动辊压向主动

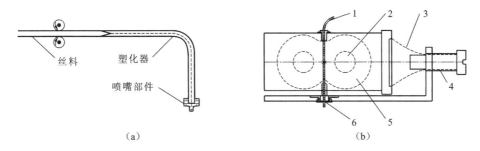

图 4.14　送料装置

1.丝料;2.可调直流电机;3.压力弹簧;4.螺母;5.摩擦轮;6.丝料入口

辊,靠主动辊和从动辊与丝料的摩擦作用将丝料送入塑化装置。

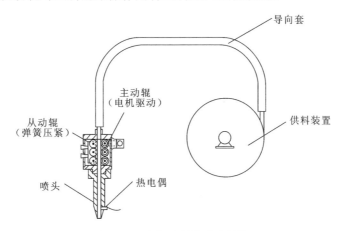

图 4.15　多辊进料的喷头结构

　　图 4.16 的进料装置采用辊轮组的形式,步进电机通过联轴节驱动螺杆,同时又通过两个齿形皮带传动驱动主动送料辊。在弹簧的作用下从动送料辊压向主动送料辊,从而夹紧丝料,并将其送入成形头。采用同一步进电机驱动送丝机构和螺杆,既避免了在喷头安装两套动力装置,同时也解决了喷头质量太大和耦合控制的复杂性问题。

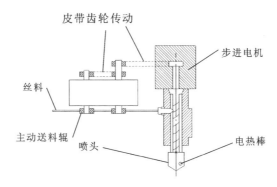

图 4.16　辊轮组驱动丝料的螺旋挤压喷头结构

2）粒料的进料方式

粒料作为熔融沉积成形工艺的原料有较宽的选择范围,并且由于粒料为原料购进形态,不经过拉丝和各种加工过程,有助于保持原料特性,也大大降低了材料的制备成本和贮藏成本,并省去了丝盘防潮防湿、丝盘转运(发送和回收)、送丝管道、送丝机构等一系列装置。但粒料使进料装置变得复杂,并且由于其塑化的难度较大,也给塑化装置提出了较高的要求。

推杆加料机构如图 4.17 所示。该机构由电磁铁、推杆和转换接头等主要部件组成,靠推杆凹槽在料斗和连接料筒之间的往复连通作用,从而实现粒料的加料。动态跟踪颗粒加料系统结构如图 4.18 所示。其工作原理是加入料斗的粒料在活化器作用下从静止状态转变为有微小振幅的振跳状态而活化。活化状态的粒料易于产生径向位移,柱塞推杆的推动作用可很好地保证活化的粒料到达要求的位置。粒料易相互推挤而形成"架桥"现象,使后续物料不能进入,破拱针就可以插入物料内部消除"架桥"现象。由于活塞和螺杆的双重作用,可以提高物料从喷嘴挤出的速度,从而提高堆积成形的效率。

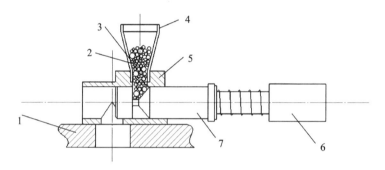

图 4.17　推杆加料机构

1.连接板;2.料位检测传感器;3.粒料;4.料斗;5.转换接头;6.电磁铁;7.推杆

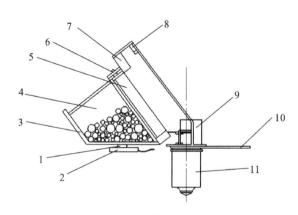

图 4.18　动态跟中颗粒加料系统结构

1.弹性垫;2.活化器;3.破供针;4.斗料;5.活塞套;6.活塞;7.柱塞传动副;
8.送料电机;9.喷头电机;10.连接板;11.喷头

3）喷嘴结构

喷嘴是熔料通过的最后通道,使已完全熔融塑化的物料挤出成形,因此,喷嘴设计如结构形式、喷嘴孔径大小及制造精度等都将影响熔料的挤出压力,将直接关系到能否顺利挤料、挤料速度的大小,以及是否产生"流涎"现象等。

溢料式喷嘴结构如图 4.19 所示。该结构采用了一种新的喷嘴设计方法,即喷嘴采用独立控制阀门的开关动作实现出料的启停,增加稳压溢流阀及溢流通道。在成形过程需要喷料时,喷射阀打开,溢流阀关闭,熔料从喷射阀出口挤出,形成物料路径进行成形。当出料需短时停歇时,喷射阀关闭,溢流阀打开,进料装置继续稳速进行送丝,而熔料则从溢流通道流出,且其阻力与喷嘴完全相同,从而保证了喷头内熔料压力恒定。其中,图 4.19(a)是用阀结构来实现熔料喷射和溢流的转换,而图 4.19(b)是用板式阀门的推动来实现大喷射口和小喷射口的转换。

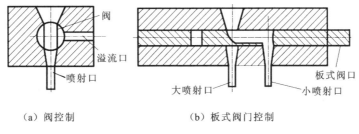

（a）阀控制　　　　　　　　　（b）板式阀门控制

图 4.19　溢料式喷嘴结构

3. 控制系统

基于 PC+PLC 的 FDM 控制系统的硬件主要由 PC+PLC 系统、运动控制系统、送丝控制系统、温度控制系统及机床开关量控制系统 5 部分组成,如图 4.20 所示。

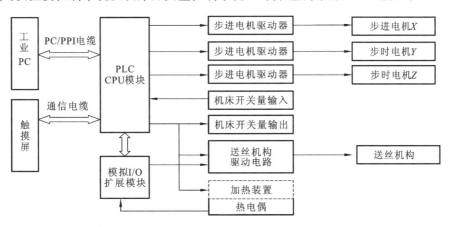

图 4.20　FDM 控制系统硬件结构示意图

PC+PLC 系统包括 1 台带有串口的工业 PC(特定时候也可以用带有串口的普通 PC 机替代)、1 个 PLC(可附带触摸屏)及其扩展模块(如 D/A 扩展模块)、连接 PC 和 PLC 的 PC/PPI 电缆组成。其中,PC 机负责人机界面、三维数据(如 STL 文件)处理、得到加工轨迹数据及相应的控制指令、生成加工指令等工作;PLC 负责接收加工指令和数据,通过 I/O 端口和扩展模块控制各个子执行系统,同时还可以用触摸屏实现 PLC 的人机交互;PC 和 PLC 通过 PC/PPI 电缆,按照定义的 FDM 串行口通信协议进行通信。

运动控制系统采用步进式开环运动控制系统,通过三个步进电机及其细分驱动器,以及检测开关实现运动机构和工作台的运动。

送丝控制系统仍然包括送丝机构驱动电路,它控制送丝机构的运动,从而将实体材料和支撑材料分别送入实体喷头和支撑喷头进行加热熔化,并通过挤压力将材料从喷头中挤出。

机床开关量控制系统是机床上一些必要的开关量,但它的开关量不再连接到通用的数字量输入板卡和数字量输出板卡,而是直接连接到 PLC 的 I/O 端口。

温度控制系统主要由温度控制器及温度检测元件所构成。温度控制器是由热敏电阻、比较运算放大器、检测热电阻元件、小型继电器组成。以温度控制器输入端的热敏电阻作为温度传感器,热检测元件接在其上。输出端是两个小型继电器,控制加热与停止。当温度传感器检测到温度的变化时会引起电压的变化,将运算放大器与所设置温度进行比较,当达到设置温度后会引发继电器断开,停止加热设备。温度检测元件主要是检测外界温度,并将所检测的温度以电信号的方式传递给温度传感器。温度传感器再将接收的信号经放大电路放大,通过 A/D 转换电路将电信号转换成数字信号,通过功率放大电路放大后传送给热电偶,实现加热。热电偶可直接测量周围温度,并将温度转换成电信号向下传递。如图 4.21 所示为测温电路图。

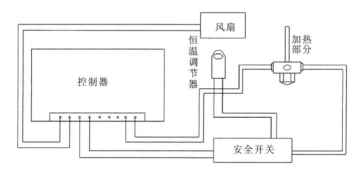

图 4.21　测温电路

4.4.2　软件系统

1. 几何建模单元

设计人员借助三维软件,如 Pro/E、UG 等,来完成实体模型的构造,并以 STL 格式输出模型的几何信息。

2. 信息处理单元

主要完成 STL 文件处理、截面层文件生成、填充计算、数控代码生成和对成形系统的控制。如果根据 STL 文件判断出成形过程需要支撑的话,首先由计算机设计出支撑结构并生成支撑,然后对 STL 格式文件分层切片,最后根据每一层的填充路径,将信息输给成形系统完成模型的成形。

4.5　熔融沉积成形设备

4.5.1　熔融沉积成形设备的组成

下面以 MakerBot Replicator 为例简要介绍 FDM 设备组成。其设备如图 4.22～图 4.24 所示。

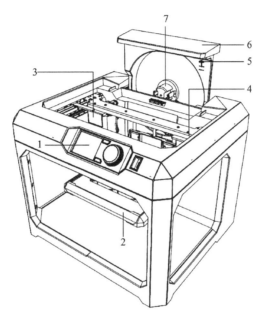

图 4.22　MakerBot Replicator 设备正面示意图

1.控制面板;2.打印托盘;3.喷头组件;4.机架;5.导料管;6.耗材抽屉;7.耗材心轴

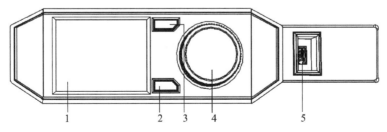

图 4.23　MakerBot Replicator 控制面板

1.LCD 屏幕;2.菜单按钮;3.后退按钮;4.转盘;5.USB 驱动器端口

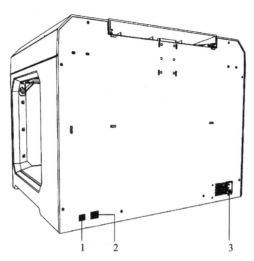

图 4.24　MakerBot Replicator 设备背面示意图
1. USB 线缆；2. 以太网线缆；3. 电源输入端口

4.5.2　典型熔融沉积成形设备

研究 FDM 设备生产的公司主要有 Stratasys 公司和 Med Modeler 公司。这种技术以美国 Stratasys 公司开发的产品制造系统应用最为广泛。Stratasys 公司于 1993 年开发出第一台 FDM-1650（台面为 250 mm×250 mm×250 mm）机型后，先后推出 FDM 2000、FDM 3000 和 FDM 8000 机型。Stratsys 公司的 FDM 设备分为三个系列：Idea Series、Design Series 和 Production Series。其中，Idea Series 具有经济、快速、分辨率精细等特点，适合个人和小团体使用；Design Series 尺寸较大，其成形的制件可靠耐用，尺寸稳定，非常适合高强度的测试，缺点是中大型加工尺寸设备价格高，运行成本非常高；Production Series 可实现精简生产，兼具大型原型制作和灵活地小批量生产精准零部件。

国内 FDM 设备的研发机构主要是清华大学、华中科技大学、四川大学和西安交通大学。国内从事 FDM 设备开发的企业近几年来不断涌出，如杭州先临三维，其在 2013 年推出自主研发的 Einstart 系列 3D 打印机，其最新机型 Einstart-L 型桌面 3D 打印机，它具有更大的盘空间，可满足更多"横向"打印需求；全封闭金属框架打印舱，稳固隔离电机运作律动音；0.1 mm 打印层厚，质感已可媲美商用光固化设备等优点。又如太尔时代，其在 2009 年研制出桌面级打印机，并在 2010 年进军海外市场，其最新产品 UP mini 2 最小分层达到 0.15 mm，增加无线连接，可通过手机 APP 控制打印机，并随时借助 APP 跟踪打印机的状态，内置空气过滤装置，有效降低打印气味的排放。北京殷华公司以清华大学发明的低温冷冻技术（IRP）成形工艺为基础，推出了具有 4 喷头装置的 Medtiss 设备，专门应用于人体组织工程。FDM 成形设备的参数对比见表 4.3。

表 4.3　典型商业化 FDM 成形设备对比

单位	型号	外观图片	成形尺寸/mm	层厚度/mm	成形材料	支撑材料
Stratasys（美国）	Mojo		127×127×127	0.178	ABS plus	SR-30 可溶性材料
	Fortus 900mc		914×610×914	0.178	ABS、ASA FDM 尼龙-12PC、PPSF ULTEM	可溶性材料 剥离性材料
	Dimension Elite		203×203×305	0.254	ABS plus	可溶性材料
Mass Portal（拉脱维亚）	Grand Pharaoh XD		350×350×350	—	PLA、ABS、PET、PVA、HIPS 等热塑性材料	—
MakerBot（美国）	MakerBot Replicator 2X		246×163×155	—	ABS、PLA	—
太尔时代（中国）	UP mini 2		120×120×120	0.15	ABS、PLA	剥离性材料
杭州先临三维（中国）	Einstart-L		310×220×200	0.1	PLA	—
三迪思维（中国）	Mini Delta D130		130×130×130	0.05	PLA、HIPS	—

4.6　熔融沉积成形工艺流程

FDM 增材制造的工艺过程一般分为前处理（包括设计三维 CAD 模型、CAD 模型的近似处理、确定摆放方位、对 STL 文件进行分层处理）、原型制作和后处理三部分。

4.6.1　前处理

前处理内容包括以下几方面的工作。

1) 设计 CAD 三维模型

设计人员根据产品的要求，利用计算机辅助设计软件设计出三维模型，这是增材制造原型制作的原始数据，CAD 模型的三维造型可以在 Pro/E、Solidworks、AutoCAD、UG 及 Catia 等软件上实现，也可采用逆向造型的方法获得三维模型。

2) CAD 模型的近似处理

有些产品上有不规则的曲面，加工前必须对模型的这些曲面进行近似处理，主要是生成 STL 格式的数据文件。STL 文件格式是由美国 3D System 公司开发，用一系列相连的小三角平面来逼近模型的表面，从而得到 STL 格式的三维近似模型文件。目前，通常的 CAD 三维设计软件系统都有 STL 数据的输出。

3) 确定摆放方位

将 STL 文件导入 FDM 增材制造机的数据处理系统后，确定原型的摆放方位。摆放方位的处理十分重要，它不仅影响制件的时间和效率，更会影响后续支撑的施加和原型的表面质量。一般情况下，若考虑原型的表面质量，应将对表面质量要求高的部分置于上表面或水平面。为减少成形时间，应选择尺寸小的方向作为叠层方向。

4) 切片分层

对放置好的原型进行分层，自动生成辅助支撑和原型堆积基准面。并将生成的数据存放在 STL 文件中。

5) 材料准备

选择合适的成形材料。如图 4.25 所示为丝状 PLA 材料。

图 4.25　丝状 PLA 材料

4.6.2　原型制作

1. 支撑的制作

在打印过程中，如果喷头喷丝的当前位置处于下一层的外面或者下一层的缝隙处，那么就会使熔融丝在当前位置失去支持力，从而造成塌陷现象，导致整个打印过程的失败。解决塌陷的方式就是对出现这种情况的地方添加支撑。

设计支撑时，必须知道设计支撑的基本原则：

(1) 支撑结构必须稳定,保证支撑本身和上层物体不发生塌陷;

(2) 支撑结构的设计应该尽可能少使用材料,以节约打印成本,提高打印效率;

(3) 可以适当改变物体面和支撑接触面的形状使支撑更容易被剥离。

支撑的生成方式归为以下两类:

第一类是手动式。手动生成支撑要求在设计物体的三维 CAD 模型时,人工判断支撑位置和支撑类型,最后将带支撑结构的物体的 STL 文件,通过设置填充类型后,一起转成 BFB 格式的文件。经过打印就可以得到带有支撑的零件,最后需将支撑剥离掉。但支撑的手动生成方法有如下缺点:

(1) 用户在使用之前,须有较高的 3D 打印支撑的知识积累;

(2) 对一些待添加区域极限值计算不准确,会出现添加不必要的支撑或者少添加支撑的情况。

第二类是自动式。由软件系统根据零件的 STL 模型的几何特征和层片信息,自动生成支撑结构。这类方法直观、快速。FDM 工艺的支撑研究多集中于自动支撑软件的算法研究。

2. 实体制作

在支撑的基础上进行实体的造型,自下而上层层叠加形成三维实体,这样可以保证实体造型的精度和品质。

4.6.3 后处理

FDM 后处理主要是对原型进行表面处理。去除实体的支撑部分,对部分实体表面进行处理,使原型精度、表面粗超度达到要求。但是,原型的部分复杂和细微结构的支撑很难去除,在处理过程中会出现损坏原型表面的情况,从而影响原型的表面品质。于是,1999 年,Stratasys 公司开发出水溶性支撑材料,有效地解决了这个难题。目前,我国自行研发的 FDM 工艺还无法做到这一点,原型的后处理仍然是一个较为复杂的过程。

4.7 熔融沉积成形优缺点

FDM 技术作为增材制造技术的一种,它具备了增材制造的诸多优点,如可制造不受几何形状限制的零部件、缩短产品的开发制造周期、节省材料等。FDM 与其他增材制造工艺的主要不同在于,其构成零件的每个层片是由材料丝熔融堆积而成的。熔融的丝受到打印喷头和下层已成形物体的挤压,由于自身应力会自动黏结在已成形物体上。经过层层累积,就形成了 CAD 模型的实物。与其他快速成形技术相比,FDM 具有很多的优点。

1. 运行成本低

FDM 成形设备的成本较低,不像激光成形设备需要价格昂贵的激光器。此外,激光成形需要定期更换激光器,运行成本较高,而 FDM 成形由于不使用激光模式,不用定期调整,所以日常维护费用较低。

2．成形材料广泛

FDM 成形的材料一般采用聚合物，如 ABS、PLA、石蜡、PC、尼龙或 PPSF 等。FDM 也可以成形金属制件，但由于金属材料的黏结度较低，目前 FDM 成形金属制件的工艺一般用于制造功能性测试制件和概念模型等。

3．环保

FDM 工艺所使用的材料大部分是无毒的热塑性材料，制作过程没有有毒气体产生，适合在办公室和家庭使用，而某些激光成形设备在使用时需要佩戴专业护具。此外，FDM 成形所用的材料可回收利用，降低了成本，节约了资源。

4．后处理简单

FDM 成形支撑一般采用水溶式和剥离式，目前大部分型号的 FDM 成形机可以支持水溶性支撑材料。水溶式支撑可以大大减少后处理时间，同时可以保证复杂制件的精度。

5．可桌面化制造

鉴于以上优点，FDM 技术已广泛地应用于生产制造和教学科研工作。传统产业的生产过程中，从开发到批量生产大约需要一两个月的时间，且如果改变生产样式，就必须重新制造模具。但是利用 FDM 工艺，可以实现分析、制造和批量生产一体化，能够在一两天之内完成设计工作，能够大大缩短开发时间和制造时间，使其在航天航空、医疗器具、汽车、建筑模型、电器、工业造型等领域得到了广泛的应用。然而，FDM 工艺还存在一些缺点，需要进一步研究：

（1）FDM 工艺的成形精度较低，不能制造对精度要求较高的制件；

（2）FDM 成形由于需要把熔融态的材料从喷头挤出，成形速度较慢，不适合制造大型的制件；

（3）由于制件是逐层叠加成形，所以制件在切片垂直方向上的强度较低；

（4）需要设计和制作支撑材料，并且对整个表面进行涂覆，成形时间较长。制作大型薄板件时，易发生翘曲变形。

4.8　熔融沉积成形误差

FDM 工艺是一个集成了 CAD/CAM、计算机软件、数控、材料、工艺规划及后处理的制造过程，每一个环节都有可能使成形制件产生误差，这些误差会严重影响成形制件的精度及其机械性能。影响 FDM 成形制件精度和机械性能的因素有很多，但依据其影响机理可分为原理性因素和工艺性因素两类。原理性因素是由成形原理及成形系统所致，所产生的误差是一种原理性误差，是无法避免和降低的，或者是消除成本较高的误差。工艺性因素是由成形工艺过程所引起，所产生的误差为工艺性误差，是可以改善而且改进成本较低的误差。通过深入分析成形工艺过程，理解其机理，然后进行合理的工艺规划，对成形工艺参数进行协调优化选择，可很大程度上减小工艺性误差。按照误差产生的来源将其归纳为以下三种类型:原理性误差;工艺性误差;后期处理误差。如图 4.26 所示。

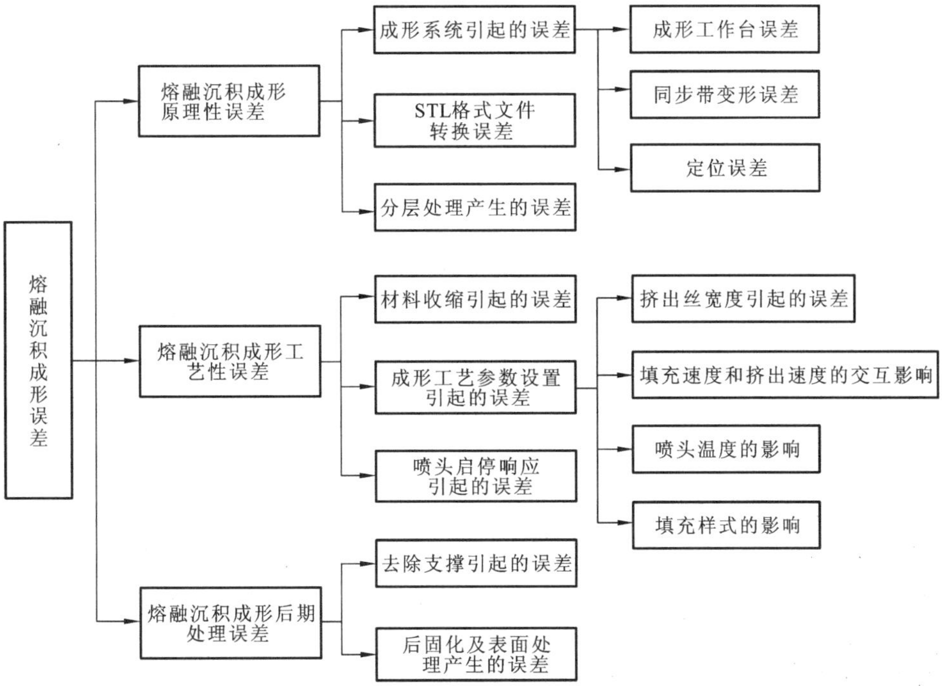

图 4.26　FDM 误差分类

4.8.1　原理性误差分析

1. 成形系统引起的误差

（1）工作台误差。工作台误差主要分为 Oz 方向运动误差和 xOy 平面误差。Oz 方向运动误差直接影响成形制件在 Oz 方向上的形状误差和位置误差,会使得分层厚度精度降低,最终导致成形制件表面粗糙度增大,所以要保证工作台与 Oz 轴的直线度。工作台在 xOy 平面的误差主要表现为工作台不水平,这会使得成形制件的设计形状与实际形状差别较大。如若制件尺寸较小,由于喷头压力的作用还可能会导致成形失败,所以在加工之前要确保工作台的 xOy 平面与 Oz 轴的垂直度。

（2）同步带变形误差。在成形单个层片时,采用 xOy 扫描系统,即采用 Ox,Oy 轴的二维运动,由步进电机驱动齿形皮带并带动喷头在 xOy 面内运动。在加工的时候,同步带可能会发生变形,会影响成形过程中的定位精度。

（3）定位误差。在 Ox,Oy,Oz 三个方向上,熔融沉积成形设备的重复定位均有可能有所差异,从而造成定位误差,这受制造水平的限制,也是所有机器中普遍存在的问题,一般不可能避免,为了减少这种误差,应定期对机器进行维护。

2. STL 格式文件转换误差

由于 STL 文件是用大量三角面片来近似代替 CAD 模型的表面,这就导致 STL 文件对模型特征的表达存在一定的误差。当模型有多个曲面特征时,在曲面相交处会出现重叠、空洞、畸变等缺陷,其与原 CAD 模型间的误差通常用弦高 Ψ 来表征,弦高指的是三角面片轮廓边与原曲面之间的最大径向距离,如图 4.27 所示。

3. 分层产生的误差

经过分层处理,层与层之间有一定的厚度,就不可避免地破坏了 CAD 模型表面轮廓的连续性,从而使零件产生误差,主要有两种形式:Oz 方向上的尺寸误差和台阶误差,如图 4.28 所示。

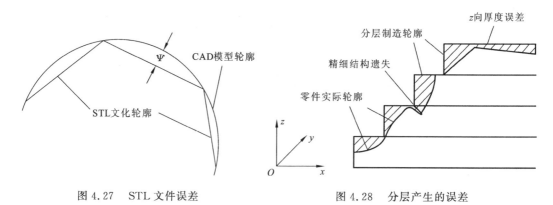

图 4.27　STL 文件误差　　　　　　图 4.28　分层产生的误差

(1) Oz 方向上的尺寸误差。Oz 方向上的尺寸误差是由分层厚度和制件成形方向共同决定的,如果分层厚度为 t,Oz 方向上的尺寸为 h,则 Oz 方向上的尺寸误差 Δz 为

$$\Delta z = \begin{cases} h - t \times \mathrm{int}\left(\dfrac{h}{t}\right), & h \text{ 是 } t \text{ 的整数倍时} \\[2mm] h - t \times \left[\mathrm{int}\left(\dfrac{h}{t}\right) + 1\right], & h \text{ 不是 } t \text{ 的整数倍时} \end{cases} \tag{4-11}$$

由上式可见,对于 Oz 方向上的尺寸误差来说,分层厚度的大小与其精度的关系不大,关键是使得零件在 Oz 方向上的尺寸值是分层厚度的整数倍。

(2) 台阶误差。台阶误差是指成形制件表面相对于设计模型表面产生的误差,如图 4.29 所示,它包括正向台阶误差和负向台阶误差。正向台阶误差是指成形零件表面处于设计模型表面外侧时的台阶误差,一般情况下,当设计模型表面的外法线方向向下时,产生这种误差。负向台阶误差是指成形制件表面处于设计模型表面内侧时的台阶误差,当设计模型表面的外法线方向向上时,产生这种误差。

分层处理引起的原理性误差是各种快速成形工艺所固有的,不可能完全避免。为减小台阶误差可以采用减小分层厚度、自适应分层、CAD 直接分层及曲面分层等方法。

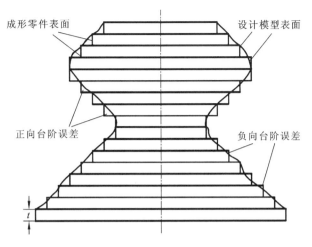

图 4.29　正向与负向台阶误差

4.8.2　工艺性误差分析

1. 材料收缩引起的误差

FDM 工艺所采用的材料主要是 ABS、PLA 及蜡等工程塑料,成形过程中材料将会发生两次相变过程:一次是由固态丝状受热熔化成熔融态,另一次是由熔融态经喷嘴挤出后冷却成固态。成形材料会在熔融态到固态的相变过程中出现体积收缩率,这一过程不仅会影响制件尺寸精度,而且会导致内应力,以致出现层间剥离等现象。其收缩形式主要表现为热收缩和分子取向收缩,如图 4.30 所示。

对于材料收缩引起的误差,可采取以下措施予以减小或补偿:在成形加工制件时,选择收缩率较小的成形材料,或者对已有的材料做改性处理,以减小其收缩率;在制件成形加工前,对其 CAD 设计模型给予补偿。

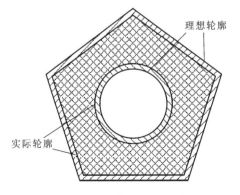

图 4.30　材料收缩引起的误差

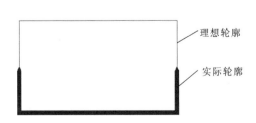

图 4.31　丝宽引起的误差

2. 挤出丝宽引起的误差

在制件的成形过程中,热熔性丝材经喷头融化,从喷嘴挤出具有一定宽度的丝,导致扫描填充轮廓路径时的实际轮廓线超出了设计模型的轮廓线,如图 4.31 所示。

所以在生成制件的轮廓路径时,需要对理想轮廓线进行补偿。在实际工艺过程中,挤出丝的截面形状、尺寸受到喷嘴直径 d、分层厚度 t_n、挤出速度 V_e、填充速度 V_f 等诸多成形工艺参数的影响;因此,挤出丝材的宽度为一个变化的量,如图 4.32 所示,不同条件下,丝材截面形状会发生变化,如下所述:

当挤出速度 V_e 较小时,挤出丝截面的形状可视为图 4.32(b)中的 III 部分,其计算公式如下:

$$W = B = \frac{\pi d^2}{4t} \cdot \frac{V_e}{V_f} \tag{4-12}$$

当挤出速度较大时,挤出丝的截面形状可视为图 4.32(b)中的 I+II+III 部分,其计算公式如下:

$$W = B + \frac{t^2}{2B} \tag{4-13}$$

$$B = \frac{\lambda^2 - t_n^2}{2\lambda} \tag{4-14}$$

$$\lambda = \frac{\pi d^2}{2t} \cdot \frac{V_e}{V_f} \tag{4-15}$$

式中,W 为实际挤出丝宽;B 为丝宽模型矩形区域的宽度;d 为喷嘴直径;t 为分层厚度;V_e 为挤出速度;V_f 为填充速度。

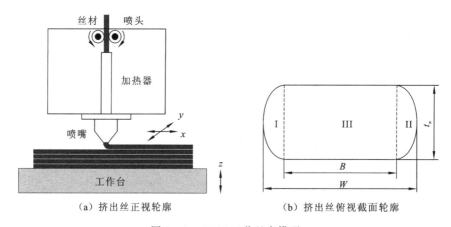

（a）挤出丝正视轮廓　　　　　（b）挤出丝俯视截面轮廓

图 4.32　FDM 工艺丝宽模型

3. 填充速度和挤出速度的交互影响

在成形过程中,如果填充速度比挤出速度快,则材料填充不足,出现断丝现象,难以成形。相反,填充速度比挤出速度慢,熔丝堆积在喷头上,使成形面上材料分布不均匀,表面会有"疙瘩",影响成形质量。因此,扫描填充速度与挤出速度之间应在一个合理的范围内

匹配,应满足:

$$\frac{V_e}{V_f} \in [\alpha_1, \alpha_2] \qquad (4\text{-}16)$$

式中,α_1 为成形时出现断丝现象的临界值;α_2 为出现黏附现象的临界值;V_e 为挤出速度;V_f 为填充速度。

4. 喷头温度的影响

喷头温度会影响材料的黏结性能、沉积性能、流动性能及挤出丝宽等指标,因此,喷头温度应控制在一定的范围内,以使其喷出的丝材呈现出熔融流动状态。如果喷头温度过低,熔融态的材料偏向于呈现固态性,则材料黏性加大,致使挤丝速度变慢;这不仅加重了挤出系统的负担,极端情况下会造成喷嘴堵塞,而且会使材料层间黏结强度降低,可能会引起层间剥离。如果温度偏高,材料偏向于液态,黏性系数变小,流动性强,挤出过快,无法精确控制挤出丝的截面形状;成形时会出现前一层材料还未冷却凝固,后一层就加压于其上,从而使得前一层材料坍塌和破坏。

5. 填充样式的影响

由于熔融沉积成形过程所独具的特点,在成形制件的单个片层时,除了要成形轮廓外,还需要对轮廓内部实体部分以一定的样式进行密集扫描填充,以生成该层的实体形状。熔融沉积成形工艺的填充样式主要有单向填充样式、多向填充样式、螺旋形填充样式、Z 字形填充样式、偏置填充样式以及复合填充样式等。填充样式不同,则其填充线的长度就不一样,填充线越长,因填充开始和停止而造成的启停误差就越少。另外,成形制件的机械性能、成形过程中的热量传递方向等都与零件的填充样式有密切关系。

(1)单向填充样式。单向填充样式是最简单的填充样式,一般是沿着一个轴(X 或 Y 轴)方向进行填充,如图 4.33 所示。这种填充样式数据处理简单,但扫描短线较多,因此产生的启停误差较大。

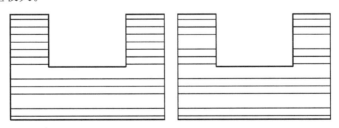

图 4.33　单向扫描填充样式

(2)多向填充样式。为了改善单向扫描的不足,减小因短线段而造成制件较低的精度,可以采用多向填充样式,即判断模型截面轮廓的形状,自动选择沿长边的方向填充成形,如图 4.34 所示,这种填充样式可以一定程度上减小单向扫描所造成的误差和改善成形制件的机械性能。

(3)螺旋形多向扫描填充样式。如图 4.35 所示,以多边形几何中心为螺旋线的中心,从这一点出发,作一些等角度的射线,以递进的方式从一条填充线到另一条填充线生成螺旋形的填充线。这种填充样式是从中心向外逐渐成形,可以很大程度上提高制件成形过程中的热传递以及制件的机械性能,而且扫描线较长,可以减小启停误差。然而,因其换向频率高,在成形过程中易产生噪声和振动。

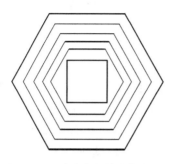　　　　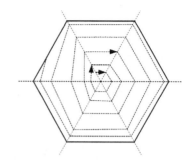

图 4.34　多向扫描填充样式图　　　　图 4.35　螺旋形多向扫描填充样式

（4）偏置填充样式。由于熔融沉积成形工艺中存在熔丝开、关滞后,不易控制的现象,所以在成形过程中最好少一些启停动作,以减小滞后带来的不良影响,提高成形精度。此外,扫描填充线越长,则启停误差越小。偏置填充样式即可使扫描线尽量长,该样式的核心是偏置填充线的生成,如图 4.36 所示为偏置扫描路径示意图。由于必须得重复地进行偏置环的计算,导致计算量较大,而且可能产生更多的干涉环,另外还可能会出现很多小块区域无法进行完整的扫描填充。

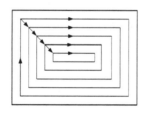　　　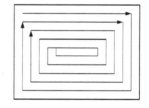

图 4.36　偏置扫描填充样式

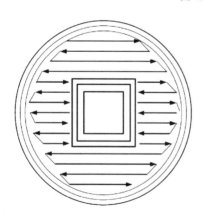

图 4.37　复合扫描填充样式

（5）复合填充样式。综合线性填充样式和偏置填充样式,可以产生一种复合填充样式,如图 4.37所示。在轮廓线内部一定区域内采取偏置填充样式,而在其他区域采用线性填充填充样式,这样既能保证成形制件的表面精度,且能避免在填充过程中出现“孤岛”和干涉环,同时成形零制件也具有良好的机械性能。

6. 喷头启停响应引起的误差

在熔融沉积成形工艺过程中,制件轮廓接缝处的成形质量会较差。在没有进行喷头启停响应控制之前,制件的接缝处会出现“硬疙瘩”;若对喷头进行启停响应控制,又易发生"开缝"现象。

喷头的启停响应控制实际上是一个超前控制过程,或者叫前馈控制。如图 4.38 所示,当计算机发出喷头出丝的信号后,由于处理信号需要一定的时间,以及机械系统和熔融态丝材的滞后效应,实际出丝的响应曲线如图中虚线所示。同样地,计算机发出停止出丝的信号时,也会有滞后效应。

熔融沉积成形过程中喷头的启停响应实际处理过程如图 4.39 所示。A_1-A_2-A_3-A_4-A_5-A_6-A_7-A_1 是待成形零件的实际轮廓,为了保证连续路径,需要运动系统从 P_0' 开始动作,喷头在到达 P_0 前填充速度已达到 V_f,运动到 P_0 时发出出丝控制信号,线段 P_0-A_1 的长度跟填充速度 V_f 和喷头出丝延迟时间有关。然后,喷头沿 A_1-A_2-A_3-A_4-A_5-A_6-A_7 扫描,到 P_1 时发出关丝信号,线段 A_1-P_1 的距离与填充速度和喷头关丝的延迟时间有关,然后继续运动到 P_1',以防止喷头在接缝处使该处的材料过堆积。

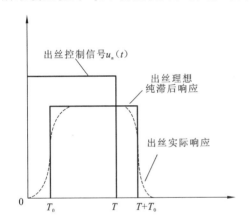

图 4.38 出丝超前控制信号及其响应曲线

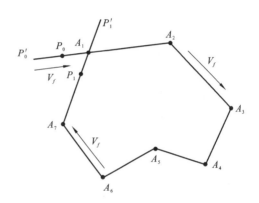

图 4.39 喷头启停响应示意图

4.8.3 后期处理误差分析

通常情况下,熔融沉积成形制件从设备上取下来之后,有可能出现制件的部分尺寸和外形还不够精确,表面光洁度不好,或者制件的自由曲面特征上还存在因分层制造引起的台阶误差;有些制件的薄壁或者某些微小特征结构其强度和刚度不能满足需求;或是制件的耐热性、耐蚀性、耐磨性以及表面硬度等性能指标还未达到要求;抑成形零件表面的颜色不符合产品的设计需求等。都必须将成形制件经过一定的后处理,如支撑的去除、固化、修补、打磨、抛光和表面涂覆等强化处理,才能满足产品的最终需求。

后处理工序有可能会对制件的精度及性能造成一定的影响,常见的有以下几种形式:

(1) 在剥离废料的过程中,很可能会划伤成形制件的表面或者支撑材料难以去除,从而影响成形制件的表面精度;

(2) 制件在成形完成后,由于周围温度、湿度等环境的变化,会导致成形制件发生小范围的变形;这是由于制件在成形过程中积累了残余应力,所以为降低后续变形,应在制件的成形过程中尽可能减小残余应力;

(3) 修补、打磨、抛光也会影响成形制件的尺寸及形状精度。

4.9　熔融沉积成形制件力学性能

随着熔融沉积成形工艺的迅速发展,现如今的熔融沉积成形制件已不仅仅局限于简单的模型制作和概念教学,将成形制件直接应用于实际生产生活是该工艺发展的一个主要趋势,这就对成形制件的机械性能提出了严格的要求。

在 FDM 成形过程中,影响制件机械性能的因素有很多,如喷嘴温度、环境温度、网格间距、填充方式等。使用 Fprint 型熔融堆积增材制造机成形 ABS 丝材得到拉伸和挤压试件。测得抗拉强度范围为 10~24.5 MPa,抗压强度范围为 8.4~35.8 MPa。其中抗拉强度随分层厚度、填充间隔、成形方向的变化关系如图 4.40 所示,抗压强度随分层厚度、填充间隔、成形方向的变化关系如图 4.41 所示。随着成分层厚度的增大,FDM 制件的抗拉和抗压强度不断增强,分层厚度越大,制件的机械性能越强;填充间隔越小,制件的抗拉和抗压强度越大。FDM 制造的零件的抗拉强度的最大值为 24.46 MPa,远远小于挤压成形的 ABS 塑料的强度为 30~49 MPa;同样,抗压强度的最大值为 35.80 MPa,和挤压成形的 ABS 塑料 40~95.1 MPa 也有一定的差距,主要原因是在成形过程中的组织结构和内部热应力造成的,但是,通过调整工艺参数可以减小这种差距。

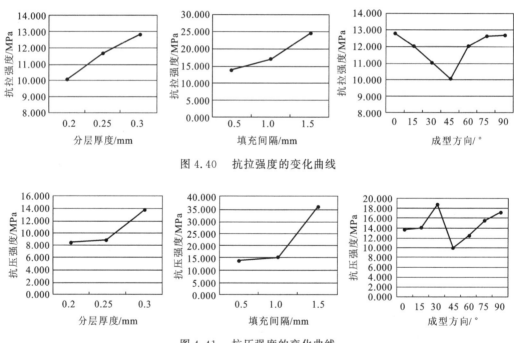

图 4.40　抗拉强度的变化曲线

图 4.41　抗压强度的变化曲线

运用 Makerbot Replicator 2X FDM 成形机在不同构建取向上打印 ABS 和 PLA 材料拉伸试样,如图 4.42 所示。其制件与海天 HTF120X2 注塑机制样进行性能对比,其结果如图 4.43 和图 4.44 所示。

从图 4.43 可以看出,ABS 材料和 PLA 材料的拉伸强度呈现 $B>A>C$ 的趋势,表明采用 FDM 技术的拉伸试样受到构建取向的影响,呈现出类似于复合材料各向异性的特点。

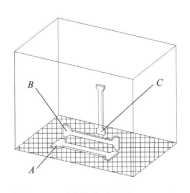

图 4.42　试样构建取向 A,B,C

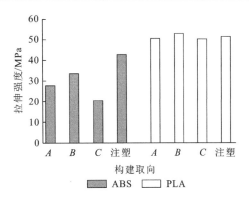

图 4.43　不同构建取向上的拉伸强度图

这个特点可以从基于 FDM 技术的 3D 打印机熔融沉积路径上分析。图 4.45 展示了 Makerbot Replicator 2X 打印机在不同构建取向上的打印路径,可以看出:在起始层和结束层都是按照斜交 $\pm45°$ 进行铺层,以满足表面精度的要求;而在中间层则按照正交方式进行铺层,以满足强度的要求;对于方向 A 和 B,由于构建取向的不同,致使正交铺层的层数不同,与拉伸负载平行的纤维数目不同,导致方向 B 的拉伸强度大于方向 A;而对于方向 C 的铺层整体垂直于拉伸负载,仅靠层间的黏接力来抵抗拉伸力,因此拉伸强度最低。

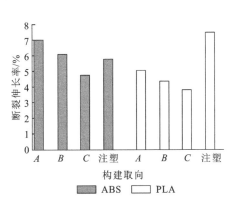

图 4.44　不同构建取向上的断裂伸长率

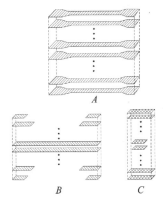

图 4.45　不同构建取向上的打印路径

图 4.44 是 ABS 及 PLA 试样在各构建取向上的断裂伸长率图。从图 4.44 中可以看出,ABS 和 PLA 材料的断裂伸长率呈现 $A>B>C$ 的趋势,这个特点也可以从熔丝的铺层路径上来分析,方向 A 拥有最多的斜交 $\pm45°$ 熔丝纤维,在拉伸过程中纤维方向逐渐趋向于负载方向,在断裂之前有较大的变形空间,因此其断裂伸长率最大;而 C 方向由于层间黏接力较小,致使试样在拉断之时,试样变形较小,因而断裂伸长率最低。

4.10　熔融沉积成形典型应用

4.10.1　教育科研

3D 打印帮助学生和教授们将理论运用到实际。例如,建筑系的学生可以通过 FDM

对更加复杂的结构进行视觉鉴赏,生物科学研究人员则能用 FDM 技术仿真人体解剖环境中的血管内支架。美国德雷赛尔大学的研究人员通过对化石进行 3D 扫描,利用 FDM技术做出了适合研究的 3D 模型,不但保留了原型所有的外在特征,同时还做了比例缩减,更适合研究。

4.10.2　建筑行业

利用 FDM 直接打印来自 CAD 和 BIM 数据的三维模型,迅速而低价地生产模型并产生多个副本。可以制造出任何复杂的表面和几何形状,高分辨率效果更真实,方便对模型的部件和装饰效果展开意见交流。如图 4.46 所示。同时,还可以对打印建筑模型作性能测试,让建筑师得以将试验仪器放入隧道中以衡量整个建筑模型不同部位的压力。制作这样一个模型大大缩短制作成本和时间,让团队能够腾出更多人力物力筹备其他工作项目。

图 4.46　建筑模型

4.10.3　消费娱乐行业

为电子游戏、动画应用等娱乐行业及三维软件开发商和消费者提供定制小雕像和其他艺术作品。同时,还可为科幻电影制作一些道具与模型,如图 4.47 所示。

图 4.47　娱乐道具模型

4.10.4　地理信息系统

运用 FDM 来输出高质量的平原、城区和地下地图,用时仅需几个小时,成本非常低廉,将从根本上改进用户运用 GIS 数据进行信息交流的能力。例如,在野外军事单位和军事行动指挥中心配备三维地形模型和城区模型;制作客户/公众审查程序使用的意见交流模型;由 GIS 数据得出的地貌和地形、水道图、城市模型,以及地图制作和博物馆展示;先进三维可视化:地质研究、场地研究和评估、地下构造可视化流域分析、可视区测定等,如图 4.48 所示。

图 4.48　地理模型

4.10.5　医疗行业

利用 FDM 快速制作出优质的三维模型和假体器官,更好地获取病例信息,缩短手术用时,加强患者与医师之间的信息交流,改善患者的治疗效果。例如,矫形外科医生通常会使用导板,以确保在螺钉钉入骨头之前,就对螺钉进行精确定位。医生需要根据病人独特的解剖结构及手术过程,为病人量身定做小型的塑料导板。因为 FDM 制造系统可集成可消毒的生物相容性热塑塑料 PC-ISO,临床医生能够直接将打印导板用在病人身上。如图 4.49 所示。

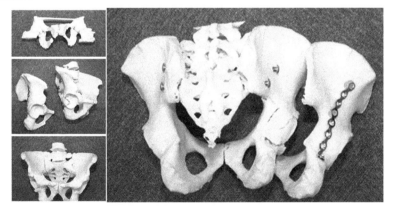

图 4.49　骨骼模型

4.10.6　工业设计行业

在产品设计前期通过 FDM 打印模型来发现设计缺陷。在生产前验证设计产品的形状、功能等,减少昂贵的开模费用。减少产品生产时间,准确生产产品,节约时间及人工成本。如图 4.50 所示。

4.10.7　配件饰品

　　珠宝加工,一直都是个性化定制行业的领跑者。但是苦于传统加工行业技术的局限性,而使得极具概念性的设计胎死腹中。现在,通过 FDM,珠宝行业的加工技术、加工成本及造型复杂程度则都可以不用担心,如图 4.51 所示。

图 4.50　工业设计模型　　　　　　　　图 4.51　配件饰品

　　除上述领域之外,FDM 还可应用于航空航天和国防、数字化牙科、汽车等许多领域。

思考与判断

　　1. 简述 FDM 的原理、工艺流程及其优缺点。

　　2. FDM 对成形材料与支撑材料有何要求?

　　3. 影响 FDM 成形误差的因素有哪些?

　　4. FDM 还可应用于何种领域,试再列举一例。

第5章　激光选区烧结技术

5.1　激光选区烧结技术发展历史

激光选区烧结(selective laser sintering,SLS)技术最早是由美国 Texas 大学的研究生 Carl Deckard 于 1986 年发明的。随后 Texas 大学在 1988 年研制成功第一台 SLS 样机,并获得这一技术的发明专利,于 1992 年授权美国 DTM 公司(现已并入美国 3D systems 公司)将 SLS 系统商业化。这是一种用红外激光作为热源来烧结粉末材料成形的增材制造技术(additive manufacturing,AM)。同其他增材制造技术一样,SLS 技术采用离散/堆积成形的原理,借助于计算机辅助设计与制造,将固体粉末材料直接成形为三维实体零件,不受成形零件形状复杂程度的限制,不需任何工装模具。

1992 年,美国 DTM 公司推出 Sinterstation 2000 系列商品化 SLS 成形机,随后分别于 1996 年、1998 年推出了经过改进的 SLS 成形机 Sinterstation 2500 和 Sinterstation 2500 plus,同时开发出多种烧结材料,可制造蜡模及塑料、陶瓷和金属零件。由于该技术在新产品的研制开发、模具制造、小批量产品的生产等方面均显示出广阔的应用前景,因此,SLS 技术在十多年时间内得到迅速发展,现已成为技术最成熟、应用最广泛的增材制造技术之一。

在 SLS 研究方面,DTM 公司拥有多项专利,无论是在成形设备还是在成形材料方面均处于领先地位,该公司于 2001 年被 3D Systems 公司收购。因此,3D Systems 公司拥有了较为先进的 SLS 技术。

世界上另一个在 SLS 技术方面占有重要地位的是德国的 EOS 公司。EOS 公司成立于 1989 年,于 1994 年先后推出了三个系列的 SLS 成形机,其中 EOSINT P 用于烧结热塑性塑料粉末,制造塑料功能件及熔模铸造和真空铸造的原型;EOSINT M 用于金属粉末的直接烧结,制造金属模具和金属零件;EOSINT S 用于直接烧结树脂砂,制造复杂的铸造砂型和砂芯。EOS 公司对这些成形设备的硬件和软件进行了不断的改进和升级,使得设备的成形速度更快、成形精度更高、操作更方便,并能制造尺寸更大的烧结件。近年来 EOS 公司的发展势头强劲,其产品在国际市场上都占有了较大的份额。

国内从 1994 年开始研究 SLS 技术,北京隆源公司于 1995 年初研制成功第一台国产化激光增材制造设备,随后华中科技大学也生产出了 HRPS 系列的 SLS 设备,这两家单位的 SLS 成形设备均已产业化。国内研究 SLS 技术的单位还有南京航空航天大学、西北工业大学和中北大学、湖南华曙高科等。

5.2　激光选区烧结工艺原理

5.2.1　激光选区烧结成形原理

SLS技术基于离散堆积制造原理,通过计算机将零件三维CAD模型转化为STL文件,并沿 Z 方向分层切片,再导入SLS设备中;然后利用激光的热作用,根据零件的各层截面信息,选择性地将固体粉末材料层层烧结堆积,最终成形出零件原型或功能零件。SLS技术的基本结构和工作原理如图5.1所示,整个工艺装置由粉缸、预热系统、激光器系统、计算机控制系统四部分组成,其基本制造过程如下:

(1) 设计建造零件CAD模型;

(2) 将模型转化为STL文件(即将零件模型以一系列三角形来拟合);

(3) 将STL文件进行横截面切片分割;

(4) 激光根据零件截面信息逐层烧结粉末,分层制造零件;

(5) 对零件进行清粉等后处理。

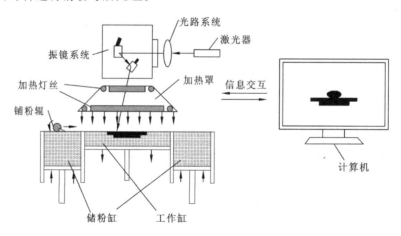

图 5.1　SLS成形原理图

其中,步骤(1)可以通过两种途径获取,其一是在没有模板零件实体的情况下,并且在CAD软件的设计能力允许的条件下,通过ProE、UG等CAD软件来直接设计构建零件模型;其二是在存在模板零件的前提下,通过逆向工程(Reverse Engineering,RE)来反求获得零件的轮廓信息,并同时生成CAD模型文件,步骤(2)的三维STL文件可以由上述CAD模型文件转换得到。将STL文件输入SLS系统计算机后,成形过程中通过操作程序对STL文件进行截面切分,并最终通过激光束扫描而成形零件。

SLS成形过程中,激光束每完成一层切片面积的扫描,工作缸相对于激光束焦平面(成形平面)相应地下降一个切片层厚的高度,而与铺粉辊同侧的储粉缸会对应上升一定高度,该高度与切片层厚存在一定比例关系。随着铺粉辊向工作缸方向的平动与转动,储粉缸中超出焦平面高度的粉末层被推移并填补到工作缸粉末的表面,即前一层的扫描区域被覆盖,覆盖的厚度为切片层厚,并将其加热至略低于材料玻璃化温度或熔点,以减少热变形,并利于与前一层面的结合。随后,激光束在计算机控制系统的精确引导下,按照零件的分层轮廓选择性地进行烧结,使材料粉末烧结或熔化后凝固形成零件的一个层面,没有烧过的地方仍保持粉末状态,并作为下一层烧结的支撑部分。完成烧结后工作缸下移一个层厚并进行下一层的扫描烧结。如此反复,层层叠加,直到完成最后截面层的烧结成形为止。当全部截面烧结完成后除去未被烧结的多余粉末,再进行打磨、烘干等后处理,便得到所需的三维实体零件。如图 5.1 所示,激光扫描过程、激光开关与功率控制、预热温度以及铺粉辊、粉缸移动等都是在计算机系统的精确控制下完成的。

5.2.2　激光烧结机理

高分子材料的 SLS 成形的具体物理过程可描述如下:当高强度的激光在计算机的控制下扫描粉床时,被扫描的区域吸收了激光的能量,该区域粉末颗粒的温度上升,当温度上升到粉末材料的软化点或熔点时,粉末材料的流动使得颗粒之间形成了烧结颈,进而发生凝聚。烧结径的形成及粉末颗粒凝聚的过程被称为烧结。当激光经过后,扫描区域的热量由于向粉床下传导以及表面上的对流和辐射而逐渐消失,温度随之下降,粉末颗粒也随之固化,被扫描区域的颗粒相互黏接形成单层轮廓。与一般高分子材料的加工方法不同,SLS 是在零剪切力应力下进行的,热力学原理证明了 SLS 成形的驱动力为粉末颗粒的表面张力。

1. Frenkel 两液滴模型

绝大多数高分子材料的黏流活化能低,烧结过程中物质的运动方式主要是黏性流动,因而,黏性流动是高分子粉末材料的主要烧结机理。黏性流动烧结机理最早是由学者 Frenkel 在 1945 年提出的,此机理认为黏性流动烧结的驱动力为粉末颗粒的表面张力,而粉末颗粒黏度是阻碍其烧结的,并且作用于液滴表面的表面张力 γ 在单位时间内做的功与流体黏性流动造成的能量弥散速率相互平衡,这是 Frenkel 黏性流动烧结机理的理论基础。由于颗粒的形态异常复杂,不可能精确地计算颗粒间的"黏结"速率,因此简化为两球形液滴对心运动来模拟粉末颗粒间的黏结过程。如图 5.2 所示,两个等半径的球形液滴开始点接触 t 时间后,液滴靠近成一个圆形接触面,而其余部分仍保持为球形。

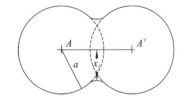

图 5.2　Frenkel 两液滴"黏结"模型

Frenkel 在两球形液滴"黏结"模型基础上,运用表面张力 γ 在单位时间内做的功与流体黏性流动造成的能量弥散速率相平衡的理论基础,推导得出 Frenkel 烧结颈长方程

$$\frac{x_l^{\,2}}{a} = \frac{3}{2\pi} \times \frac{\gamma_m}{a\eta_r} t \tag{5-1}$$

式中,x_l 为 t 时间时圆形接触面颈长,即烧结颈半径;γ_m 为材料的表面张力;η_r 为材料的相对黏度;a 为颗粒半径。

Frenkel 黏性流动机理首先被成功地应用于玻璃和陶瓷材料的烧结中,有学者证明了高分子材料在烧结时,受到的剪切应力为零,熔体接近牛顿流体,Frenkel 黏性流动机理是适用于高分子材料的烧结的,并得出烧结颈生长速率正比于材料的表面张力、而反比于颗粒半径和熔融黏度的结论。

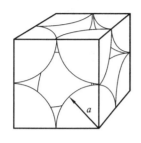

图 5.3　立方体堆积粉末床体结构

2.“烧结立方体”模型

由于 Frenkel 模型只是描述两球形液滴烧结过程,而 SLS 是大量粉末颗粒堆积而成的粉末床体的烧结,所以 Frenkel 模型用来描述 SLS 成形过程是有局限性的。“烧结立方体”模型是在 Frenkel 假设的基础上提出的。这个模型认为 SLS 成形系统中粉末堆积与一个立方体堆积粉末床体结构(如图 5.3 所示)较为相似,并有如下假设:

(1)立方体堆积粉末是由半径相等(半径为 a)的最初彼此接触的球体组成;

(2)致密化过程使得颗粒变形,但是始终保持半径为 r_b 的球形,这样颗粒之间接触部位为圆形,其半径为 $\sqrt{r_b^2 + x_d^2}$,其中,x_d 代表两个颗粒之间的距离。

单个粉末颗粒的变形过程如图 5.4 所示。

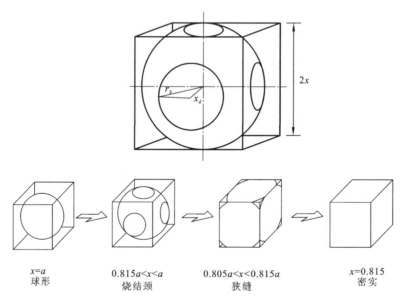

图 5.4　烧结过程中单个粉末颗粒的变形过程

现在假设粉床中有部分粉末颗粒是不烧结的。定义烧结颗粒所占的分数为 ξ,即烧结分数,ξ 在 0 到 1 之间变化,代表任意两个粉末颗粒形成一个烧结颈的概率。$\xi=1$ 意味着所有的粉末颗粒都烧结;$\xi=0$ 意味着没有粉末颗粒参加烧结。

推导出烧结速率用粉末相对密度随时间的变化表示为

$$\rho = -\frac{9\gamma}{4\eta aN}\left\{N-(1-\xi)+\left[1-\left(\xi+\frac{1}{3}\right)N\right]\frac{9(1-N^2)}{18N-12N^2}\right\} \qquad (5\text{-}2)$$

式中，$N = r_b/x_d$。从烧结速率方程(5-2)可以看出普遍的烧结行为，可以发现致密化速率与材料的表面张力成正比，与材料的黏度 η 和粉末颗粒的半径 a 成反比。

5.3　激光选区烧结成形材料

SLS 技术是一种基于粉床的增材制造技术，因此粉末材料的特性对 SLS 制件的性能影响较大，其中粉末颗粒的粒径、粒径分布及形状等最为重要。

5.3.1　粉末特性

1. 粒径

粉末的粒径会影响到 SLS 成形件的表面光洁度、精度、烧结速率及粉床密度等。在 SLS 成形过程中，粉末的切片厚度和每层的表面光洁度都是由粉末粒径决定的。由于切片厚度不能小于粉末粒径，当粉末粒径减小时，SLS 制件就可以在更小的切片厚度下制造，这样就可以减小阶梯效应，提高其成形精度。同时，减小粉末粒径可以减小铺粉后单层粉末的粗糙度，从而提高制件的表面光洁度。因此，SLS 用粉末的平均粒径一般不超过 $100~\mu m$，否则制件会存在非常明显的阶梯效应，而且表面非常粗糙。但平均粒径小于 $10~\mu m$ 的粉末同样不适用于 SLS 工艺，因为在铺粉过程中，由于摩擦产生的静电会使此种粉末吸附在辊筒上，造成铺粉困难。

粒径的大小也会影响高分子粉末的烧结速率。一般地，粉末平均粒径越小，其烧结速率越大，烧结件的强度也越高。粉床密度为铺粉完成后工作腔中粉体的密度，可近似为粉末的表观堆积密度，它会影响 SLS 制件的致密度、强度及尺寸精度等。研究表明，粉床密度越大，SLS 制件的致密度、强度及尺寸精度越高。粉末粒径对粉床密度有较大影响。一般而言，粉床密度是随粒径减小而增大，这是因为小粒径颗粒更有利于堆积。但是当粉末的粒径太小时（如纳米级粉末），材料的比表面积增大，粉末颗粒间的摩擦力、黏附力以及其他表面作用力显著增大，因而影响到粉末颗粒系统的堆积，粉床密度反而会随着粒径的减小而降低。

2. 粒径分布

常用粉末的粒径都不是单一的，而是由粒径不等的粉末颗粒组成。粒径分布(particle size distribution)，又称为粒度分布，是指用简单的表格、绘图和函数形式表示粉末颗粒群粒径的分布状态。

粉末粒径分布会影响固体颗粒的堆积，从而影响粉床密度。一个最佳的堆积相对密度是和一个特定的粒径分布相联系的，如将单分布球形颗粒进行正交堆积(图 5.5)时，其堆积相对密度为 60.5%（即孔隙率为 39.5%）。

正交堆积或其他堆积方式的单分布颗粒间存在一定体积的空隙，如果将更小的颗粒放于这些空隙中，那么堆积结构的孔隙率就会下降，堆积相对密度就会增加。增加粉床密度的一个方法是将几种不同粒径的粉末进行复合。图 5.6(a)和图 5.6(b)分别为大粒径

粉末 A 的单粉末堆积图和大粒径粉末 A 与小粒径粉末 B 的复合堆积图。可以看出,单粉末堆积存在较大的孔隙,而在复合粉末堆积中,由于小粒径粉末占据了大粒径粉末堆积中的孔隙,因而其堆积相对密度得到提高。

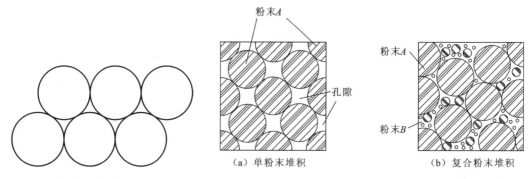

图 5.5　单分布球形粉末的正交堆积　　　　图 5.6　单粉末堆积与复合粉末堆积

3. 粉末颗粒形状

粉末颗粒形状对 SLS 制件的形状精度、铺粉效果及烧结速率都有影响。球形粉末 SLS 制件的形状精度比不规则粉末高;由于规则的球形粉末具有更好的流动性,因而球形粉末的铺粉效果更好,尤其是当温度升高,粉末流动性下降的情况下,这种差别更加明显。研究表明,在平均粒径相同的情况下,不规则粉末颗粒的烧结速率是球形粉末的五倍,这可能是因为不规则颗粒间的接触点处的有效半径要比球形颗粒的半径小得多,因而表现出更快的烧结速率。高分子粉末的颗粒形状与其制备方法有关。一般来说,由喷雾干燥法制备的高分子粉末为球形,如图 5.7(a)所示;由溶剂沉淀法制备的粉末为近球形,如图 5.7(b)所示;而由深冷冲击粉碎法制备的粉末呈不规则形状,如图 5.7(c)所示。

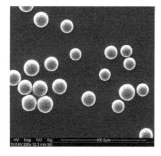 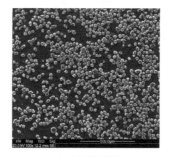 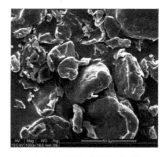

（a）喷雾干燥法制备　　　（b）溶剂沉淀法制　　　（c）深冷冲击粉碎法制
　　的聚苯乙烯粉末　　　　　备的尼龙粉末　　　　　备的聚苯乙烯粉末

图 5.7　不同制备方法的粉末形状

5.3.2　成形材料分类

SLS 技术成形材料广泛,目前国内外已开发出多种 SLS 成形材料,按材料性质可分为以下几类:高分子材料、覆膜砂材料、陶瓷基材料及金属基材料等。

1. 高分子材料

高分子材料与金属、陶瓷材料相比,具有成形温度低、所需激光功率小和成形精度高等优点,因此成为 SLS 工艺中应用最早、目前应用最多和最成功的材料。SLS 技术要求高分子材料能被制成合适粒径的固体粉末材料,在吸收激光后熔融(或软化、反应)而黏接,且不会发生剧烈降解。用于 SLS 工艺的高分子材料可分为非结晶性高分子,如聚苯乙烯(PS);半结晶性高分子,如尼龙(PA)。对于非结晶性高分子,激光扫描使其温度升高到玻璃化温度,粉末颗粒发生软化而相互黏接成形;而对于结晶性高分子,激光使其温度升高到熔融温度,粉末颗粒完全熔化而成形。常用于 SLS 的高分子材料包括 PS、PA、聚丙烯(PP)、丙烯腈-苯乙烯-丁二烯共聚物(ABS)及其复合材料等。最近,德国 EOS 公司提供了一种 SLS 成形用耐高温(200～300 ℃)的高强度(约 90 MPa)塑料聚醚醚酮(PEEK)材料,有望成为医疗、航空航天和汽车等领域部分金属零件(图 5.8)的理想替代材料。

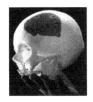

图 5.8　EOS 公司 SLS 成形的 PEEK 材料零部件

热塑性高分子的工业化产品一般为粒料,粒状的高分子必须制成粉料,才能用于 SLS 工艺。高分子材料具有黏弹性,在常温下粉碎时,产生的粉碎热会增加其黏弹性,使粉碎困难,同时被粉碎的粒子还会重新黏和而使粉碎效率降低,甚至会出现熔融拉丝现象,因此,采用常规的粉碎方法不能制得适合 SLS 工艺要求的粉料。制备微米级高分子粉末的方法主要有两种,一是低温粉碎法:低温粉碎法利用高分子材料的低温脆性来制备粉末材料。常见的高分子材料如聚苯乙烯、聚碳酸酯、聚乙烯、聚丙烯、聚甲基丙烯酸酯类、尼龙、ABS 和聚酯等都可采用低温粉碎法制备粉末材料;二是溶剂沉淀法:溶剂沉淀法是将高分子溶解在适当的溶剂中,然后采用改变温度或加入第二种非溶剂(这种溶剂不能溶解高分子,但可以和前一种溶剂互溶)等方法使高分子以粉末状沉淀出来。这种方法特别适合于像尼龙一样具有低温柔韧性的高分子材料,这类材料较难低温粉碎,细粉收率很低。

2. 覆膜砂材料

在 SLS 工艺中,覆膜砂零件是通过间接法制造的。覆膜砂与铸造用热型砂类似,采用酚醛树脂等热固性树脂包覆锆砂、石英砂的方法制得,如 3D Systems 公司的 SandForm Zr。在激光烧结过程中,酚醛树脂受热产生软化、固化,使覆膜砂黏结成形。由于激光加热时间很短,酚醛树脂在短时间内不能完全固化,导致烧结件的强度较低,须对烧结件进行加热处理,处理后的烧结件可用作铸造用砂型或砂芯来制造金属铸件。

3. 陶瓷基粉末材料

在 SLS 工艺中,陶瓷零件同样是通过间接法制造的。在激光烧结过程中,利用熔化的黏结剂将陶瓷粉末黏结在一起,形成一定的形状,然后再通过适当的后处理工艺来获得足够的强度。黏结剂的加入量和加入方式对 SLS 成形过程有很大的影响。黏结剂加入量太小,不能将陶瓷基体颗粒黏结起来,易产生分层;加入量过大,则使坯体中陶瓷的体积分数过小,在去除黏结剂的脱脂过程中容易产生开裂、收缩和变形等缺陷。黏结剂的加入方式主要有混合法和覆膜法两种。在相同的黏结剂含量和工艺条件下,覆膜氧化铝 SLS 制件的强度约是混合粉末坯体强度的两倍。这是因为覆膜氧化铝 SLS 制件内部的黏结剂和陶瓷颗粒的分布更加均匀,其坯体在后处理过程中的收缩变形性相对较小,所得陶瓷零部件的内部组织也更均匀。但陶瓷粉末的覆膜工艺比较复杂,需要特殊的设备,导致覆膜粉末的制备成本高。

4. 金属基粉末材料

SLS 间接法成形金属粉末包括两类。一类是用高聚物粉末做黏结剂的复合粉末,金属粉末与高聚物粉末通过混合的方式均匀分散。激光的能量被粉末材料所吸收,吸收造成的温升导致高聚物黏结剂的软化甚至熔化成黏流态将金属粉末黏接在一起得到金属初始形坯。由于以这种金属/高分子黏结剂复合粉末成形的金属零件形坯中往往存在大量的空隙,形坯强度和致密度非常低,因而,形坯需要经过适当的后续处理工艺才能最终获得具有一定强度和致密度的金属零件。后处理的一般步骤为脱脂、高温烧结、熔渗金属或浸渍树脂等。另一类是用低熔点金属粉末做黏结剂的复合粉末,如 EOS 公司的 DirectSteel 和 DirectMetal 系列金属混合粉末材料,低熔点金属黏结剂,如 Cu、Sn 等,此类黏结剂在成形后继续留在零件形坯中。由于低熔点金属黏结剂本身具有较高的强度,形坯件的致密度和强度均较高,因而不需要通过脱脂、高温烧结等后处理步骤就可以得到性能较高的金属零件。随着激光选区熔化直接成形金属技术的发展,目前采用 SLS 间接制备金属零件的研究越来越少。

表 5.1 和表 5.2 分别是 3D Systems 公司和 EOS 公司公布的 SLS 成形材料及其主要性能指标。

表 5.1　3D Systems 公司的 SLS 成形材料及其主要性能指标

材料型号	材料类型	拉伸强度/MPa	弹性模量/MPa	断裂伸长/%	主要特点	用途
DuraForm PA	尼龙粉末	44	1 600	9	热稳定性和化学稳定性好	塑料功能件
DuraForm GF	玻璃微珠/尼龙粉末	38.1	5 910	2	热稳定性和化学稳定性好	塑料功能件
DuraForm AF	添加铝粉的尼龙粉末	35	3 960	1.5	金属外观,较高的硬度、尺寸稳定性	塑料功能件

续表

材料型号	材料类型	拉伸强度/MPa	弹性模量/MPa	断裂伸长/%	主要特点	用途
DuraForm EX	—	48	1 517	5	较高的硬度、冲击强度	塑料功能件
DuraForm Flex	—	1.8	7.4	110	抗撕裂性优异、粉末回收率高等	塑料功能件
DuraForm SHT	尼龙复合材料	51	5 725	4.5	耐温性高、各向异性的力学性能	塑料功能件
CastForm	聚苯乙烯粉末	2.8	1 604	—	成形性能优良	失蜡铸造
SandForm Zr	覆膜锆砂	2.1	—	—	成本低	铸造型壳和型芯
LaserForm ST-200	覆膜不锈钢粉末	435(渗铜)	137 000	6	与不锈钢性能相近	金属模具和零件
LaserForm A6	覆膜 A6 钢和碳化钨末	610(渗铜)	138 000	2~4	与工具钢性能相近	金属模具

表 5.2　EOS 公司的 SLS 成形材料及其主要性能指标

材料型号	材料类型	拉伸强度/MPa	弹性模量/MPa	断裂伸长%	主要特点	用途
PA2200	尼龙粉末	45	1 700	20	热稳定性和化学稳定性好	塑料功能件
CarbonMide	碳纤维/尼龙复合粉末	—	—	—	非常高的硬度及强度	塑料功能件
PA3200GF	玻璃微珠/尼龙复合粉	48	3 200	6	热稳定性和化学稳定性好	塑料功能件
PrimeCast 100	聚苯乙烯粉末	1.2~5.5	1 600	0.4	成形性能优良	失蜡铸造
Quartz 4.2/5.7	酚醛树脂覆膜砂	—	—	—	成本低	铸造型壳和型芯
Alumide	加铝粉的尼龙粉	45	3 600	3	刚性好,金属外观	金属模具和零件
DirectSteal 20	不锈钢细粉末	600	130 000	—	注塑模,金属件	金属模具和零件
DirectSteal H20	合金钢粉末	1 100	180 000	—	与工具钢性能相近	金属模具和零件
DirectMetal 20	青铜粉	400	80 000	—		金属模具和零件

5.4　激光选区烧结核心器件

SLS 设备的核心器件主要包括 CO_2 激光器、振镜扫描系统、粉末传送系统、成形腔、气体保护系统和预热系统等。

1. CO_2 激光器

SLS 设备采用 CO_2 激光器,波长为 10 600 nm,激光束光斑直径为 0.4 mm。CO_2 激光器中,主要的工作物质由 CO_2,N_2,He 三种气体组成。其中 CO_2 是产生激光辐射的气体、N_2 及 He 为辅助性气体。CO_2 激光器的激发条件:放电管中,通常输入几十毫安或几百毫安的直流电流。放电时,放电管中的混合气体内的 N_2 分子由于受到电子的撞击而被激发起来。这时受到激发的 N_2 分子便和 CO_2 分子发生碰撞,N_2 分子把自己的能量传递给 CO_2 分子,CO_2 分子从低能级跃迁到高能级上形成粒子数反转发出激光。

2. 振镜扫描系统

SLS 振镜扫描系统与 LOM 激光振镜扫描系统类似,由 X-Y 光学扫描头,电子驱动放大器和光学反射镜片组成。电脑控制器提供的信号通过驱动放大电路驱动光学扫描头,从而在 X-Y 平面控制激光束的偏转。具体参见第 3 章 3.4 节中图 3.7 激光振镜结构示意图及其相关介绍。

3. 粉末传送系统

SLS 设备中,送粉通常采用两种方式(图 5.9),一种是粉缸送粉方式,即通过送粉缸的升降完成粉末的供给;另一种是上落粉方式,即将粉末置于机器上方的容器内,通过粉末的自由下落完成粉末的供给。铺粉系统也有铺粉辊和刮刀两种方式。

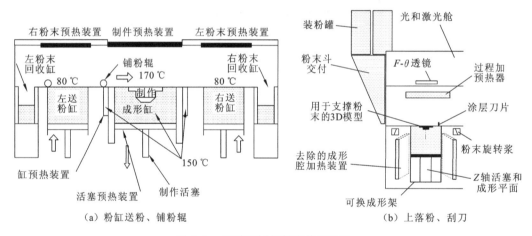

(a) 粉缸送粉、铺粉辊　　　　　　　　　(b) 上落粉、刮刀

图 5.9 两种不同的粉末传送系统

图 5.10 成形腔结构图

4. 成形腔

激光进行粉末成形的封闭腔体,主要由工作缸和送粉缸等组成,缸体可以沿 Z 轴上下移动,如图 5.10 所示。

5. 气体保护系统

在成形前通入成形腔内的惰性气体(一般为 N_2 或 Ar),可以减少成形材料的氧化降解,促进工作台面温度场的均匀性。

6. 预热系统

在 SLS 成形过程中,工作缸中的粉末通常要被预热系统加热到一定温度,以使烧结产生的收缩应力尽快松弛,从而减小 SLS 制件的翘曲变形,这个温度称为预热温度。而当预热温度达到结块温度时,粉末颗粒会发生黏结、结块而失去流动性,造成铺粉困难。

对于非晶态聚合物,在玻璃化温度(T_g)时,大分子链段运动开始活跃,粉末开始黏接、流动性降低。因而,在 SLS 成形过程中,非晶态聚合物粉末的预热温度不能超过 T_g,为了减小 SLS 成形件的翘曲,通常略低于 T_g;而晶态高分子的预热温度应接近熔融开始温度(T_{ms})但要低于 T_{ms}。一般来说,SLS 制件的翘曲变形随预热温度的升高而降低,但是预热温度不能太高,否则会造成粉末结块,使成形过程终止。

5.5　激光选区烧结成形设备

目前,世界范围内已有多系列和多规格的商品化 SLS 设备,最大成形尺寸约为 1400 mm,智能化程度高,运行稳定。SLS 除了成形铸造用蜡模和砂型外,还可直接成形多种类高性能塑料零件。在 SLS 设备生产方面,最知名的当属美国 3D Systems 和德国 EOS 两家公司。2001 年,3D Systems 公司兼并了专业生产 SLS 设备的美国 DTM 公司,继承了 DTM 系列 SLS 产品。目前,主要提供 SPro 系列 SLS 设备。采用了可移除制造模块和组合粉末收集系统,提高制造的可操作性和智能化程度。SLS 设备采用 30～200 W 二氧化碳激光器,采用高速振镜扫描系统,扫描速度达 5～15 m/s。最大成形空间达 550 mm×550 mm×750 mm,粉末层厚为 0.08～0.15 mm。

德国 EOS 公司是近年来 SLS 设备销售最多、增长速度最快的制造商,其设备的制造精度、成形效率及材料种类也是同类产品的世界领先水平。具体包括 P 型和 S 型多系列 SLS 设备。其中,4 个系列的 P 型 SLS 设备,主要用于成形尼龙等高性能塑料零件。采用 30～50 W 低功率二氧化碳激光器,最大成形空间达 700 mm×380 mm×580 mm,采用双激光扫描系统提高了成形效率,扫描速度为 5～8 m/s,层厚为 0.06～0.18 mm。最新研发的 P800 型 SLS 设备,可提供超过 200 ℃ 的稳定预热环境,能直接成形耐高温高强度 PEEK 塑料,成为世界上唯一可成形该类材料的 SLS 设备。另外,还生产一款专门用于铸造砂型成形的 S750 型双激光 SLS 设备,成形台面达 720 mm×720 mm×380 mm。

国内生产和销售 SLS 设备的制造商主要依托高校等研究单位。由于产品价格上的明显优势,目前占据了超过 80% 的国内市场份额。但是,生产和销售的 SLS 设备类型不多、规格少,设备的稳定性较国外先进水平低。1994 年,在美国德克萨斯大学奥斯汀分校留学的宗贵升博士将美国的 SLS 技术引入中国,与美国桑尼通材料有限公司联合成立了北京隆源自动成形系统有限公司,专门生产基于 SLS 的设备。目前,最大成形空间达 0.7 m×0.7 m。华中科技大学从 20 世纪 90 年代末开始研发具有自主知识产权的 SLS 设备与工艺,并通过武汉华科三维科技有限公司实现商品化生产和销售。最早研制了 0.4 m×0.4 m 工作面的 SLS 设备,2002 年将工作台面升至 0.5 m×0.5 m,已超过当时国外 SLS

设备的最大成形范围(美国 DTM 公司研制的 SLS 设备最大工作台面为 0.375 m × 0.33 m)。生产的 SLS 设备可直接成形低熔点塑料、间接成形金属、陶瓷和覆膜砂等材料。在 2005 年,该单位通过对高强度成形材料、大台面预热技术以及多激光高效扫描等关键技术的研究,陆续推出了 1 m×1 m、1.2 m×1.2 m、1.4 m×0.7 m 等系列大台面 SLS 设备,在成形尺寸方面远超国外同类技术(目前,国外最大成形空间为德国 EOS 仅有 700 mm 左右),在成形大尺寸零件方面具有世界领先水平,形成了一定的产品特色。

典型商业 SLS 成形设备的参数对比见表 5.3。

表 5.3　典型商业 SLS 成形设备

单位	型号	外观图片	成形尺寸 /mm	激光器	成形效率	扫描速度 /(m/s)	针对材料
EOS (德国)	FORMIGA P 110		200×250×330	30W CO_2 激光器	20 mm/h	5	尼龙-11、尼龙-12 及其复合材料、PS、TPA 等
	EOS P 396		340×340×600	70W CO_2 激光器	48 mm/h	6	
	EOSINT P 760		700×380×580	50W,双 CO_2 激光器	32 mm/h	6	
	EOSINT P 800		700×380×560	50W,双 CO_2 激光器	7 mm/h	6	尼龙-11、尼龙-12 及其复合材料、PS、TPA、PEEK 等
3D Systems (美国)	ProX SLS 500		381×330×460	CO_2 激光器	1.8 L/h	—	尼龙
	sPro 60 HD-HS		381×330×460	CO_2 激光器	1.8 L/h	—	尼龙及其复合材料、PS、TPU 等
	sPro 140		550×550×460	CO_2 激光器	3.0 L/h	—	尼龙及其复合材料、PP、ABS、PS 等
	sPro 230		550×550×750	CO_2 激光器	3.0 L/h	—	尼龙及其复合材料、PP、ABS、PS 等

续表

单位	型号	外观图片	成形尺寸/mm	激光器	成形效率	扫描速度/(m/s)	针对材料
武汉华科三维科技有限公司	HK S500		500×500×400	55W CO_2 激光器	—	5	PS,覆膜砂
	HK S1400		1400×1400×500	4×100W CO_2 激光器	—	5	
	HK P500		500×500×400	55W CO_2 激光器	—	6	
湖南华曙高科	Farsoon 251 P		250×250×320	60W CO_2 激光器	0.6 L/h	7.6	尼龙-12、尼龙-6 及其复合材料等
	Farsoon 402 P		400×400×450	100W CO_2 激光器	3 L/h	12.7	尼龙-12、尼龙-6 及其复合材料等

5.6　激光选区烧结工艺特点

同其他增材制造技术相比,SLS 工艺具有以下特点。

1. 成形材料广泛

从理论上讲,这种方法可采用加热时黏度降低的任何粉末材料,主要成形材料是高分子粉末材料。对于金属粉末、陶瓷粉末和覆膜砂等粉末的成形,主要是通过添加高分子黏结剂,SLS 成形一个初始形坯,然后再经过后处理来获得致密零件。

2. 制造工艺简单,无须支撑

由于未烧结的粉末可对模型的空腔和悬臂部分起支撑作用,不必像立体印刷成形(stereo lithography apparatus,SLA)和熔融沉积成形(fused deposition modeling,FDM)等工艺那样另外设计支撑结构,可以直接生产形状复杂的原型及零件。

3. 材料利用率高

SLS 成形过程中未烧结的粉末可重复使用,几乎无材料浪费,成本较低。

4. 应用广泛

由于成形材料的多样化,可以选用不同的成形材料制作不同用途的烧结件,如制作用于结构验证和功能测试的塑料功能件、金属零件和模具、精密铸造用蜡模和砂型、砂芯等。

目前,SLS技术虽然取得了较快的发展,获得了较好的应用效果,但离规模化应用相去甚远,急需解决的关键技术包括但不局限于如下几点:

(1) 研究高性能材料的制备技术及种类拓宽,以提高成形件性能及拓展应用范围;

(2) 研究高预热温度加热系统及温度均匀性控制技术,以提高成形件精度;

(3) 研究高效率多激光协同扫描技术,以提高成形效率;

(4) 研究陶瓷的SLS成形技术及其后处理致密化技术,以制造高性能复杂陶瓷零件;

(5) 研究材料防老化、降解技术,以降低在激光烧结时材料的分解,减小环境污染,提高制件性能。

5.7　激光选区烧结制件性能

5.7.1　高分子尼龙-12/铝复合材料 SLS 制件性能

在 HRPS-III 型 SLS 增材制造设备上制备高分子尼龙-12/铝复合材料的拉伸、冲击、热变形温度等标准测试试样,试样的制备参数如下:激光功率为 8～10 W;扫描速度为 1500 mm/s;烧结间距为 0.10 mm;烧结层厚为 0.15 mm;预热温度为 168～170 ℃。图 5.11 为 SLS 制件拉伸性能(包括拉伸强度及断裂伸长率)随铝粉含量的变化曲线,可以看出制件的拉伸强度随铝粉含量的增大而增大,而断裂伸长率却随铝粉含量的增大而降低,说明刚性铝粉颗粒的加入使得烧结件拉伸强度增大,但是降低了尼龙-12 基体的柔韧性。

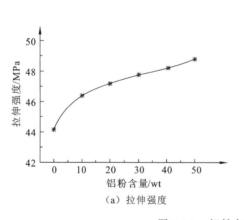
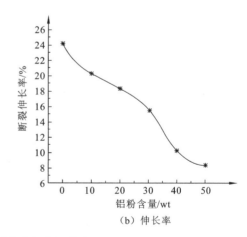

　　　　(a) 拉伸强度　　　　　　　　　　(b) 伸长率

图 5.11　铝粉含量对拉伸性能的影响

图 5.12 为尼龙/铝复合材料弯曲试样的断面微观形貌。铝粉颗粒均匀地分散在尼

龙-12 基体中,无铝粉颗粒的聚集体。在尼龙-12 覆膜铝复合粉末中,尼龙-12 较好地包覆在铝粉颗粒的外表面,这样就使得尼龙-12 和铝粉混合得非常均匀,而且也可以有效地避免运输及铺粉中产生偏聚现象。因此,尼龙-12 覆膜铝复合粉末的 SLS 制件中,铝粉颗粒就被均匀地、无聚集地分散在尼龙-12 基体中。而试样断面上的铝粉颗粒外表面非常粗糙,附着一层尼龙-12 树脂,断裂部位在尼龙-12 本体中,这些结果都表明铝粉与尼龙-12基体具有较好的界面黏接。具有较高极性的铝粉表面一般都会吸附许多极性小分子物质,如 H_2O。尼龙-12 中的酰胺基团具有较高极性,酰胺基团中 N、O 元素有孤对电子,很容易与吸附在铝粉表面的极性小分子形成氢键。因此,铝粉与尼龙-12 基体形成良好的界面黏接。

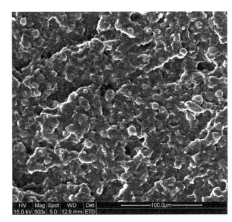
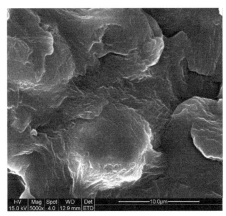

（a）500 倍下的断面微观形貌　　　　　　（b）5000 倍下的断面微观形貌

图 5.12　尼龙/铝复合材料弯曲试样在 500 倍和 5000 倍下的断面微观形貌

5.7.2　覆膜砂 SLS 制件性能

由于 SLS 成形过程中激光的扫描速度很快,树脂来不及完全熔化流动,其砂型(芯)的强度比用壳型覆膜方法的砂型(芯)的强度要低。同时由于 SLS 成形时的能量较高,部分树脂会分解,因此,SLS 成形所使用的覆膜砂的树脂含量可比传统成形方法的树脂含量稍高。覆膜砂 SLS 制件的强度与树脂含量基本呈线性关系,即随着树脂含量的增加,制件的强度增加。树脂含量为 3.5% 和 4% 的覆膜砂 SLS 制件的强度分别为 0.34 MPa 和0.37 MPa。

SLS 成形工艺参数对覆膜砂的性能也有着重要的影响,将 SLS 试样做成标准的“8”字试样,测试不同激光功率、扫描速度对 SLS 制件拉伸强度的影响。

由图 5.13 可知,在激光能量较低时,SLS 制件激光烧结强度随激光能量的增加而增加,但不呈线性关系,在较低激光功率下的斜率大,而随着激光功率的增加,斜率减小,说明在较低功率下激光功率对烧结强度的影响更加显著。当激光能量达到 32 W 时,其 SLS制件激光烧结达到最大值 0.42 MPa,若激光能量继续增加,则 SLS 制件发生翘曲变形,此时 SLS 制件表面的颜色也由浅黄色变成褐色,说明覆膜砂表面的树脂已经部分碳化分解。从图 5.14 可以看出,SLS 制件激光烧结强度随激光扫描速度的增加而降低,但过低的扫描速度会使覆膜砂表面发生碳化。而当激光扫描速率高于 2000 mm/s 后,SLS 制件激光烧结强度迅速降低,激光烧结部分的颜色与未烧结的砂一样,说明激光烧结温度低于树脂的固化温度。

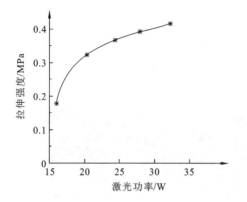

图 5.13 激光功率对 SLS 砂型(芯)
激光烧结强度的影响

扫描速度为 1000 mm/s;扫描间距为 0.1 mm

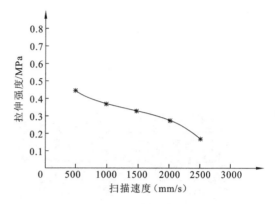

图 5.14 扫描速度对 SLS 砂型(芯)
激光烧结强度的影响

激光功率为 24 W;扫描间距为 0.1 mm

5.7.3 Al_2O_3 陶瓷 SLS 制件性能

在 SLS 工艺中,通常是通过间接法的方式制造陶瓷零件,即先利用 SLS 工艺成形出陶瓷零件的初始形坯,然后再通过适当的后处理工艺来获得足够的强度。这里以 Al_2O_3 陶瓷为例,用环氧树脂 E06 作为黏结剂,首先通过 SLS 技术成形 Al_2O_3 陶瓷的初始形坯,接着对其进行冷等静压(CIP)致密化处理,再经过后续脱脂、高温烧结(FS)处理,最终得到较高致密度的 Al_2O_3 陶瓷。黏结剂的含量对初始形坯的强度有重要影响。一方面,形坯的强度随环氧树脂含量的增加而增加;另一方面,树脂的含量越高,单位体积所含的陶瓷含量就减少,使得 SLS 形坯密度降低,影响最终零件的力学性能。因此,黏结剂含量的选择原则是在能够维持形坯在清粉、移动和 CIP 处理过程中不会溃散的同时,含量越少越好。

激光功率、扫描速度和扫描间距是影响激光能量密度的重要因素,而激光能量密度直接影响着 SLS 制件的成形效果。采取正交试验的方法设计了三因素三水平实验,研究 SLS 工艺参数(包括激光功率、扫描速度和扫描间距)对 Al_2O_3 形坯的相对密度、弯曲强度等的影响规律,结果如图 5.15 所示。

形坯的相对密度和弯曲强度变化规律较相似,二者均随激光功率的增大而增大,而扫描速度对强度的影响比较复杂,一方面扫描速度增大,激光入射的能量密度减小,不利于相对密度增加;另一方面,SLS 烧结过程是逐点扫描成线,逐行扫描成面,再由各层堆积成体,烧结的时间长且树脂挥发烧损多,扫描速度的增大减小了烧结时间,树脂的挥发烧损也减小,这对增大相对密度很有利。实验结果表明相对密度在速度为 1600 mm/s 时,达

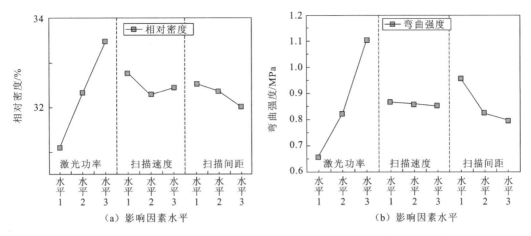

图 5.15　Al_2O_3 SLS 形坯的相对密度和弯曲强度随成形工艺参数的变化曲线

到最大。相对密度与扫描间距成反比,这与扫描间距越小、温度场重合越多,越有利于树脂烧结是一致的,扫描间距取 100 μm 较合适。因此以相对密度和强度作为衡量指标时,最佳工艺参数为:激光功率为 21 W、扫描速度为 1600 mm/s、扫描间距为 100 μm、单层层厚为 150 μm。为使后续其他操作顺利进行,SLS 制件强度最好大于 0.95 MPa。

（a）低倍断口形貌　　　　　　　　　　　（b）高倍断口形貌

图 5.16　SLS 制件断口形貌

　　图 5.16 是 SLS 制件的断口形貌,从图中可看出,经过激光扫描作用后,PVA 覆膜 Al_2O_3 造粒颗粒本身几乎没有受到影响,仍然维持了 SLS 前的球形形态,但是这些颗粒被熔化的环氧树脂黏接,图 5.16(b)可以看出颗粒之间存在许多黏接颈,这些黏接颈(即环氧树脂)吸收激光热量后熔化并凝固而成,由于环氧树脂润湿在 PVA 表面,二者均为高分子,因此黏接强度较高,但是试样内部仍存在许多孔隙,需要进行后续处理。

　　对冷等静压后的形坯进行脱脂和烧结后处理,当烧结温度为 1600 ℃、升温速率为 5 ℃/min、保压时间为 4 h 时,氧化铝试样的弯曲强度可达 175 MPa 以上,断口形貌如图 5.17 所示,孔隙较少,晶粒分布较均匀,断裂模式以沿晶断裂为主。然而,由于仍存在孔隙,使得试样弯曲强度仍有待提高,今后可以通过其他处理进行改进,如改善陶瓷材料组分、热等静压处理等方法。

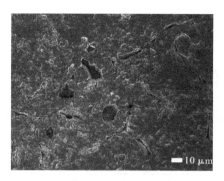

图 5.17　氧化铝烧结致密化后处理制件显微形貌

5.7.4　金属制件性能

经过 SLS 成形的零件形坯由高分子和金属结构粉末颗粒构成,可称作是一种高分子/金属粉末复合材料,其强度主要由高分子与金属颗粒的界面强度决定,金属颗粒之间没有冶金结合,还不是完全意义上的金属零件,因此无法直接作为功能零件使用。上述形坯务必经过一系列后处理,使构成零件的金属颗粒产生冶金结合而致密化以进一步提高零件强度,方可作为功能零件乃至结构零件使用。SLS 间接法形坯的常规后处理方法包括脱脂、二次烧结和熔渗(浸渍)。

这里以 AISI 316 不锈钢为例,先利用 SLS 技术成形 AISI 316 不锈钢初始形坯,再对形坯在 500 ℃ 条件下进行氧化脱脂,经过脱脂处理,SLS 形坯已然达到预烧结,具有一定的烧结强度。接着,将形坯在真空烧结炉中进行烧结,烧结温度为 1300 ℃,然后分别保温 1 h,2 h,5 h 和 8 h,最后随炉冷却。对烧结后的 AISI 316 不锈钢分别进行硬度和拉伸强度测试。图 5.18、图 5.19 分别是 AISI 316 烧结坯的性能-烧结时间曲线图。由图中曲线可知,烧结制件的力学性能基本随烧结时间的延长而提高,最高拉伸强度接近 90 MPa,最大硬度为 62 HB。拉伸断口如图 5.20 所示。

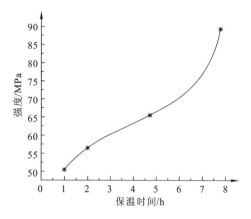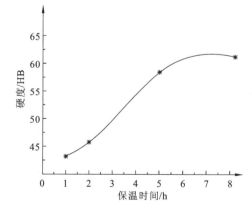

图 5.18　烧结制件拉伸强度与烧结时间的关系　　　图 5.19　烧结制件硬度与烧结时间的关系

（a）烧结 1 h　　　　　　　　　　　　　　（b）烧结 2 h

（c）烧结 5 h　　　　　　　　　　　　　　（d）烧结 8 h

图 5.20　AISI 316 不锈钢烧结制件的拉伸断口 SEM 形貌照片

5.8　激光选区烧结的典型应用

SLS 技术能够制造大型、复杂结构的非金属制件，主要用作制造砂型铸造用的砂型（芯）、陶瓷芯、精密铸造用的熔模和塑料功能零件。目前已被广泛应用于航天航空、机械制造、建筑设计、工业设计、医疗、汽车和家电等行业。

5.8.1　铸造砂型（芯）成形

SLS 技术可以直接制造用于砂型铸造的砂型（芯），从零件图样到铸型（芯）的工艺设计，铸型（芯）的三维实体造型等都是由计算机完成，而无须过多考虑砂型的生产过程。特别是对于一些空间的曲面或者流道，用传统方法制造十分困难。传统方法制造铸型（芯）时，常常将砂型分成几块，然后将砂芯分别拔出后进行组装，因而需要考虑装配定位和精度问题。而用 SLS 技术可实现铸型（芯）的整体制造，不仅简化了分离模块的过程，铸件的精度也得到提高。因此，用 SLS 技术制造覆膜砂型（芯），在铸造中有着广阔的前景。图 5.21 所示为利用 SLS 技术制造的覆膜砂型（芯）的典型例子。

5.8.2　铸造熔模的成形

传统的熔模要采用模具制造，SLS 技术可以根据客户提供的计算机三维图形，无须任

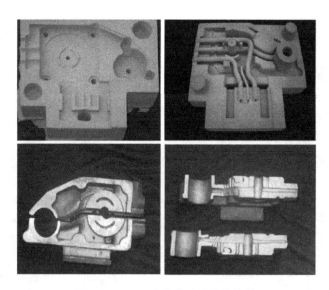

图 5.21　SLS 成形的砂型及其铸件

何模具即可快速地制造出熔模,从而大大缩短新产品投入市场的周期,实现快速占领市场的目的。而且 SLS 技术可制造几乎任意复杂形状铸件的熔模,因此它一出现就受到了高度关注,目前已在熔模铸造领域得到了广泛的应用。图 5.22 为 SLS 技术制备的熔模,以及用其浇铸的铝合金铸件。

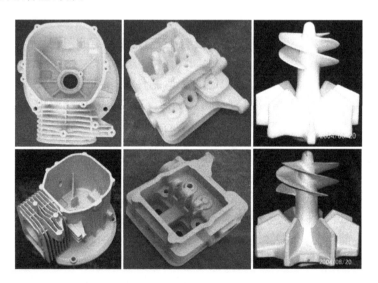

图 5.22　SLS 成形的熔模及其铸件

5.8.3　高分子功能零件的成形

　　用于 SLS 成形的材料主要是热塑性高分子及其复合材料。热塑性高分子又可以分为晶态和非晶态两种,由于晶态和非晶态高分子在热性能上的决然不同,造成了它们在激光烧结参数设置及制件性能上存在巨大的差异。

直接制造是指通过 SLS 成形的高分子制件具有较高的强度,可直接用作塑料功能件。一般晶态高分子的预热温度略低于其熔融温度,激光扫描后熔融,溶体黏度较低,烧结速率快,成形件的致密度可以达到 90% 以上,成形件的强度较高,可直接用作功能零件。用于 SLS 的典型晶态高分子包括尼龙-12、聚丙烯等。SLS 直接成形的尼龙功能零件如图 5.23 所示。

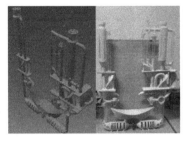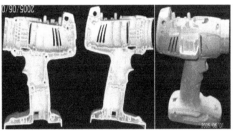

图 5.23 SLS 成形尼龙零件

间接制造是指通过 SLS 成形的高分子制件强度较低,需要浸渗树脂等后处理工艺来提高其力学性能,从而用作强度要求不高的塑料功能件。非晶态高分子的预热温度一般接近其玻璃化温度,激光扫描后高分子超过其温度,但是其黏度很大,烧结速率慢,制件的致密度和强度非常低。常用于 SLS 成形的非晶态高分子包括聚苯乙烯、聚碳酸酯等。如图 5.24 所示为 SLS 间接成形的塑料功能件。

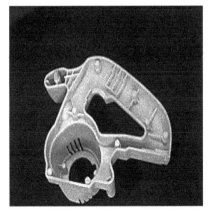

图 5.24 经后处理增强后处理的 SLS 功能零件

5.8.4 生物制造

这是目前 SLS 领域的研究热点之一。SLS 技术通过计算机辅助设计,可制备结构、力学性能可控的三维通孔组织支架及个性化的生物植入体,实现对孔隙率、孔型、孔径及外形结构的有效控制,从而促进细胞的黏附、分化与增殖,提高支架的生物相容性,因此非常适合对生物高分子进行烧结成形,制造个性化医用植入体和组织工程支架。目前,SLS技术已被广泛用于医学研究和临床实践。适用于 SLS 技术的生物高分子主要为合成高分子材料,包括左旋聚乳酸(PLLA)、聚己内酯(PCL)、聚醚醚酮(PEEK)、聚乙烯醇(PVA)等,并多与生物活性陶瓷材料,如羟基磷灰石(hydroxyapatite,HAP)或 β-磷酸三钙(β-tricalcium phosphate),以获得良好的生物活性。采用 SLS 技术制备了纯 PVA 的支架材料,优化工艺参数后制得三维正交周期多孔结构四面体支架,如图 5.25 所示。

　　　　(a) 侧视图　　　　　　　(b) 等角视图　　　　　(c) 支柱表面SEM图

图 5.25　　SLS 技术制备 PVA 多孔支架

思考与判断

1. SLS 激光烧结速率与粉末粒径、高分子分子量、熔融黏度、表面张力以及烧结温度的关系?

2. 非结晶性、半结晶性高分子在 SLS 成形中存在哪些差异? 是什么原因造成的?

3. SLS 在间接制造陶瓷零件时有哪些瓶颈问题? 如何解决产生的应力开裂问题?

4. 你认为 SLS 有哪些瓶颈问题,有没有可以改进的地方? 如果有,该如何改进?

第6章 激光选区熔化技术

6.1 激光选区熔化技术发展历史

激光选区熔化技术是2000年左右出现的一种新型增材制造技术。它利用高能激光热源将金属粉末完全熔化后快速冷却凝固成形,从而得到高致密度、高精度的金属零部件。其思想来源于SLS技术并在其基础上得以发展,但它克服了SLS技术间接制造金属零部件的复杂工艺难题。得益于计算机的发展及激光器制造技术的逐渐成熟,德国Fraunhofer激光技术研究所(fraunhofer institute for laser technology, FILT)最早深入的探索了激光完全熔化金属粉末的成形,并于1995年首次提出了SLM技术。在其技术支持下,德国EOS公司于1995年底制造了第一台设备。随后,英国、德国、美国等欧美众多的商业化公司都开始生产商品化的SLM设备,但早期SLM零件的致密度、粗糙度和性能都较差。随着激光技术的不断发展,直到2000年以后,光纤激光器成熟的制造并引入SLM设备中,其制件的质量才有了明显的改善。世界上第一台应用光纤激光器的SLM设备(SLM-50)由英国MCP(mining and chemical products limited)集团管辖的德国MCP-HEK分公司Realizer于2003年底推出。

SLM设备的研发涉及光学(激光)、机械、自动化控制及材料等一系列的专业知识,目前欧美等发达国家在SLM设备的研发及商业化进程上处于世界领先地位。英国MCP公司自推出第一台SLM-50设备之后又相继推出了SLM-100以及最新的第三代SLM-250设备。德国EOS GmbH公司现在已经成为全球最大同时也是技术最领先的激光粉末烧结增材制造系统的制造商。近年来,EOS公司的EOSINT M280增材制造设备是该公司最新开发的SLM设备,其采用了"纤维激光"的新系统,可形成更加精细的激光聚焦点以及很高的激光能量,可以将金属粉末直接烧结而得到最终产品,大大提高了生产效率。美国3D Systems公司推出的sPro 250 SLM商用3D打印机使用高功率激光器,根据CAD数据逐层熔化金属粉末,以创建功能性金属部件。该3D打印机能够提供长达320 mm(12.6英寸)的工艺金属零件的成形,零件具有出色的表面光洁度、精细的功能性细节与严格的公差。此外,美国的PHENIX、德国Concept laser公司及日本的TRUMPF等公司的SLM设备均已商业化。他们之间的差异主要体现在激光器类型与能量、工作台面积、激光光斑大小、铺粉方式、活塞缸及铺粉层厚等方面,如表6.1所示。除了以上几大公司进行SLM设备商业化生产外,国外还有很多高校及科研机构进行SLM设备的自主研发,比如比利时鲁汶大学、日本大阪大学等。

表 6.1　欧美相关公司商业化 SLM 设备对比

制造商	设备名称	激光类型及能量	光斑大小/μm	最大成形件尺寸/mm³
MCP-Realizer	SLM-50	120 W 光纤	20	70×70×40
	SLM-100	200 W 光纤	20	125×125×100
	SLM-250	400 W 光纤	40	250×250×300
EOS	M270	200 W Yb-光纤	100~500	250×250×215
	M280	400 W Yb-光纤	100~500	250×250×325
	M400	1000 W Yb-光纤	90	400×400×400
3D systems	sPro-125	200 W	35	125×125×125
	sPro-250	400 W	70	250×250×320

　　国内 SLM 设备的研发与欧美发达国家相比,整体性能相当,但在设备的稳定性方面略微落后。目前国内 SLM 设备研发单位主要包括华中科技大学、华南理工大学、西北工业大学和北京航空制造研究所等。各科研单位均建立了产业化公司,生产的 SLM 设备在技术上与美国 3D Systems 和德国 EOS 公司的同类产品类似,采用 100~400 W 光纤激光器和高速振镜扫描系统。设备成形台面均为 250 mm×250 mm,最小层厚可达 0.02 mm,可成形近全致密的金属零件。

6.2　激光选区熔化工艺原理

　　SLM 技术是采用高能激光将金属粉体熔化并迅速冷却的过程,该过程是利用激光与粉体之间的相互作用形成的,包括能量传递和物态变化等一系列物理化学过程。

6.2.1　激光能量的传递

　　SLM 过程是一个由光能转变为热能并引起材料物态转变的过程,根据激光能量及停留时间的不同,金属粉体通过吸收不同的激光能量而发生相应的物态变化。当激光能量较低或停留时间较短时,金属粉体吸收的能量较少,只能引起金属颗粒表面温度的升高而发生软化变形,仍表现为固态。当激光能量升高时,金属粉体的温度超过了自身的熔点,此时,金属颗粒表现为熔化状态。当激光能量瞬间消失时,熔融金属会快速冷却形成晶粒细小的固态部件。当激光能量过高时,金属熔体会发生气化。SLM 过程中,激光能量过高也会引起成形零部件的球化、热应力和翘曲变形等缺陷,应尽量避免。

6.2.2　金属粉体对激光的吸收率

　　金属粉体的激光吸收率对 SLM 熔化零部件的性能有直接的影响。激光吸收率的高低很大程度上决定了该金属粉体的成形性能。目前,研究较多适用于 SLM 成形的材料体系,均为激光吸收率较高的钛基、铁基和镍基等合金。

　　激光与金属粉体作用时,激光能量并未完全由金属粉体吸收,而是满足能量守恒定

律,为

$$1 = \frac{E_{吸}}{E_0} + \frac{E_{反}}{E_0} + \frac{E_{透}}{E_0} \tag{6-1}$$

式中,E_0 为激光能量;$E_{吸}$ 为金属粉体吸收的能量;$E_{反}$ 为金属粉体反射的激光能量;$E_{透}$ 为透过金属粉体的激光能量。

由于金属粉体一般为非透明材料,所以可认为 $E_{透}$ 为 0,即 SLM 过程中,激光能量作用于金属粉体时,只存在吸收和反射两种情况。由式(6-1)可知,当金属粉体的激光吸收率较低时,激光能量大部分被反射,无法实现金属粉体的熔化;当金属粉体的激光吸收率高时,激光能量大部分被吸收,比较容易实现金属粉体的熔化,激光能量的利用率较高。

综述所述,金属粉体的激光吸收率对 SLM 过程中的激光利用率及材料成形性能有很大影响,如何提高金属粉体的激光吸收率也是促进 SLM 技术发展的重要因素。

6.2.3　熔池动力学

在 SLM 过程中,高能束的激光熔化金属粉末连续不断地形成熔池,熔池内流体动力学状态及传热传质状态是影响过程稳定性和成形质量的主要因素。在 SLM 过程中,材料由于吸收了激光的能量而熔化,而高斯光束光强的分布特点是光束中心处的光强最大,所以在熔池表面沿径向方向存在着温度梯度,也就是熔池中心的温度高于边缘区域的温度。由于熔池表面的温度分布不均匀,带来了表面张力的不均匀分布,从而在熔池表面上存在着表面张力梯度。对于液态金属,一般情况下温度越高,表面张力越小,即表面张力温度系数为负值。表面张力梯度是熔池中流体流动的主要驱动力之一,它使流体从表面张力低的部位流向表面张力高的部位。对于 SLM 工艺所形成的熔池,熔池中心部位温度高,表面张力小;而熔池边缘温度低,表面张力大。因此,在这个表面张力梯度的作用下使熔池内液态金属沿径向从中心向边缘流动,在熔池中心处由下向上流动。同时剪切力促使边缘处的材料沿着固液线流动,在熔池的底部中心熔流相遇然后上升到表面,这样在熔池中形成了两个具有特色的熔流漩涡,称之为 Marangoni 对流。在这个过程中,向外流动的熔流造成了熔池的变形,从而会导致熔池表面会呈现出鱼鳞状的特征。

6.2.4　熔池稳定性

SLM 成形过程是由线到面、由面到体的增材制造过程。在高能激光束作用下形成的金属熔体能否稳定连续存在,直接决定了最终制件的质量。由不稳定收缩理论(pinch instability theory,PIT)可知,液态金属体积越小,其稳定性越好;同时,球体比圆柱体具有更低的自由能。液态金属的体积主要是由激光光斑的尺寸和能量决定的,尺寸大的光斑更容易形成尺寸大的熔池,进入熔池的粉末就会越多,熔池的不稳定程度就增加。同时,光斑太大会显著降低激光功率密度,由此易产生黏粉、孔洞及结合强度下降等一系列缺陷。光斑的尺寸太小,激光辐照的金属粉末就会吸收太多的能量而气化,显著增加等离子流对熔池的冲击作用。故需要控制好光斑的尺寸才能保证熔池的稳定性。同时,因球体比圆柱体具有更低的自由能,所以导致液柱状的熔池有不断收缩形成小液滴的趋势,引起表面发生波动,当符合一定条件时,液柱上两点的压力差促使液柱转变为球体。这就要求激光功率和扫描速度具有合适的匹配性。在 SLM 过程中,随着激光功率的增大,熔池中的金属液增多,熔池形成液柱稳定性减弱。一方面,激光功率越大,所形成的熔池面积越大,就会有更多的粉末进入熔池,从而导致熔池的不稳定性增加;另一方面,当激光功率太大时,会使熔池深度增大,当液态金属的表面张力无法与其重力平衡时将沿着两侧向下流,直至熔池变宽变浅,使二者重新达到平衡状态。

6.3　激光选区熔化成形材料

SLM 技术的特征是金属材料的完全熔化和凝固。因此,其主要适合于金属材料的成形,包括纯金属、合金以及金属基复合材料等。表 6.2 为目前 SLM 技术用到的主要金属材料种类及其制备方法。

表 6.2　用于 SLM 技术的金属粉末种类及特性

项目	名称及特性
粉末种类	铁基(316L、420、M2)、钛及钛基(Ti_5Al_4V、TiAl)、镍基(Inconel625、718)、铝基(AlSi、AlCu、AlZn)、铜等
制备方法	水雾化、气雾化、旋转电极法
粒径分布/μm	20～50
氧含量/ppm	≤1000

金属粉末材料特性对 SLM 成形质量的影响较大,因此 SLM 技术对粉末材料的堆积特性、粒径分布、颗粒形状、流动性、含氧量及对激光的吸收率等均有较严格的要求。

6.3.1　粉末堆积特性

粉末装入容器时,颗粒群的空隙率因为粉末的装法不同而不同。未摇实的粉末密度为松装密度,经振动摇实后的粉末密度为振实密度。对于 SLM 而言,由于铺粉辊垂直方向上的振动和轻压作用,所以采用振实密度较为合理。粉末铺粉密度越高,成形件的致密度也会越高。

床层中颗粒之间的空隙体积与整个床层体积之比称为孔隙率(或称为孔隙度),用 ρ_b 表示,即

$$\rho_b = \frac{床层体积 - 颗粒体积}{床层体积} \tag{6-2}$$

式中,ρ_b 为床层的孔隙率;

孔隙率的大小与颗粒形状、表面粗糙度、粒径及粒径分布、颗粒直径与床层直径的比值、床层的填充方式等因素有关。一般说来孔隙率随着颗粒球形度的增加而降低,颗粒表面越光滑,床层的孔隙率也越小。

雾化法是将熔融金属雾化成细小液滴,在冷却介质中凝固成粉末;工业上一般采用二流雾化法,即水雾化法和气雾化法。从粉末形状而言,水雾化粉末为条形,气雾化粉末接近球形,所以气雾化法制备的粉末球形度远高于水雾法。就表面粗糙度而言,水雾化粉末

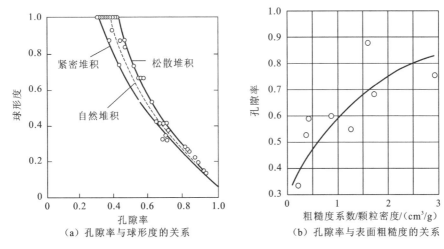

（a）孔隙率与球形度的关系　　　　　　　　　（b）孔隙率与表面粗糙度的关系

图 6.1　孔隙率与球形度及表面粗糙度的关系

表面粗糙度值高于气雾化法。旋转电极法是以金属或合金制成自耗电极,其端面受电弧加热而熔融为液体,通过电极高速旋转的离心力将液体抛出并粉碎为细小液滴,继而冷凝为粉末的制粉方法。与雾化法相比,旋转电极法制备的粉末非常接近球形,表面更光洁,孔隙率更低,如图 6.2(a)和图 6.2(b)所示。

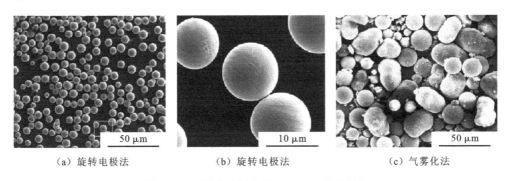

（a）旋转电极法　　　　　　　（b）旋转电极法　　　　　　　（c）气雾化法

图 6.2　不同方法制备的 Ti6Al4V 粉末形貌

6.3.2　粒径分布

　　粒径是金属粉末诸多物性中最重要和最基本的特性值,它是用来表示粉末颗粒尺寸大小的几何参数。粒度的表示方法因颗粒的形状、大小和组成的不同而不同,粒度值通常用颗粒平均粒径表示。对于颗粒群,除了平均粒径指标外,通常我们更关心的是其中不同粒径的颗粒所占的分量,这就是粒度分布。理论上可用多种级别的粉末,使颗粒群的空隙率接近零,然而实际上是不可能的。由大小不一(多分散)的颗粒所填充成的床层,小颗粒可以嵌入大颗粒之间的空隙中,因此床层孔隙率比单分散颗粒填充的床层小。可以通过筛分的方法分出不同粒级,然后再将不同粒级粉末按照优化比例配合来达到高致密度粉床的目的。

对于 SLM 技术来说适合采用二组分体系级配来达到高的铺粉致密度。例如,通过旋转电极法制备的 Ti_6Al_4V 粉末能保持约 65% 理论密度的稳定振实密度,通过气雾化制备的 Ti_6Al_4V 粉末的振实密度约为 62%。若将两种粉末进行级配实验,将达到高于 65% 的振实密度,有利于制造完全密实的近终形复杂形状零件。

6.3.3 粉末的流动性

粉末的流动性是粉末的重要特性之一。粉末流动时的阻力是由于粉末颗粒相互直接或间接接触而妨碍其他颗粒自由运动所引起的,这主要是由颗粒间的摩擦系数决定。由于颗粒间暂时黏着或聚合在一起,从而妨碍相互间运动。这种流动时的阻力与粉末种类、粒度、粒度分布、形状、松装密度、所吸收的水分、气体及颗粒的流动方法等有很大关系。例如,通过旋转电极法制备的 Ti_6Al_4V 粉末呈现标准球形,主要粒度分布在 $4\sim10~\mu m$ 之间,颗粒之间的摩擦多为滚动摩擦,摩擦系数小,流动性能好。而气雾化粉末的流动性稍差,但是可将两种粉末混合,可利用旋转电极法粉末的滚珠效应来提高混合粉末流动性,从而提高铺粉致密度。

6.3.4 粉末的氧含量

粉末的氧含量也是粉末的重要特性,特别需要注意粉末表面的氧化物或氧化膜。因为粉末表面的氧化膜降低了 SLM 成形过程中液态金属与基板或已凝固部分的润湿性,导致制件出现分层和裂纹,降低其致密度。此外,氧化物的存在还直接影响到零件的力学性能和微观组织。因此,对用于 SLM 成形的金属粉末其氧含量一般要求在 1000 ppm 以下。

6.3.5 粉末对激光的吸收率

SLM 技术是激光与金属粉末相互作用,从而产生金属粉末熔化与凝固的过程,因此,金属粉末对激光的吸收率非常重要。表 6.3 为几种常见金属材料对不同波长的激光吸收率,可以看出激光波长越短,金属对其吸收率越高。对于目前配有波长为 1060 nm 激光器的 SLM 而言,Ag、Cu 和 Al 等对激光的吸收率非常低,因此,SLM 成形上述金属时存在一定的困难。

表 6.3　几种金属材料对三种不同波长激光的吸收率 （单位:%）

	CO_2(10 600 nm)	Nd:YAG(1 060 nm)	准分子(193~351 nm)
Al	2	10	18
Fe	4	35	60
Cu	1	8	70
Mo	4	42	60
Ni	5	25	58
Ag	1	3	77

6.4　激光选区熔化核心器件

SLM 的核心器件包括主机、激光器、光路传输系统、控制系统和软件系统等几个部分组成。下面分别介绍各个组成部分的功能、构成及特点。

6.4.1　主机

SLM 全过程均集中在一台机床中,主机是构成 SLM 设备的最基本部件。从功能上分类,主机又由机架(包括各类支架、底座和外壳等)、成形腔、传动机构、工作/粉缸、铺粉机构和气体净化系统(部分 SLM 设备配备)等部分构成。

(1) 机架。主要起到支撑作用,一般采取型材拼接而成;但由于 SLM 中金属材料重量大,一些承力部分通常采取焊接成形。

(2) 成形腔。它是实现 SLM 成形的空间,在里面需要完成激光逐层熔化和送铺粉等关键步骤。成形腔一般需要设计成密封状态,有些情况下(如成形纯钛等易氧化材料)还需要设计成可抽真空的容器。

(3) 传动机构。实现送粉、铺粉和零件的上下运动,通常采用电机驱动丝杠的传动方式,但铺粉装置为了获得更快的运动速度也可采用皮带方式。

(4) 工作缸/送粉缸。主要是储存粉末和零件,通常设计成方形或圆形缸体,内部设计可上下运动的水平平台,实现 SLM 过程中的送粉和零件下上运动功能。

(5) 铺粉机构。实现 SLM 加工过程中逐层粉末的铺放,通常采用铺粉辊或刮刀(金属、陶瓷和橡胶等)的形式,与 SLS 铺粉机构相似,具体可参见第 5 章第 5.4 节中图 5-9。

(6) 气体净化系统。主要是实时去除成形腔中的烟气,保证成形气氛的清洁度。另外,为了控制氧含量,还需要不断补充保护气体,有些还需要控制环境湿度。

6.4.2　激光器

激光器是 SLM 设备提供能量的核心功能部件,直接决定 SLM 零件的成形质量。SLM 设备主要采用光纤激光器,光束直径内的能量呈高斯分布。光纤激光器指用掺稀土元素玻璃光纤作为增益介质的激光器。光纤激光器作为输出光源,主要技术参数有输出功率、波长、空间模式、光束尺寸及光束质量。图 6.3 为光纤激光器结构示意图,掺有稀土离子的光纤芯作为增益介质,掺杂光纤固定在两个反射镜间构成谐振腔,泵浦光从 M_1 入射到光纤中,从 M_2 输出激光。具有工作效率高、使用寿命长和维护成本低等特点。主要工作参数有激光功率、激光波长、激光光斑、光束质量等。

(1) 激光功率。连续激光的功率或者脉冲激光在某一段时间的输出能量,通常以 W 为单位。如果激光器在时间 t 内输出能量为 E,则输出功率 $P=E/t$。

(2) 激光波长。光具有波粒二象性,也就是光既可以看成是一种粒子,也可以看成是一种波。波具有周期性的,一个波长是一个周期下光波的长度,一般用 λ 表示。

(3) 激光光斑。激光光斑是激光器参数,指的是激光器发出激光的光束直径大小。

（4）光束质量。光束质量因子是激光光束质量的评估和控制理论基础,其表示方式为 M^2。其定义为

$$M^2 = (R \times \theta_1)/(R_0 \times \theta_2)$$

式中,R 为实际光束的束腰半径;R_0 为基膜高斯光束的束腰半径;θ_1 为实际光束的远场发散角;θ_2 为基模高斯光束的远场发散角。当光束质量因子为 1 时,具有最好的光束质量。

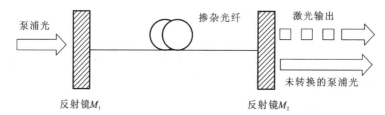

图 6.3　光纤激光器结构示意图

商品化光纤激光器主要有德国 IPG 和英国 SPI 两家公司的产品,其主要性能见表 6.4、表 6.5。

表 6.4　SPI 公司 400 W 光纤激光器的主要参数表

序号	参数	参数范围
1	型号	SP-400C-W-S6-A-A
2	功率	400 W
3	中心波长	(1070 ± 10)nm
4	出口光斑	(5.0 ± 0.7)mm
5	工作模式	CW/Modulated
6	光束质量 M^2	<1.1
7	调制频率	100 KHz
8	功率稳定性(8 h)	$<2\%$
9	红光指示	波长 630～680 nm,1 mW
10	工作电压	200～240($\pm 10\%$)VAC,47 Hz～63 Hz,13 A
11	冷却方式	水冷,冷却量 2500 W

表 6.5　IPG 公司 400 W 光纤激光器参数表

序号	参数	参数范围
1	型号	YLR-400-WC-Y11
2	功率	400 W
3	中心波长	(1070 ± 5)nm
4	出口光斑	(5.0 ± 0.5)mm
5	工作模式	CW/Modulated
6	光束质量 M^2	<1.1

序号	参数	参数范围
7	调制频率	50 kHz
8	功率稳定性(4 h)	<3%
9	红光指示	同光路指引
10	工作电压	200～240 VAC,50 Hz/60 Hz,7 A
11	冷却方式	水冷,冷却量1100 W

6.4.3　光路传输系统

光路传输系统主要实现激光的扩束、扫描、聚焦和保护等功能,包括扩束镜、f-θ 聚焦镜(或三维动态聚焦镜)、振镜及保护镜。各部分组成原理及功能分别说明如下。

(1)扩束镜,具体参见第 3 章第 3.4 节。

(2)振镜扫描系统。SLM 成形致密金属零件要求成形过程中固液界面连续,这就要求扫描间距更为精细。因此,所采用的扫描策略数据较多,数据处理量大,要求振镜系统的驱动卡对数据处理能力强、反应速度快。振镜扫描系统的工作原理如图 6.4 所示。入射激光束经过两块镜片(扫描镜 1 和扫描镜 2)反射,实现激光束在 X,Y 平面内的运动。扫描镜 1 和扫描镜 2 分别由相应检流计 1 和检流计 2 控制并偏转。检流计 1 驱动扫描镜1,使激光束沿 Y 轴方向移动;检流计 2 驱动扫描镜 2,使激光束被反射且沿 X 轴方向移动。两片扫描镜的联动,可实现激光束在 XY 平面内复杂曲线运动轨迹。

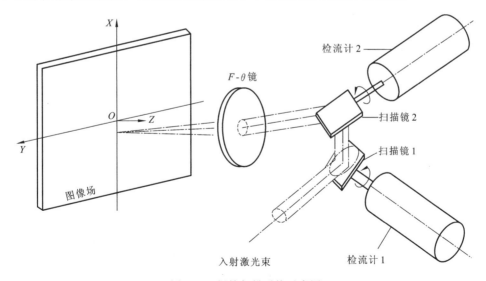

图 6.4　振镜扫描系统示意图

(3)聚焦系统。常用的聚焦系统包括动态聚焦系统和静态聚焦系统。动态聚焦是通过马达驱动负透镜沿光轴移动实时补偿聚焦误差(焦点扫描场与工作场之间的误差)。所采用的动态聚焦系统由聚焦物镜、负透镜、水冷孔径光阑及空冷模块等组成,其结构如图

6.5(a)所示。静态聚焦镜为 f-θ 镜[图 6.5(b)]，而非一般光学透镜。对于一般光学透镜，当准直激光束经过反射镜和透射镜后聚焦于像场，其理想象高 y 与入射角 θ 的正切成正比，因此，以等角速度偏转的入射光在像场内的扫描速度不是常数。为实现等速扫描，使用 f-θ 镜可以获得 $y = f \times \theta$ 关系式，即扫描速度与等角速度偏转的入射光呈线性变化。

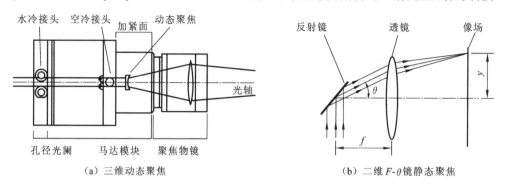

（a）三维动态聚焦　　　　　　　（b）二维 F-θ 镜静态聚焦

图 6.5　聚焦系统结构示意图

（4）保护镜。起到隔离成形腔与激光器、振镜等光学器件的作用，防止粉尘对光学器件的影响。选择保护镜时要考虑减少特定波长激光能量通过保护镜时的损耗。SLM 设备如果采用光纤激光器，则应用选择透射波长为 1000 nm 左右的保护镜片，同时还应考虑耐温性能。激光穿透镜片会有部分被吸收产生热量，如果 SLM 成形时间较长，其热积累有可能会损坏镜片。

6.4.4　控制系统

SLM 设备属于典型数控系统，成形过程完全由计算机控制。由于主要用于工业应用，通常采用工控机作为主控单元，主要包括电机控制、振镜控制（实际上也是电机驱动）、温度控制及气氛控制等。电机控制通常采用运动控制卡实现；振镜控制有配套的控制卡；温度控制采用 A/D（模拟/数字）信号转换单元实现，通过设定温度值和反馈温度值，调节加热系统的电流或电压；气氛控制根据反馈信号值，对比设定值控制阀门的开关（开关量）即可。

6.4.5　软件系统

SLM 需要专用软件系统来实现 CAD 模型处理（纠错、切片、路径生成和支撑结构等）、运动控制（电机、振镜等）、温度控制（基底预热）、反馈信号处理（如氧含量、压力等）等功能。商品化 SLM 设备一般都有自带的软件系统，其中有很多商品化 SLM 设备（包括其他类型的增材制造工艺设备）使用比利时 Materialise 公司的 Magics 通用软件系统。该软件能够将不同格式的 CAD 文件转化输出到增材制造设备，修复优化 3D 模型、分析零件，直接在 STL 模型上做相关的 3D 变更、设计特征和生成报告等，与特定的设备相匹配，可实现设备控制与工艺操作。

6.5　激光选区熔化成形设备

6.5.1　激光选区熔化成形的设备组成

　　SLM设备通常包括光路、传动、电路及机械系统等。下面以德国EOS M290为例简要介绍SLM设备组成。

　　(1)光路系统。包括扫描装置、扩束镜、准直器和光纤(图6.6)。激光器负责产生高能量的激光束,激光通过光纤将激光束传递到扩束系统,为了得到合适的聚焦光斑以及扫描一定大小的工作面,通常在选择合适的透镜焦距的同时,需要将激光束进行扩束,激光经过扩束后,减少了激光束传输过程中的功率密度,从而减小了激光束通过时光学组件的热应力,有利于保护光路上的光学组件。振镜式激光扫描系统是一个光机电一体化的系统,主要靠控制振镜X轴和Y轴电机转动带动固定在转轴上的镜片偏转来实现扫描。在动态聚焦模块的振镜式激光扫描系统中,还需要控制Z轴聚焦镜的往复运动来实现焦距补偿。

　　(2)传动系统。主要包括铺粉传动系统、缸体升降系统等,如图6.7所示。铺粉系统包括铺粉装置在X-Y平面上的运动,缸体升降系统包括工作缸和送粉缸沿Z轴方向运动。

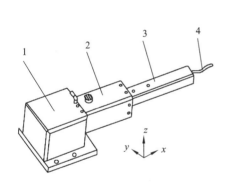

图 6.6　光路系统示意图
1.扫描装置;2.扩束镜;
3.准直器;4.光纤

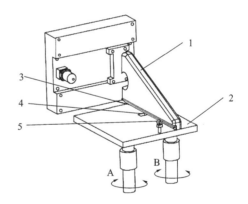

图 6.7　传动系统示意图
1.铺粉装置;2.数显测量计;3.工作平台;4.测隙规;
5.测量带;A为Y轴调节器;B为X轴调节器

　　(3)电路系统。包括计算机及其控制模块,计算机负责处理零件模型,将实体零件转化为数字信号,并传递给各控制单元。控制模块主要控制着激光器开闭、激光功率调整、振镜运动、温度检测及机械部分的协调运动等,如图6.8所示。

　　(4)机械系统。它包括设备腔体、铺粉设备和工作台面,与SLS设备机械系统类似,具体参见第5章5.4节。SLM设备内外示意图如图6.9～图6.11所示。

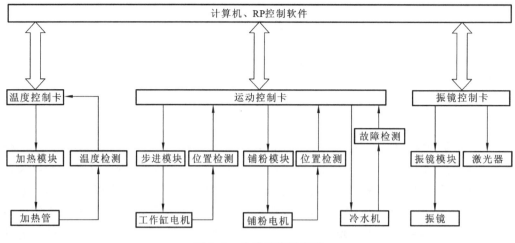

图 6.8　电路系统示意图

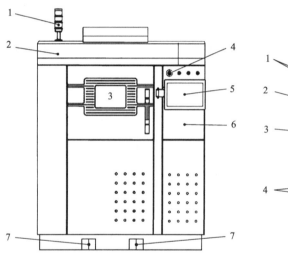

图 6.9　SLM 设备外观正面示意图
1.报警器;2.光学系统盖板;
3.成形腔门;4.急停开关;
5.监控器;6.旋转架;7.起重脚架

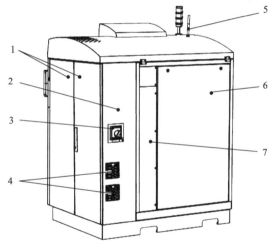

图 6.10　SLM 设备外观侧面示意图
1.开关柜门;2.补偿急停开关;
3.总开关;4.配电柜通风盖;
5.温度与空气湿度传感器;
6.维护盖板;7.机器连接维护盖板

（5）气路系统。它包括一个粉尘过滤装置和一个氩气净化装置。粉尘过滤装置和氩气净化装置通过两个进出管道与腔体进行连通,利用一个外接的抽气泵使腔体内气体进行循环。抽气泵将腔体内的气体抽出后首先进入粉尘过滤装置,粉尘过滤装置中包括两个吸附塔。当一个吸附塔饱和后,另一个吸附塔开始工作,吸附塔有一个反冲净化功能,以保证吸附塔的吸附功能。粉尘过滤后的气体通入到氩气净化装置,其内设置两个反应塔,将成形腔体内的残余氧气、水蒸气及激光熔化后产生的杂质气体吸收。当其中一个反映塔失效后,另一个反应塔开始工作,并对失效的反应塔进行升温净化,恢复其净化功能。

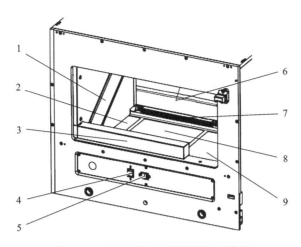

图 6.11　SLM 设备成形腔结构示意图

1.铺粉装置;2.收集平台;3.平台抽出口;4.调整 Y 轴摇臂开关;5.调整 X 轴摇臂开关;
6.顶端进气口;7.底端进气口;8.工作平台;9.粉末分配平台

6.5.2　典型 SLM 设备

（1）单激光 SLM 设备。只有一台激光器作为输出能量源,由单激光束进行扫描成形,其工作模式如图 6.12 所示。

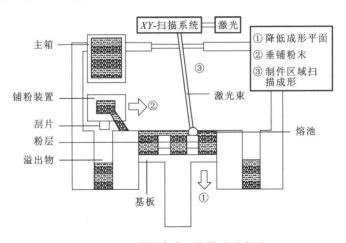

图 6.12　单激光束工作模式示意图

（2）双激光 SLM 设备。双激光设备由两台激光器作为输出能量源,两束激光既可以同时扫描设定区域,也可以分开工作,能显著提升加工效率,如图 6.13 所示。

目前,欧洲已经有不同规格的激光选区熔化成形商品设备在市场上销售,并大量投入工程应用,解决了航空航天、核工业、医学等领域的关键技术。典型 SLM 成形设备的参数对比见表 6.6。

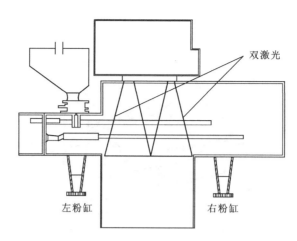

图 6.13　双激光束工作模式示意图

表 6.6　典型商业化 SLM 成形设备对比

单位	型号	外观图片	成形尺寸 /mm	激光器	成形效率	扫描速度 /(m/s)	针对材料
EOS（德国）	EOSINT M290		250×250×325	Yb-fibre laser 400 W	2～ 30 mm³/s	7	不锈钢、工具钢、钛合金、镍基合金、铝合金
	EOSINT M400		400×400×400	Yb-fibre laser 1000 W	—	7	
3D Systems（美国）	ProX 300		250×250×300	500 W 光纤激光器	—	—	不锈钢、工具钢、有色合金、超级合金、金属陶瓷
Concept Laser（德国）	Concept M2		250×250×280	200～400 W 光纤激光器	2～ 10 cm³/h	7	不锈钢、铝合金、钛合金、热作钢、钴铬合金、镍合金
Renishaw（英国）	AM250		245×245×300	200～400 W 光纤激光器	5～ 20 cm³/h	2	不锈钢、模具钢、铝合金、钛合金、钴铬合金、铬镍铁合金

续表

单位	型号	外观图片	成形尺寸 /mm	激光器	成形效率	扫描速度 /(m/s)	针对材料
SLM Solutions （德国）	SLM 280HL		280×280×350	2×400/1000 光纤激光器	35 cm³/h	15	不锈钢、工具钢、模具钢、钛合金、纯钛、钴铬合金、铝合金、高温镍基合金
	SLM 500HL		500×280×325	400/1000 W 光纤激光器	70 cm³/h	15	
Sodick （日本）	OPM 250L		250×250×250	500 W 光纤激光器	—	—	马氏体时效钢与 STAVAX

6.6　激光选区熔化成形工艺流程

SLM 工艺流程包括了材料准备、工作腔准备、模型准备、加工及零件后处理等步骤。

6.6.1　材料准备

材料准备包括 SLM 用金属粉末、基板以及工具箱等准备工作。SLM 用金属粉末需要满足球形度高、平均粒径为 $20\sim50\ \mu m$（图 6.14），一般采用气雾化的制粉方法进行制备，成形所需粉末尽量保持在 5 kg 以上；基板需要根据成形粉末种类选择相近成分的材料，根据零件的最大截面尺寸选择合适的基板，基板的加工和定位尺寸需要与设备的工作平台相匹配（图 6.15），并清洁干净；准备一套工具箱用于基板的紧固和设备的密封。

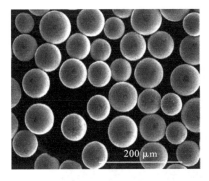

图 6.14　SLM 成形用球形 Ti6Al4V 粉末

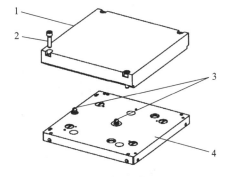

图 6.15　成形用基板示意图
1.工作基板；2.紧固螺栓；
3.定位销；4.放置基板载体

6.6.2　工作腔准备

在放入粉末前首先需要将工作腔(成形腔)清理干净,包括缸体、腔壁、透镜和铺粉辊/刮刀等;然后将需要接触粉末的地方用脱脂棉和酒精擦拭干净,以保证粉末尽可能不被污染,成形的零件里面尽可能无杂质;最后将基板安装在工作缸上表面并紧固。

6.6.3　模型准备

将CAD模型转换成STL文件,传输至SLM设备PC端,在设备配置的工作软件中导入STL文件进行切片处理,生成每一层的二维信息。数据传输过程如图6.16所示。

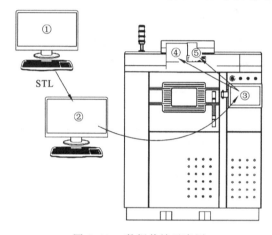

图6.16　数据传输示意图

1.准备CAD数据;2.生成工作任务;3.传输到机器控制端;4.激光偏转头;5.激光

6.6.4　零件加工

数据导入完毕后,将设备腔门密封。抽真空后通入保护气氛,需要预热的金属粉末设置基底预热温度。将工艺参数输入控制面板,包括激光功率、扫描速度、铺粉层厚、扫描间距及扫描路径等。在加工过程中涉及工艺参数的描述如下。

(1)熔覆道。指激光熔化粉末凝固后形成的熔池,如图6.17所示。

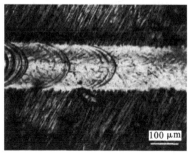　

（a）单道　　　　　　　　　　　　　　（b）多道搭接

图6.17　熔覆道形貌

（2）激光功率。指激光器的实际输出功率,输入值不超过激光器的额定功率,单位为 W。

（3）扫描速度。指激光光斑沿扫描轨迹运动的速度,单位为 mm/s。

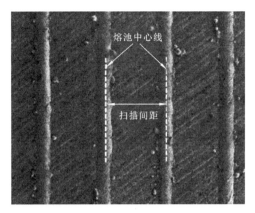

（4）铺粉层厚。指每一次铺粉前工作缸下降的高度,单位为 mm。

（5）扫描间距。指激光扫描相邻两条熔覆道时光斑移动的距离,如图 6.18 所示,单位为 mm。

（6）扫描路径。指激光光斑的移动方式。常见的扫描路径有逐行扫描(每一层沿 X 或 Y 方向交替扫描)、分块扫描(根据设置的方块尺寸将截面信息分成若干个小方块进行扫描)、带状扫描(根据设置的带状尺寸将截面信息分

图 6.18　扫描间距示意图

成若干个小长方体进行扫描)、分区扫描(将截面信息分成若干个大小不等的区域进行扫描)、螺旋扫描(激光扫描轨迹呈螺旋线)等,如图 6.19 所示。

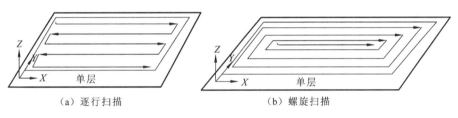

（a）逐行扫描　　　　　　　　　　　　　　（b）螺旋扫描

图 6.19　扫描路径示意图

（7）扫描边框。由于粉末熔化、热量传递与累积导致熔覆道边缘会变高,对零件边框进行扫描熔化可以减小零件成形过程中边缘高度增加的影响,如图 6.20 所示。

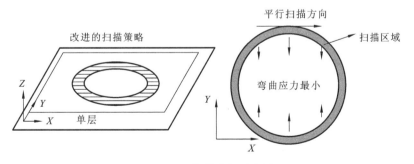

图 6.20　扫描边框示意图

（8）搭接率。指相邻两条熔覆道重合的区域宽度占单条熔覆道宽度的比例,直接影响在垂直于制造方向的 X-Y 面上的单层粉末成形效果,其示意图如图 6.21 所示。

（9）重复扫描。指对每层已熔化的区域重新扫描一次,可以提高制件层与层之间冶金结合,增加表面光洁度。

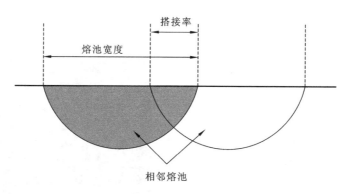

图 6.21　搭接率示意图

（10）能量密度。分为线能量密度和体能量密度，是用来表征工艺特点的指标。前者指激光功率与扫描速度之比，单位为 J/mm；后者指激光功率与扫描速度、扫描间距和铺粉层厚之比，单位为 J/mm^3。

（11）支撑结构。施加在零件悬臂结构、大平面、一定角度下的斜面等位置，可以防止零件局部翘曲与变形，保持加工的稳定性，便于加工完成后去除，如图 6.22 所示。

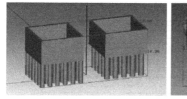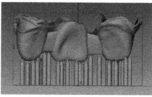

图 6.22　支撑结构示意图

6.6.5　零件后处理

零件加工完毕后，首先要进行喷砂或高压气处理，以去除表面或内部残留的粉末。有支撑结构的零件还要进行机加工去除支撑，最后用乙醇清洗干净。

6.7　激光选区熔化优缺点

SLM 作为增材制造技术的一种，它具备了增材制造的一般优点，如可制造不受几何形状限制的零部件、缩短产品的开发制造周期、节省材料等。同时，SLM 技术还有其独特的优点，根据前述 SLM 技术工艺原理可知，SLM 成形过程分为升温和冷却两个阶段：当激光停留在金属粉体的某一点时，该区域由于吸收了激光能量，温度骤然上升并超过了金属的熔点形成熔池，此时，熔融金属处于液相平衡，金属原子可以自由移动，合金元素均匀分布；当激光移开后，由于热源的消失，熔池温度以 10^3 K/s 的速度下降。在此快速冷却的过程中，金属原子和合金元素的扩散移动受限，抑制了合金晶粒的长大和合金元素的偏析，凝固后的金属组织晶粒细小，合金元素分布均匀，从而能够大幅提高材料的强度和韧性。

1. SLM 成形的金属零部件的优点

1）成形材料广泛

从理论上讲,任何金属粉末都可以被高能束的激光束熔化,故只要将金属材料制备成金属粉末,就可以通过 SLM 技术直接成形具有一定功能的金属零部件。

2）晶粒细小,组织均匀

SLM 成形过程中,高能激光将金属粉末快速熔化形成一个个小的熔池,快速冷却抑制了晶粒的长大及合金元素的偏析,导致金属基体中固溶的合金元素无法析出而均匀地分布在基体中,从而获得了晶粒细小,组织均匀的微观结构。

3）力学性能优异

金属制件的力学性能是由其内部组织决定的,晶粒越细小,其综合力学性能一般就越好。相比较铸造、锻造而言,SLM 制件是利用高能束的激光选择性地熔化金属粉末,其激光光斑小、能量高,制件内部缺陷少。制件的内部组织是在快速熔化/凝固的条件下形成的,显微组织往往具有晶粒尺寸小、组织细化、增强相弥散分布等优点,从而使制件表现出特殊优良的综合力学性能,通常情况下其大部分力学性能指标都优于同种材质的锻件性能。以制造的 316 L 不锈钢材料为例,其最高拉伸强度达到 1100 MPa,远远高于 316 L 不锈钢锻件的水平。

4）致密度高

SLM 过程中金属粉末被完全融化而达到一个液态平衡,能够最大限度地排除气孔、夹杂等缺陷,快速冷却能够将这一平衡保持到固相,大大提高了金属部件的致密度,理论上可以达到全致密。

5）成形精度高

激光束光斑直径小,能量密度高,全程由计算机系统控制成形路径,成形制件尺寸精度高,表面粗糙度低,只需经过简单的后处理就可直接使用。

2. SLM 成形技术的缺点

尽管 SLM 技术近年来发展迅速,软硬件设计、材料与工艺研究等方面都有了长足的进步,获得了良好的应用效果,但其自身还存在一些缺点和不足,主要体现在如下几个方面。

1）SLM 过程中的冶金缺陷

如球化效应、翘曲变形以及裂纹缺陷严重,限制了高质量金属零部件的成形,需要进一步优化工艺方案。

2）可成形零件的尺寸有限

目前成形大尺寸零件的工艺还不成熟。

3）SLM 技术工艺参数复杂

现有的技术对 SLM 的作用机理研究还不够深入,需要长期摸索。

4）SLM 技术和设备多为国外垄断

设备成本高,设备系统的可靠性、稳定性还不能完全满足要求,从而限制了 SLM 技术进一步的推广和应用。

6.8　激光选区熔化冶金特点

SLM 技术是利用高能激光将金属粉体熔化并迅速冷却的过程,而该过程激光的快热快冷会导致一系列典型的冶金缺陷,如球化、残余应力、微裂纹、孔隙及各向异性等,这些缺陷势必会影响制件的组织及性能。

6.8.1　球化

在 SLM 过程中,金属粉末经激光熔化后如果不能均匀地铺展于前一层,而是形成大量彼此隔离的金属球,这种现象被称为 SLM 过程的球化现象。球化现象对 SLM 技术来讲是一种普遍存在的成形缺陷,严重影响了 SLM 成形质量,其危害主要表现在以下两个方面。

（1）球化的产生导致了金属件内部形成孔隙。由于球化后金属球之间都是彼此隔离开的,隔离的金属球之间存在大量孔隙,大大降低了成形件的力学性能并增加了表面粗糙度,如图 6.23 所示。

（2）球化的产生会使铺粉辊在铺粉过程中与前一层产生较大的摩擦力。不仅会损坏金属表面质量,严重时还会阻碍铺粉辊使其无法运动,最终导致成形零件失败。

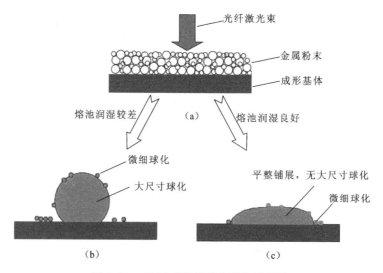

图 6.23　SLM 成形过程中球化示意图

球化现象的产生归结为液态金属与固态表面的润湿问题。图 6.24 为熔池与基板润湿状况示意图。其中,θ 为液气间表面张力 $\sigma_{L/V}$ 与液固间表面张力 $\sigma_{L/S}$ 的夹角。三应力接触点达到平衡状态时的合力为零,即

$$\sigma_{V/S}=\sigma_{L/V}\cos\theta+\sigma_{L/S} \tag{6-3}$$

当 $\theta<90°$ 时,SLM 熔池可以均匀地铺展在前一层上,不形成球化;反之,当 $\theta>90°$ 时,SLM 熔池将凝固成金属球后黏附于前一层上。这时,$-1<\cos\theta<0$,可以得出球化时界面张力之间的关系为

$$\sigma_{V/S}=\sigma_{L/V}\cos\theta+\sigma_{L/S} \tag{6-4}$$

由此可见,对激光熔化金属粉末而言,液态金属润湿后的表面能小于润湿前的表面能,因此从热力学的角度讲,SLM 的润湿是自由能降低的过程。产生球化的原因主要是吉布斯自由能的能量最低原理。金属熔池凝固过程中,在表面张力的作用下,熔池形成球形以降低其表面能。目前,SLM 球化的形成过程、机理与控制方法是技术难点。

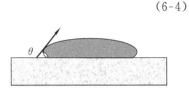

图 6.24　熔池与基板的润湿示意图

6.8.2　孔隙

SLM 技术的另外一个成形缺陷是成形过程中容易形成孔隙,孔隙的存在急剧降低了零件的力学性能。孔隙形成的最主要原因是 SLM 过程的球化。当 SLM 的熔化道中形成大量分散的金属球时,金属球之间会存在大量的孔隙。由于前一层金属球之间的孔隙金属粉末无法进入,当进行第二层扫描时,前一层未填充的间隙就成了 SLM 零件内部的孔隙。孔隙形成的第二个原因是气孔的引入。由于激光熔化的过程非常快,成形过程中往往也需要惰性气体的保护。金属的熔化过程中一部分之前分布在粉末中的气体来不及溢出金属就已经固化,因此在熔池中就形成了气孔。

假设颗粒的尺寸为平均尺寸 $45\ \mu m$,颗粒中的孔隙在粉末熔化后自动收缩成球形。由体积相等可求得形成气泡的体积为 $10\ \mu m^3$。斯托克斯公式指出,气体的上浮的速度 v_u 的表达式为

$$v_u=\frac{2r_g^2(\gamma_l-\gamma_g)}{9\eta_l} \tag{6-5}$$

式中,r_g 为气泡的半径;η_l 为液体的黏度;γ_l,γ_g 分别为液体和气体的重度,其数值约与密度的 10 倍相同。从公式可以直观地看出,气泡的体积越大,上浮的速度也越快。假设每层铺粉厚度为 $0.02\ mm$,则可以通过计算得出上升所用的时间约为 $8\times10^{-5}\ s$,SLM 冷却到固相所用的时间约为 $5\times10^{-4}\ s$,因此金属液中的气泡有足够的时间来逃逸出液体,因此很难在 SLM 成形件中观察到宏观气泡。同样的道理,利用凝固时间及铺粉层厚,可以推导出来不及溢出的气泡的半径为 $3\ \mu m$ 以下。

6.8.3　裂纹

SLM 成形过程中容易产生裂纹,裂纹的产生也是 SLM 形成体孔隙的一个原因,如图 6.25 所示。这是由于 SLM 是一个快速熔化—凝固的过程,熔体具有较高的温度梯度与冷却速度,这个过程在很短的时间内瞬间发生,将产生较大的热应力,SLM 的热应力是由

于激光热源对金属作用时,各部位的热膨胀与收缩变形趋势不一致造成的,如图 6.26(a)所示,在熔化过程中,由于 SLM 熔池瞬间升至很高的温度,熔池以及熔池周围温度较高的区域有膨胀的趋势,而离熔池较远的区域温度较低,没有膨胀的趋势。由于两部分相互牵制,熔池位置将受到压应力的牵制,而远离熔池的部位受到拉应力;在熔体冷却过程中,如图 6.26(b)所示,熔体逐渐收缩,相反地,熔体凝固部位受到拉应力,而远离熔体部位则受到压应力。积累的应力最后以裂纹的形式释放。可以看出,SLM 过程的不均匀受热是产生热应力的主要原因。

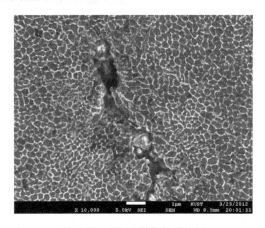

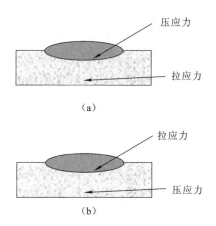

图 6.25　　SLM 制件的裂纹图　　　　　　图 6.26　　热应力的产生示意图

　　热应力最具有普遍性,是 SLM 过程产生裂纹的主要因素。当 SLM 制件内部应力超过材料的屈服强度时,即产生裂纹以释放热应力。微裂纹的存在会降低零件的力学性能,损害零件的质量并限制实际应用。目前,消除 SLM 零件内部裂纹的方法为热等静压(hot isostatic pressing,HIP)。英国伯明翰大学采用 SLM 方法成功成形了复杂形状的 Hastelloy X 镍基高温合金。然而,由于镍基合金与其他金属相比,具有较高的热膨胀系数,所以镍基合金内部的热应力较高,从而形成裂纹。对 Hastelloy X 镍基合金 SLM 成形件进行 HIP 处理之后,内部裂纹均得到闭合,力学性能得到大幅度提高。从断口形貌来看,HIP 处理之后,孔隙均得到闭合。

6.8.4　典型材料的微观特征与力学性能

　　对于 SLM 技术成形的常见金属,如铁基、镍基、钛基及其复合材料的性能见表 6.7,由表可见,SLM 制件的强度和硬度一般大于锻件或铸件,而韧性却较差:

表 6.7　几种常见金属的 SLM 件性能与传统性能对比

性能 材料	抗拉强度 /MPa	屈服强度 /MPa	延伸率/%	硬度 /HV	传统性能
316 L	600～800	450～550	10～15	250～350	铸件:抗拉 500～550 MPa　延伸率 20%～40%
304	400～550	190～230	8～25	200～250	铸件:抗拉 400～500 MPa　延伸率 20%～40%

续表

材料 \ 性能	抗拉强度/MPa	屈服强度/MPa	延伸率/%	硬度/HV	传统性能
Ti$_6$Al$_4$V	1150~1300	1050~1100	10~13	300~400	锻件：抗拉 900~1000 MPa　延伸率 8%~10%
Inconel625	800~1000	700~800	7~12	300~400	锻件：抗拉 900~1000 MPa　延伸率 40%
AlSi$_{10}$Mg	400~500	180~250	3~5	120~150	铸件：抗拉 300~400 MPa　延伸率 2.5%~3%
Al-20Si	500~550	350~400	1.5~2.5	/	铸件：抗拉 100~300 MPa　延伸率 0.4%~4.6%

激光选区熔化形成的组织非常细小(如图 6.27~图 6.30 所示)，这与熔化成形过程中的冷却速度非常快有关。光与粉末的作用时间非常短，冷却速度和梯度都非常大，可达 10^6 K/s，因此，微观组织显示出独特的特点。

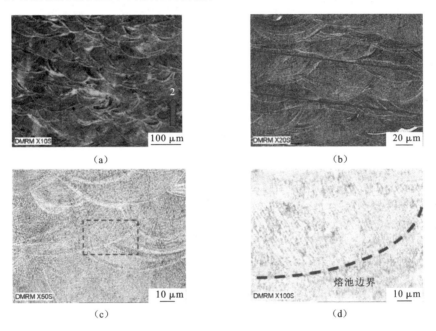

(a)　　　　　　　　　　　(b)

(c)　　　　　　　　　　　(d)

图 6.27　SLM 成形 316 L 的微观组织(熔池及热影响区)

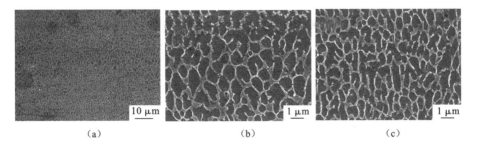

(a)　　　　　　　　(b)　　　　　　　　(c)

图 6.28　SLM 成形 Al 合金的微观组织(共晶 Si 包围 Al 基体)

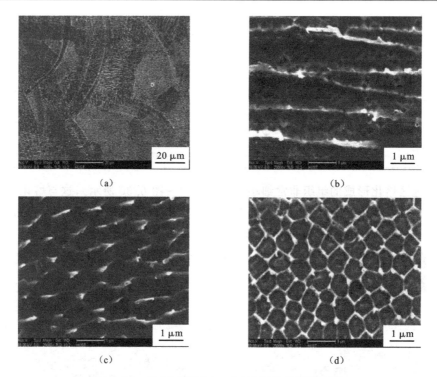

图 6.29　SLM 成形 Inconel 625 制件的显微组织

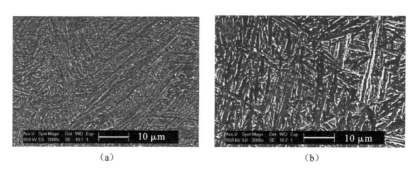

图 6.30　SLM 成形 Ti₆Al₄V 制件的显微组织

6.9　激光选区熔化的典型应用

　　SLM 技术是目前用于金属增材制造的主要工艺之一。粉床工艺以及高能束微细激光束使其较其他工艺在成形复杂结构、零件精度、表面质量等方面更具优势,在整体化航空航天复杂零件、个性化生物医疗器件以及具有复杂内流道的模具镶块等领域具有广泛的应用前景。

6.9.1　轻量化结构

　　SLM 技术能实现传统方法无法制造的多孔轻量化结构成形。多孔结构的特征在于孔隙率大,能够以实体线或面进行单元的集合。多孔轻量化结构将力学和热力学性能结合,如高刚度与重量比、高能量吸收和低热导率,因此被广泛用在航空航天、汽车结构件、生物植入体、土木结构、减震器及绝热体等领域。传统制造多孔结构的方法有铸造法、气相沉积法、喷涂法和粉末烧结法等(图 6.31)。其中,铸造多孔孔形无法控制,外界影响因素大;气相沉积法沉积速度慢,且成本高;喷涂法工序复杂,且需致密基体;粉末烧结法容易产生裂纹,影响力学性能。特别是,上述传统工艺均无法实现多孔结构尺度和形状的精确调控,更难以实现梯度孔隙等复杂拓扑制造。

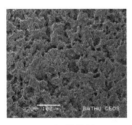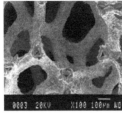

　　(a) 铸造法　　　　　　(b) 气相沉积法　　　　　　(c) 喷涂法　　　　　(d) 粉末烧结法

图 6.31　传统工艺制造多孔结构

　　与传统工艺相比,SLM 可以实现复杂多孔结构的精确可控成形。面向不同领域,SLM 成形多孔轻量化结构的材料主要有钛合金、不锈钢、钴铬合金及纯钛等,根据材料的不同,SLM 的最优成形工艺也有所变化。图 6.32 展示了 SLM 成形多材料多类型的复杂空间多孔零件。

(a) 316L、Ti_6Al_4V螺旋二十四面体单元多孔结构

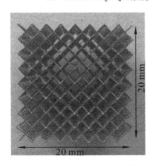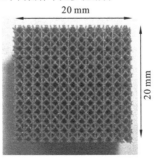

(b) 316L体心立方单元多孔结构

图 6.32　SLM 制造的复杂空间多孔零件

(c) 纯Ti笼状单元多孔结构

图 6.32　SLM 制造的复杂空间多孔零件(续)

　　生物支架与修复体要求材料具有良好的生物相容性、匹配人体组织的力学性能,还要求其内部具有一定尺度的孔隙,以利于细胞寄生与生长,促进组织再生与重建。图 6.33 是 SLM 制造的 CoCr 合金三维多孔结构,内部孔隙保证了良好的连通性,二维截面显示多孔连接区域支柱的尺度均匀性好。经压缩实验表明,多孔结构的弹性模量为 11 GPa,与人体松质骨力学性能接近。多孔结构中不同的孔形和孔径会显著影响力学性能及生物行为,其中孔径越小,越有利于细胞生长;而孔形影响尖角的数量,在这些区域,细胞分布更为密集。

(a) Micro-CT检测结构　　　　　　　(b) 二维截面SEM形貌

图 6.33　SLM 制造 CoCr 合金多孔结构

6.9.2　个性化植入体

　　除了内部的复杂多孔结构外,人体组织修复体往往还需个性化外形结构。金属烤瓷修复体(porcelain fused to metal,PFM)具有金属的强度和陶瓷的美观,可再现自然牙齿的形态和色泽。Co-Cr 合金凭借其优异的生物相容性和良好的力学性能广泛用于修复牙体、牙列的缺损或缺失。以前通常采用铸造法制造 Co-Cr 合金牙齿修复体,但由于体积小,且仅需单件制造,导致材料浪费问题严重,而铸件缺陷也极大影响合格率。SLM 近年来开始用于口腔修复体制造,制造的义齿金属烤瓷修复体已获临床应用。图 6.34 为 SLM 制造的 Co-Cr 合金牙冠、正畸托槽及其临床应用。图 6.35 为 SLM 制造的个性化骨植入体多孔结构。采用 SLM 技术后,可以大大缩短包括口腔植入体在内的各类人体金属植入体和代用器官的制造周期,并且可以针对个体情况,进行个性化优化设计,大大缩短手术周期,提高人们的生活质量。

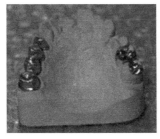

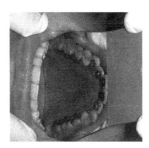

　　（a）牙冠牙桥试装　　　　（b）个性化舌侧正畸托槽　　　　（c）临床应用

图 6.34　SLM 制造个性化义齿和个性化舌侧正畸托槽

　　（a）臀部植入骨　　　　　（b）膝部胫骨干　　　　　（c）股骨髋部

图 6.35　SLM 制造个性化多孔骨植入体

6.9.3　随形水道模具

　　模具在汽车、医疗器械、电子产品及航空航天领域应用十分广泛。例如,汽车覆盖件全部采用冲压模具,内饰塑料件采用注塑模具,发动机铸件铸型需模具成形等。模具功能多样化带来了模具结构的复杂化。例如,飞机叶片、模具等零件由于受长期高温作用,往往需要在零件内部设计随形复杂冷却流道,以提高其使用寿命。直流道与型腔几何形状匹配性差,导致温度场不均,易引起制件变形,并降低模具寿命。使冷却水道的布置与型腔几何形状基本一致,可提升温度场均匀性,但异形水道传统机加工,难加工甚至无法加工。SLM 技术逐层堆积成形,在制造复杂模具结构方面较传统工艺具有明显优势,可实现复杂冷却流道的增材制造。主要采用的材料有 S136、420 和 H13 等模具钢系列,图6.36为德国 EOS 公司 SLM 制造具有复杂内部流道的 S136 零件及模具,冷却周期从 24 s 减少到 7 s,温度梯度由 12 ℃减少到 4 ℃,产品缺陷率由 60% 降为 0,制造效率增加 3 件/min。图 6.37 为其他厂商制造的随形冷却流道模具。

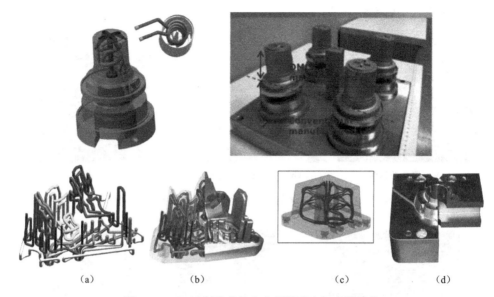

(a)　　　　　　(b)　　　　　　(c)　　　　　　(d)

图 6.36　SLM 制造的具有内部随形冷却水道模具

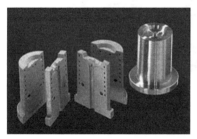  

（a）德国弗朗霍夫研究所成形的铜合金模具镶块　　（b）法国PEP公司成形的随形冷却通道模具　　（c）意大利Inglass公司成形高复杂回火系统模具

图 6.37　SLM 成形的复杂模具制造

6.9.4　复杂整体结构

钛合金、镍基高温合金等材料适应高强度、高温服役等应用条件,在航空航天等领域应用广泛。但这些材料面临难切削、锻造和铸造工艺复杂的突出问题。SLM 属于一种非接触式加工方法,利用高能激光束局部熔化粉末,避免极限压力和温度等苛刻成形条件。目前,SLM已可制造多种类钛合金(如 Ti_6Al_4V、Ti55)和镍基高温合金(如 $Ni_7 18$、Ni625)。美国宇航局(NASA)马歇尔太空飞行中心成形了整体结构的高温合金火箭喷嘴零件(图 6.38),其过程耗时 40 h,而传统方法需要花费数月时间,显著节省了时间和成本;并进行点火测试,燃烧温度达到 3315 ℃。美国著

图 6.38　NASA 成形的高温合金火箭喷嘴

名火箭发动机制造公司 Pratt & Whitely Rocketdyne 就以 SLM 技术为基础,对火箭发动机及飞行器中的关键构件、现有制造技术全面重新评估。美国 F-35 先进战机广泛采用选区激光熔化成形制造复杂功能整体构件,机械加工量减少 90% 以上,研发成本降低近60%。美国通用电气公司(GE)和英国 Rolls-Royce 公司也非常重视 SLM 成形技术,并利用其完成了高温合金整体涡轮盘、发动机燃烧室和喷气涡流器等关键零部件的制造。图6.39、图 6.40 为 SLM 制造的其他复杂整体结构零件。

（a）TiAl叶片　　　　　　　　　　（b）高温合金火焰筒外壁

图 6.39　国外采用 SLM 技术成形的航空航天整体结构件

（a）Ti₆Al₄V薄壁框架结构　　　　　　　（b）Ni625整体涡轮盘

图 6.40　SLM 制造的复杂整体结构零件

6.9.5　免组装结构

SLM 技术已开始在金属构件的创新设计方面发挥重要作用。由于 SLM 可以制造很多传统加工方法难以或无法制造的结构,这使得实现功能性优先的免组装结构设计及最优化设计成为可能。免组装结构是一次性制造出来,但是相互运动的零件仍然是通过运动副连接,仍然存在运动属性的约束,需要保证成形后的运动副能够满足结构的运动要求。运动副的间隙特征对免组装结构的性能有直接的影响。间隙尺寸过大会增大离心惯力,导致机构运动不平稳,设计过小则会导致成形后的间隙特征模糊,间隙表面粗糙则会影响结构的运动性能。因此,SLM 直接成形免组装结构的关键问题就是运动副的间隙特征成形。图 6.41~图 6.44 为 SLM 成形的典型免组装结构,如珠算算盘、平面连杆机构、万向节及自行车模型等。

（a）珠算算盘　　　　　　　　　　　　（b）折叠算盘

图 6.41　采用 SLM 技术成形的铜钱珠算和折叠算盘

图 6.42　采用 SLM 技术成形的曲柄摇杆机构

图 6.43　采用 SLM 技术成形的摇杆滑块机构

图 6.44　采用 SLM 技术成形的万向节和自行车模型

思考与判断

1．SLM 工艺和 SLS 工艺的区别在哪里？各有何特点？

2．影响 SLM 成形件表面质量的因素有哪些？如何判断 SLM 成形件的表面质量的好坏？

3．SLM 有哪些独特的冶金缺陷（区别于铸造）？如何优化 SLM 成形工艺改善这些冶金缺陷？

4．归纳 SLM 设备的组成及核心元器件，并阐述其作用。

5．SLM 技术还可以应用在哪些领域或特殊零部件的制造？

第 7 章 激光工程净成形技术

7.1 激光工程净成形技术发展历史

激光工程净成形(laser engineered net shaping,LENS)技术是在激光熔覆工艺基础上产生的一种激光增材制造技术(additive manufacturing,AM),其思想最早是在 1979 年由美国联合技术研究中心(united technologies research center,UTRC)BrownCO 等人提出。20 世纪 80 年代末,在美国能源部的资助下,Sandia 国家实验室、Los Alamos 国家实验室和 Michigan 大学率先展开了金属零件直接成形技术的相关研究。在 20 世纪 90 年代初,随着计算机技术的飞速发展、AM 技术的不断成熟,LENS 技术成为了激光加工领域的研究热点,进入高速发展时期。

1996 年,美国 Sandia 国家实验室与美国联合技术公司(UTC)联合开发了 LENS 工艺。Sandia 实验室对多种合金材料的成形工艺进行了研究,成功制造了各种合金零件,致密度接近 100%,力学性能和传统制造方法对比见表 7.1,从表中可知 LENS 工艺成形零件的性能高于传统方法,达到锻件水平。同时,通过对控制软件不断改进,有效提高了该技术的成形精度,表面粗糙度达 6.25 μm,成形零件如图 7.1 所示。1998 年,美国 Optomec Design 公司推出了商品化激光工程净成形制造系统 LENS750 及其复合制造系统,如图 7.2 所示。美国 Aero Met 公司基于 LENS 的原理,研究了激光金属直接成形钛合金(Ti-6Al-4V)工艺,为了提高成形效率,采用了高功率 CO_2 激光器(14 kW 和 18 kW),使得该工艺用于较大体积零件的制造成为可能,该公司制造的零件力学性能满足 ASTM 标准,已有多种钛合金零件获准航空使用,如图 7.3 所示,并应用于复杂零件的尺寸修复,分别如图 7.3、图 7.4 所示。

表 7.1 LENS 技术与传统方法制造零件性能对比

材料	拉伸强度/MPa	屈服强度/MPa	延伸率/%
LENS 316	799	500	50
316 退火	591	243	50
LENS IN625	938	584	38
IN625 退火	841	403	30
LENS Ti-6Al-4V	1077	973	11
Ti-6Al-4V 退火	973	834	10

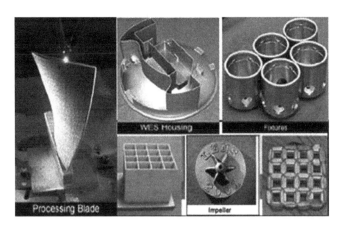

图 7.1　LENS 成形零件

图 7.2　LENS+CNC 复合加工系统

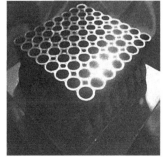

图 7.3　Aero Met 公司成形航空复杂钛合金零件

图 7.4　涡轮盘修复

国内在激光工程净成形技术方面的研究起步稍晚。1995 年,西北工业大学凝固技术国家重点实验室提出了金属材料的激光立体成形技术思想,并开展了前期探索性研究。1997 年,在航空科学基金重点项目的资助下,西北工业大学联合北京航空工艺研究所进行了 LENS 系统的研究,针对镍基高温合金、不锈钢、钛合金等材料的成形工艺、微观组织、残余应力问题进行了大量实验研究和理论分析,制造了一系列复杂结构零件,如图 7.5 所示。

图 7.5　LENS 工艺成形零件

　　清华大学激光加工中心利用红外探头实时检测成形过程熔覆层高度,通过反馈调整送粉器,实现熔覆层高度的闭环控制,提高了制造精度,保证了成形过程的稳定性。此外,北京航空航天大学、西安交通大学、南京航空航天大学、华中科技大学、天津工业大学、苏州大学等研究单位也展开了 LENS 技术相关研究。

7.2　激光工程净成形的工艺原理

　　LENS 技术是以激光作为热源,以预置或同步送粉(丝)为成形材料,在 AM 技术的基础上融合激光熔覆技术而形成的先进制造技术。该技术集计算机技术、数控技术、激光熔覆、增材制造、材料科学于一体,在无须模具情况下,制备出不受材料限制、致密度高、力学性能优良的金属零件。其成形原理示意图如图 7.6 所示,先由计算机或反求技术生成零件的实体模型,按照一定的厚度对实体模型进行切片处理,使复杂的三维实体零件离散为二维平面,获取各二维平面信息进行数据处理并加入合适的加工参数,将其转化为计算机数控机床(CNC)工作台运动的轨迹信息,以此来驱动激光工作头和工作台运动。在激光工作头和工作台运动过程中,金属粉末通过送粉装置和喷嘴送到激光所形成的熔池中,熔化的金属粉末沉积在基体表面凝固后形成沉积层,激光束相对金属基体做平面扫描运动,从而在金属基体上按扫描路径逐点、逐线熔覆出具有一定宽度和高度的连续金属带,成形一层后在垂直方向做一个相对运动,接着成形后续层,如此循环,最后构成整个金属零件。

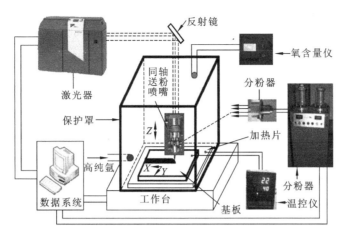

图 7.6　LENS 成形原理示意图

7.2.1　粉末熔化和凝固过程

　　LENS 成形的组织形成过程与金属焊接和激光合金化的组织形成过程有类似之处,它们均表现为动态凝固过程,但它们之间还是有区别的,其主要差别在于金属焊接的热源能量密度低,加热和冷却速度慢。激光合金化和 LENS 都采用了极高的热源能量密度,其加热速度极快,冷却速度也极快。在激光束连续扫描作用下,金属熔体的凝固不是静态的,而是一个动态凝固的过程,如图 7.7 所示。随着激光束的连续扫描,在熔池中金属的熔化和凝固过程是同时进行的,其组织有快速凝固的外延式生长特征。在熔池的前半部分,固态金属粉末连续不断地进入熔池形成熔体,进行着熔化过程。而在熔池的后半部分,液态金属不断地脱离熔池形成固体,进行着凝固过程。其凝固特点是,成形层与已成形层必须牢固结合,扫描线间也必须是冶金结合,只有这样才能使成形过程正常进行,并使成形零件具备一定的机械性能。在激光熔覆过程中,熔池内会产生对流的现象,对成形制件的性能产生重要影响。

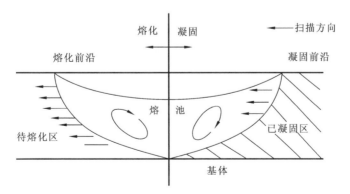

图 7.7　激光熔池动态凝固示意图

激光熔覆时对流的产生机制分析如下:

（1）熔覆粉末连续送入熔池时，由于在本身重力、保护气体压力、激光束压力的共同作用下，向下以较快的速度运动，并且对熔池产生冲击作用，这个过程中的动量会引起对流，其至会造成紊流，对熔体的组织、成分、结构产生重要的影响。

（2）凝固过程中熔液的温度差也会引起热对流。由于熔池形成时，沿熔池横截面加热温度不均，造成热膨胀的差异，从而引起熔液密度的不同，密度随温度升高而减小，因而熔池边缘密度大，熔池中心密度小，在重力场中密度较小的熔液受到浮力的作用，熔液成分的不均匀也会因密度不同而引起浮力。在熔体内，垂直方向上也存在温度梯度或浓度梯度，同样会因密度差而产生浮力，这种由于密度不同而产生的浮力是对流的驱动力，当浮力大于熔液的黏滞力时，就会产生对流。浮力很大时，其至产生紊流。

（3）熔液表面张力的分布与温度分布相反，表面张力随温度的升高而降低，因而熔池边缘表面张力大，熔池中心表面张力小，也会促使液体产生对流。由于表面张力的作用，阻止熔液沿基体表面铺展开，所产生的对流行为保持了熔池的形状，若其不存在，则熔体将沿基体表面铺展开来。与单道激光熔覆不同的是，多道搭接熔覆时，熔池中必然要有一部分已凝固的熔覆层和连续送入待熔粉末一起参与新的合金化过程。一方面，它影响熔池的能量吸收，改变了熔体的温度梯度，进而影响熔体的对流。另一方面，由于已凝固的熔覆层与合金粉末之间在成分、黏度和密度上的差异，会影响熔池中的传热和传质，从而也影响到熔体的对流运动。

在搭接熔覆中，熔覆合金层表面呈凸面状，与单道熔覆表面形状相同。不同的是，单道熔覆时保持熔池形状的对流行为存在于边缘处，而搭接熔覆时此对流行为存在于两道搭接处，如图7.8所示。对流是由于形成熔池时，沿熔池横截面加热温度不均，造成熔池内各处的表面张力和密度的差别产生的。

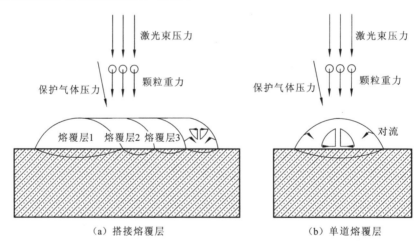

图 7.8   熔池中对流传质示意图

7.2.2   熔池特征

LENS过程中激光熔池大小是衡量成形条件是否合理的主要因素。如果熔池过大，则会使先前的沉积层熔化过多而变形甚至塌陷，从而严重影响成形质量；反之，则又会使沉积层之间的结合力不足甚至产生缝隙,从而对零件的机械性能产生恶劣影响,因而保持合理且稳定的熔池大小是控制成形条件的关键。由于熔池大小由激光输入能量决定,因此,为获得合适大小的熔池,保证成形质量,就必须严格控制激光输入能量。通过对粉末与激光的交互作用。另外表明,粉末在到达沉积基体表面时,必须具有足够高的温度,才能在基体上形成熔覆层。但是粉末温度又不能过高,否则会导致粉末汽化,形成等离子体并干扰对激光能量的吸收,因此每单位长度熔覆层和每单位质量粉末所获得的激光能量及粉末与激光的交互作用时间便成为控制熔覆层质量的关键因素。

7.2.3　粉末穿过激光束到达熔覆层表面的状态

LENS 成形金属零件时,需要考虑激光束焦平面与加工平面的位置关系,两者位置关系的合理与否将直接影响零件的成形质量。加工平面与激光束焦平面之间的距离称为离焦量,离焦有三种形式:焦点位置(零离焦)、负离焦和正离焦,焦平面位于加工面下方时是负离焦,反之是正离焦,如图 7.9 所示。由于激光自身的发散以及受镜片和装置精度的影响,光路聚焦点的半径不为零,而是外径在 0.5~1 mm 之间的圆环斑。粉末流穿过激光束到达熔覆层表面时的状态可能存在以下三种情况:固相颗粒、液体状态、固相颗粒与液体状态的混合。一般来说,载气固体粉末颗粒碰到熔覆层会有反弹,不利于熔覆层质量平衡,且粉末利用率不高;液态和固态混合颗粒将跟熔覆层黏和在一起;虽然固态颗粒进入液态熔池也会被吸收,但极可能存在熔化不完全的情况。因此,在成形

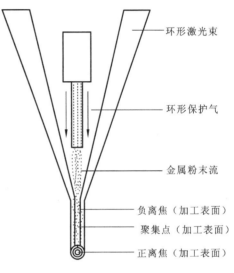

环形激光束

环形保护气

金属粉末流

负离焦(加工表面)
聚集点(加工表面)
正离焦(加工表面)

图 7.9　离焦形式

加工过程中,不希望粉末颗粒到达熔覆层表面时是固体状态。与零离焦和负离焦形式相比,到达熔覆层之前,粉末颗粒将穿过焦点位置,会吸收更多激光能量,颗粒以液态或者液固两态混合物进入激光熔池,有利于形成更致密的熔覆层,且粉末利用率更高;正离焦时,加工表面与光学镜片间距离较大,有利于保护光路系统;正离焦时的焦点位于喷头最底面以上,可以有效地保护送粉喷头。

7.3　激光工程净成形材料

金属粉末材料特性对成形质量的影响较大,因此对粉末材料的堆积特性、粒径分布、颗粒形状、流动性、含氧量及对激光的吸收率等均有较严格的要求。

7.3.1　粉末粒度

一般情况下,直径较大的粉末颗粒流动性较好,易于传送,但是颗粒太大的粉末在熔覆成形过程中较难熔化,特别是在微成形时易使送粉嘴堵塞,使成形实验难以连续进行下去;若粉末颗粒太小,虽只需较小的激光功率就可将其熔化,但细粉末极易相互黏结在一起,流动性差,要均匀传送此类粉末有一定的难度,另外,颗粒小的粉末也易受到保护气的干扰,易飞溅到光学镜片上,而直接导致镜片的损坏。

粉末粒度会直接影响分层厚度,粉层厚度必须至少大于粉末颗粒直径的两倍才能有致密的熔覆层。研究表明,粉末粒度对增材制造过程有着非常明显的影响,尺寸较大的粉末颗粒比表面较小,在 LENS 成形过程中较难熔化,具有较好的浸溶性。尺寸较小的粉末颗粒比表面较大,在 LENS 成形过程中易于熔化。在确定粉末颗粒尺寸时,需要考虑粉末

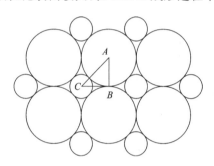

图 7.10　粉末尺寸匹配示意图

颗粒对激光增材制造过程的影响,粉末粒度细,较小的功率就可以使其熔化。过于细小的粉末在室温下容易发生固结现象,且在重力作用下,极细的粉末的流动性差,对成形过程不利。较大的粉末粒度,需要较大的功率才能熔化,且粒度过大的粉末对制件的微观组织有不利影响。因此,实际使用的金属粉末并不要求粉末颗粒尺寸一致,而是希望粉末粒度大小不一,能够按一定规则进行匹配。假设粉末为球形颗粒,大小颗粒的尺寸匹配

如图 7.10 所示,在△ABC 中,

$$L^2+L^2=(L+l)^2; \quad l/L=0.414$$

式中,L 为粗粉颗粒圆球直径;l 为细分颗粒圆球直径。

从上式可以知道,小颗粒与大颗粒尺寸之间的比值为一常数,但各自的尺寸是可以变化的,粉末经由同轴送粉喷嘴出来之后,若能保持如图 7.10 所示的匹配关系,则在成形过程中,对颗粒间形成致密的层厚及材料的熔合是有利的。当具有一定粒度范围的粉末混合在一起时,由于尺寸较大的颗粒比表面较小,激光照射到大颗粒表面时,单位体积上大颗粒吸收的能量小于小颗粒粉末,导致小颗粒粉末比大颗粒粉末容易熔化,液态的小颗粒粉末在表面张力的作用下填充于未熔化的大颗粒间的空隙中。由此可知,在混合相的粉末系统中,小颗粒起着一种黏接剂的作用,大颗粒起着结构材料的作用。实际上,试验中使用的粉末体系并不是上面分析的理想状态,粉末制备过程中存在着尺寸误差,如果粉末间的粒度差别过大,会导致成形体有较大的孔隙率,并且会使成形体的表面凹凸不平,严重时会使已成形层严重变形,导致成形过程不能进行下去。所以,在进行 LENS 试验之前,确定合理的粉末粒度范围是保证良好的成形过程和成形制件品质的基本条件。

7.3.2　粉末流动性

　　LENS 中,应保证粉末固态流动性良好,粉末的形状、粒度分布、表面状态及粉末的湿度等因素均对粉末的流动性有影响。粒度范围为 $50\sim200~\mu m$ 的普通粒度粉末或粗粉末在金属激光直接制造时一般均可使用,以圆球颗粒为最佳,圆球形颗粒的流动性较好。熔覆粉末的颗粒度过大,成形过程中会导致粉末颗粒不能完全被加热熔化,易造成微观组织、性能的不均匀。成形粉末的颗粒度过小,送粉时送粉嘴又容易被堵塞,成形过程受到影响,不能稳定进行,会导致熔覆层表面质量极差。

7.3.3　成形材料的种类

　　用于 LENS 的成形材料目前主要为钢、钛、镍等合金,见表 7.2。

表 7.2　目前 LENS 技术成形的材料

国别	研究机构	成形材料
美国	Sandia 国家实验室	钢、镍、钛等合金
美国	俄亥俄州立大学	钛铬、钛铌合金
英国	伯明翰大学	钛合金等
中国	北京有色金属研究总院	钢、铜、镍等合金
中国	西北工业大学	镍、钛、钢等合金
中国	上海交通大学	镍、钛、钢等合金
中国	清华大学	镍基高温合金

7.4　激光工程净成形的核心器件

　　激光工程近成形系统可以分为激光系统、数控系统、送粉系统、气氛控制系统和反馈控制系统五部分,其成形系统示意图如图 7.11 所示。下面分别介绍各个系统及其核心部件。

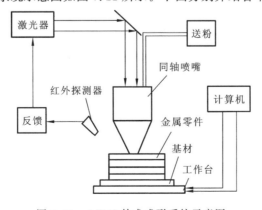

图 7.11　LENS 技术成形系统示意图

7.4.1　激光系统——高功率激光器

激光系统由激光器及其辅助设施(气体循环系统、冷却系统、充排气系统等)组成,激光器作为熔化金属粉末的高能量密度热源,它是激光熔覆及其成形技术系统的核心部分,其性能将影响激光熔覆、成形的效果。根据应用场合的不同,LENS 技术采用的激光器种类主要有 CO_2 激光器、$Nd:YAG$ 激光器和半导体激光器等,能量范围从百瓦级到万瓦级不等。

CO_2 激光器发展较早,工业上应用广泛,在许多科研院所都有使用,因此 CO_2 激光器是当前研究中使用较多的一种激光器。特别是快轴流 CO_2 激光器,因为具有较好的光源特性,成为 LENS 技术研究中 CO_2 激光器的首选。例如,Birmingham 大学使用的是 VFA 600 W 快轴流 CO_2 激光器和 ROFINA 1750 W 快轴流 CO_2 激光器。LENS 工艺采用的是连续波 $Nd:YAG$ 激光器,其最大输出功率分别为 2 kW 和 750 W。对比 CO_2 激光器,$Nd:YAG$ 激光器具有许多优点。首先,由于 $Nd:YAG$ 激光光束可用光纤传输,因而明显提高了硬件设计上的柔性,可以配合多自由度 CNC 系统进行各种复杂的三维运动,还可以方便地实现远程遥控操作;其次,由于 $Nd:YAG$ 激光波长较 CO_2 短,能量在工件上的反射损失减少,因此提高了能量的耦合效率,同时由于注入零件的热量减少,零件变形小,工艺稳定性也得到提高。

近年来,随着大功率半导体激光器的发展,采用半导体激光器作为激光光源的示例也逐渐出现在 LENS 技术的研究中。例如,采用 1.5 kW 大功率二极管激光器(high-powered diode laser,HPDL)对 316L 不锈钢的 LENS 工艺进行研究。与 CO_2 激光器和 $Nd:YAG$ 激光器相比,半导体激光器在吸收率、光电转换效率、体积及运行成本上占有显著优势。用 1.4 kW 的 HPDL 在低碳钢上熔覆 Stellite21 相当于用 3.9 kW CO_2 激光器熔覆所得结果,这说明光束能量吸收率提高了 2.5 倍以上。HPDL 的电—光转换效率高达 50%,包括水冷系统在内,输出连续波为 4 kW 的 HPDL 系统只消耗 16 kW 电功率,转换效率是 CO_2 激光器的 2~4 倍,是闪光灯泵浦的 $Nd:YAG$ 激光器的 20~30 倍,而其体积仅有 11.328 cm^3,质量仅为 6.3 kg,极易与机器人相匹。表 7.3 给出了 CO_2 激光器、$Nd:YAG$ 激光器和 HPDL 三者的性能对比,由于 HPDL 所具有的诸多优点,它有可能成为未来 LENS 制造系统中激光器的主流选择对象。

表 7.3　几种工业激光系统技术性能和运转性能比较

性能	HPDL	CO_2 激光器	$Nd:YAG$ 激光器 (闪光灯泵浦)	$Nd:YAG$ 激光器 (二极管泵浦)
小时运行费用(100%输出,USD h-1)/ $	1.50	10.00	30.00	6.00
总效率(100%输出,含水冷)/%	25	6	1	6
激光器、电源柜、冷水机占地面积/cm^2	74	465	930	558
波长/μm	0.8	10.6	1.06	1.06
钢吸收率/%	40	12	35	35

性能	HPDL	CO₂ 激光器	Nd：YAG 激光器（闪光灯泵浦）	Nd：YAG 激光器（二极管泵浦）
铝吸收率/%	13	2	7	7
工业可用最大功率/kW	4	50	4	4
换件周期/h	激光系统 10 000	光学件 2 000	泵浦灯 1 000	泵浦灯 1 000
激光器/光束灵活性	高/高	低/中	低/高	低/高

　　武汉某公司制造的 GS-TFL-10 kW 型高功率横流 CO_2 激光器(图 7.12)，这是一种采用横向针板放电的气体快速循环流动激光器，具有功率高、效率高、寿命长、光束质量好、稳定性好、结构紧凑、使用费用低和维修方便等优点，可用于材料的表面熔覆、激光焊接、激光切割和激光淬火等场合，其主要技术参数见表 7.4。大功率 CO_2 激光加工设备还有很重要的一部分是水冷系统，由冷却水箱、压缩机、冷却泵等配套设备组成。冷却系统为激光器提供常温和低温冷却水，用来冷却各个镜头和工作气体。

图 7.12　数控激光三维堆积系统

表 7.4　GS-TFL-10 kW CO_2 激光器的主要技术参数

参数	性能
放电形式	直流辉光放电
激光波长	10.6 μm
激光模式	多模
激光功率不稳定性	≥±3%
气体成分	CO_2：N_2：He=1：10：20
气体压力	12～13 kPa

7.4.2　数控系统

数控系统是该技术的另一个必备部分,除了对数控系统速度、精度等基本要求之外,一个主要的要求就是数控系统的坐标数。其主要用途是满足各种结构零件加工时各个自由度方向"堆积"的加工要求。可以通过数控系统及工作台实现成形时所必需的相对运动,控制和调节激光功率大小、扫描运动速度、送粉器开关、送粉量及保护气体流量参数,实现各相关参数之间的良好匹配。从理论上讲,增材制造加工只需要一个三轴(X,Y,Z)的数控系统就能够满足"离散堆积"的加工要求,但对于实际情况而言要实现任意复杂形状的成形还是需要至少5轴的数控系统$(X,Y,Z,$转动,摆动)。

7.4.3　送粉系统——喷嘴

送粉系统是整个系统中最核心的部分,送粉系统的好坏直接决定了加工零件的最终质量,包括送粉器、送粉传输通道和喷嘴三部分。送粉器是送粉系统的基础,要保证加工零件过程中能够连续均匀地输送粉末,送粉不均匀将会严重影响所加工零件的质量和性能。当然粉末本身的特性也会影响粉末输出的连续性和均匀性,如粉末粒度的大小、颗粒的形状、含水量等。粉末输送系统的稳定性是金属零件成形的重要因素。粉末输送出现波动,将影响成形过程的平衡性,可能最终会导致零件制造失败。目前大多数采用等离子喷涂用送粉器,利用载气如氢气来输送熔覆粉末,可以通过调节送粉转盘的转速来控制送粉量、送粉精度,其稳定性较高。但载气流量大会使粉末运动的速度过高而降低了粉末的沉积率。LENS工艺过程中,送粉方式有侧向送粉和同轴送粉两种方式,在金属粉末增材制造系统中采用较多的是同轴送粉,因为它能克服由于激光束和材料带来的不对称而引起的对扫描方向的限制。喷嘴是送粉系统中另一个核心部件,按照喷嘴与激光束之间的相对位置关系,大致可分为两种:侧向喷嘴和同轴喷嘴。侧向喷嘴的使用和控制比较简单,特别是对粉末流的约束和定向上较为容易,因而多用于激光熔覆领域,但它难以成形复杂形状零件,而且由于其无法在熔池附近区域形成一个稳定的惰性保护气氛,在成形过程的氧化防护方面也有不足。同轴喷嘴基本上包含粉末通道、保护气体、冷却水这几部分。由于粉末流呈对称形状,在整个粉末流分布均匀以及粉末流与激光束完全同心的前提下,沿平面内各个方向堆积粉末时,粉末的利用率是不变的。因此,同轴喷嘴没有成形方向性问题,能够完成复杂形状零件的成形。同时惰性气体能在熔池附近形成保护性气氛,能够较好地解决成形过程的材料氧化问题。

故而同轴喷嘴是LENS系统常用喷嘴,如图7.13(b)所示,国内外常见同轴喷嘴主要包括四管同轴喷嘴和锥环同轴喷嘴两种,如图7.14所示,其中,美国Optomec公司在LENS工艺中采用四管同轴喷嘴。国内清华大学和西安交通大学研发了锥环送粉的同轴喷嘴,华中科技大学和西北工业大学探讨了四管同轴喷嘴,但难以制造汇聚性良好的同轴喷嘴。其中,西安交通大学成功研制的锥环同轴喷嘴,粉末汇聚直径大约为3mm左右。

（a）侧向送粉

（b）同轴送粉

图 7.13　送粉喷嘴示意图

（a）四管同轴喷嘴

（b）锥环同轴喷嘴

图 7.14　同轴喷嘴

　　在载气式 LENS 送粉系统中,由惰性气体输送的金属粉末流将进入激光诱导产生的熔池,形成熔覆层。在粉末输送过程,气压波动容易导致粉末流场发生变化,经过同轴喷嘴的粉末流场汇聚特性直接决定熔覆层的尺寸、精度和性能。粉末流场的分布特性是由同轴喷嘴的粉腔锥角、粉腔间隙及粉末在粉腔中导程等几何结构决定。依据同轴喷嘴结构,建立粉末流场间分布的物理模型,如图 7.15 所示,由此揭示三维空间粉末流场的浓度分布规律。

　　图 7.15 中,粉末流场离焦的定义为:设粉末流场汇聚点为 O_2,激光焦点为 O_1,熔覆点为 O_3,以熔覆点为坐标原点,若粉末流场汇聚点与熔覆点不重合,则称为粉末流场离焦,粉末流场离焦量用 Z_p 表示,其大小为粉末流场汇聚点与熔覆点间的线性距离。若熔覆点在粉末流场汇聚点上方,则称为负离焦,即 $Z_p < 0$ mm;若熔覆点在粉末流场汇聚点下方则称为正离焦,即 $Z_p > 0$ mm。以粉末流场汇聚点为坐标原点 O_2,建立坐标系为 $x_2 O_2 z_2$。

$$m(x,y,z) = \frac{2M_p}{\pi V_z R(z)^2} e^{-\frac{2(x^2+y^2)}{R(z)^2}} \tag{7-1}$$

式中,$R(z)$ 表示当离焦量是 z 时,粉末流场汇聚中心到粉末颗粒浓度为其中心浓度 $1/\text{e}^2$ 处的粉末流场汇聚半径,单位为 m;M_p 为送粉量,单位为 kg/s;V_z 为 z 方向粉末的速度分量,单位为 m/s。

　　区域 2($A'B'$ 与 AB 之间)、区域 3(AB 下方)粉末流场浓度服从高斯分布。不考虑粉末重力对粉末流动的影响,粉末流场汇聚半径 $R(z)$ 如下:

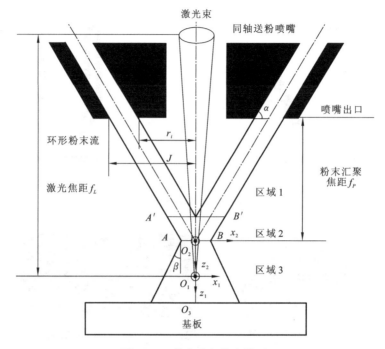

图 7.15　粉末流场分布模型

$$R(z)=\begin{cases}R_p-z\cot\alpha, & z<0\\ R_p+z\tan\beta, & z>0\end{cases} \tag{7-2}$$

式中，Z 为最外层粉末的水平位移；α 为粉末入射角度；β 为粉末经喷嘴汇聚后半发散角；R_p 为粉末流场最小汇聚半径，可由下式求出：

$$R_p=J_0-f_p\cot\alpha \tag{7-3}$$

式中，J 为喷嘴结构参数；f_p 为粉末流场汇聚焦距。

　　自由射流状态下，随喷嘴锥环间隙增大，粉末流场浓度逐渐降低，粉末流场汇聚焦距和汇聚直径均增大；粉末流场浓度沿径向及轴向服从高斯分布，束腰半径增大，同时汇聚性越差。随粉腔锥角增大，粉末流场浓度先增大后降低，汇聚直径先降低后趋于平缓，汇聚焦距显著增大，它们主要由喷嘴几何结构决定。从粉末流场汇聚焦距考虑，较大的汇聚焦距有利于成形过程同轴喷嘴与熔池之间距离的调节，防止粉末反弹导致的喷嘴堵塞。从粉末利用率考虑，喷嘴粉腔锥角越大，粉末流场汇聚直径越小，有利于粉末流场利用率的提高。

7.4.4　气氛控制系统

　　气氛控制系统即能够控制激光熔覆及成形过程中环境气氛的装置，是为了防止金属粉末在激光加工过程发生氧化，降低沉积层的表面张力，提高层与层之间的浸润性，同时有利于提高工作安全。即创造了一个通常以惰性气体为主的保护环境，降低加工过程中的材料氧化反应，对性质活泼的材料是必需的。

7.4.5　监测与反馈控制系统

监测与反馈控制系统是一个很特殊的辅助系统,它的主要作用是收集加工过程中的信息,与稳定的信号进行对比,并由此来调整工艺参数,使加工过程处于稳定状态,它对工艺稳定性信息的反馈,保证了激光加工零件的质量和成形的精度。

7.5　激光工程净成形的设备

LENS 装备包括激光器、冷水机、送粉器、工作台、气体保护系统、同轴送粉喷嘴等,其中激光器、冷水机、工作台和保护系统与 SLM 技术用途相同,主要不同元器件为送粉系统。其中同轴送粉喷嘴直接影响着粉末流场的离焦量,进而影响 LENS 的成形过程。

在 LENS 系统中,同轴送粉器包括送粉器、送粉喷嘴和保护气路三部分。送粉器包括粉料箱和粉末定量送给机构,粉末的流量由步进电机的转速决定。为使金属粉末在自重作用下增加流动性,将送粉器架设在 2.5 m 的高度上。从送粉器流出的金属粉末经粉末分割器平均分成 4 份并通过软管流入送粉喷嘴,金属粉末从喷嘴喷射到激光焦点的位置,完成熔化堆积过程。全部粉末路径由保护气体推动,保护气体将金属粉末与空气隔离,从而避免金属粉末氧化。LENS 系统同轴送粉结构示意图见图 7.16 所示。

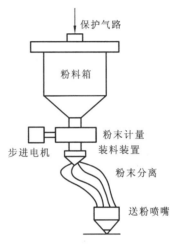

图 7.16　LENS 系统同轴送粉器结构示意图

7.6　激光工程净成形的工艺流程

LENS 成形过程即由一系列点(激光光斑诱导产生的金属熔池)形成一维扫描线(单熔覆道),再由线搭接形成二维面,最后由面形成三维实体。LENS 与 SLM 的加工工艺基本一样,区别在于它的送粉部分,它通过一个喷嘴传送金属粉末,而 SLM 则通过粉末缸铺粉熔化。金属零件在基板上成形,在保护气的保护作用下,送料装置将粉末吹到熔池内熔化,通过激光喷嘴的移动以及工作台的移动变换零件熔化区域,如此循环进行,最终堆积成金属零件。在整个堆积过程中,通过控制堆积层的厚度和熔池的温度来控制零件的成形,从而保证生产出来的零件能够满足加工要求。

在控制原理上是利用一个双输入单输出的混合温控系统控制,其中包含主要控制和辅助控制两个部分,当熔池高度大于设定值时通过减小主控部分的功率来降低高度;当熔池高度小于设定值时,通过辅助控制部分来加大功率的输出增加厚度,通过调整得到一个稳定的堆积层厚度,从而得到一个结构稳定、力学性能均匀的零件。由于它的送粉特点,跟 SLM 制造相比,它具有能够制造更大金属零件的能力。LENS 制造技术不仅仅用于制造金属零件,还能够用于金属零件的修复、包覆和添加等。同时,金属粉末在加热喷嘴中即已处于熔融状态,所以 LENS 特别适于高熔点金属的激光增材制造。

LENS 工艺流程与 SLM 一样,包括材料准备、工作腔准备、模型准备、加工、零件后处理。

7.6.1　模型准备

将 CAD 模型转换成 STL 文件,传输至 LENS 设备 PC 端,在设备配置的工作软件中导入 STL 文件进行切片处理,生成每一层的二维信息。

7.6.2　材料准备

包括了 LENS 用金属粉末、基板以及工具箱等准备工作。

7.6.3　送料工艺

LENS 中的关键技术之一是送粉系统,该系统通常由两部分组成:送粉器和送粉喷头。其中送粉器要能保证送粉的均匀性、连续性和稳定性,送粉喷头则要保证粉末准确、稳定的送入光斑内,这些都是制造出高质量零件的保证。

LENS 的送料工艺分为送粉类工艺和送丝类工艺。随着送粉技术的发展,现在用得更多的是同轴送粉法。同轴送粉的原理是将多束粉末流与光轴交汇,交汇后的粉末流送到光斑的中心位置。这种送粉方式避免了同步送粉法中粉末流入的方向性问题。实现激光同轴送粉的一个关键问题在于获得与激光束同轴输出的圆对称均匀分布的粉末流,故一般采用多路送粉合成方案。即令多路粉末流均等地围绕中心轴线,输入送粉工作头的粉管区。分散后每路粉流展成一个弧形粉帘,多路粉帘相接,合成一个圆形粉帘从光轴中心喷出。

7.6.4　零件加工

LENS 中主要工艺参数:激光功率、扫描速率、光斑直径、送粉量、扫描线间搭接率等。在 LENS 成形过程中,激光功率直接影响着零件能否最终成形。功率的大小决定着功率密度,功率密度过低,造成金属粉末的液相减少,降低其成形性。相反,若功率密度过高,则会造成部分金属粉末发生"气化",增加孔隙率,并且会使制件由于吸热过多而发生严重的翘曲变形,增加制件的宏观裂纹和微观裂纹。所以,合适的激光功率是影响制件性能的基础条件。适当的功率密度可以有助于得到表面光洁的制件。

扫描速率有着重要影响。在激光功率一定的情况下,扫描速率过快会使激光作用于某点处的粉末时间过短,导致粉末在加工过程中出现"飞溅"现象,使得粉末飞离熔池,从而影响制件性能;扫描速率过慢,粉末吸收过多激光能量,过多的热量聚集在熔池,会导致部分熔点低的粉末发生气化,进而影响熔池的凝固和制件的微观组织成分。所以,合适的激光扫描速率有助于提高制件的综合性能,如硬度、致密度等。

理论上,光斑直径越小越好,在 LENS 成形试验中,采用同轴送粉法送粉,粉末落点的大小有一定的数值范围。光斑的大小必须根据粉末落点的大小进行选取。

对送粉量的要求是稳定、均匀和可控。要得到表面光滑致密的扫描线,粉层的厚度必须大于粉末体系中大颗粒直径的两倍。同时,送粉量也不能过大,过大的送粉量会使粉层不能受到激光的充足照射。粉末发生不完全熔化,影响制件的性能。

如图 7.17 所示,激光扫描线的两侧有一定的椭圆形起伏。为了消除这种椭圆形坡度,在进行下次扫描的时候就必须使椭圆形坡度区域处于光斑照射范围之内,使相邻的扫描线冶金结合成面。若搭接率过小,不能很好地连接相邻扫描线,会降低制件的几何精度;若搭接率过大,会导致生产效率的降低。适当的搭接率可以增加前道扫描线的熔化量,使前道扫描线部分重新熔化,从而提高表面质量,增加扫描线间的黏结力和整个制件的强度。由上述可知,扫描线间搭接率地选择应综合考虑制件的精度、机械性能和成形效率等要求。

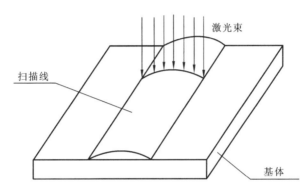

图 7.17　激光束扫描线示意图

LENS 技术的扫描路径具有其自身的特点。现有的扫描方式主要有光栅扫描、平行扫描和环形扫描,由于喷嘴跟随激光头一起运动,边送粉边扫描熔覆,一次成形,故扫描时不能重复进行。所以可以使用环形扫描或平行扫描,但是由于环形扫描路径十分复杂,对于复杂的零件,有时难以实现,故常常采用平行扫描法进行扫描加工。

7.6.5　零件后处理

LENS 所成形的最终零件与激光选区熔化相比,粗糙度较高,一般需要集合数控加工进一步得到最终的零件。

7.7　激光工程净成形优缺点

LENS 是一种新的增材制造技术,具有下列优点:

(1)可直接制造结构复杂的金属功能零件或模具。特别适于成形垂直或接近垂直的薄壁类零件。

(2)可加工的金属或合金材料范围广泛并能实现异质材料零件的制造。可适应多种金属材料的成形,并可实现非均质、梯度材料的零件制造。该工艺在制造功能梯度材料方面具有独特优势,有广阔的发展前景。通过调节送粉装置、逐渐改变粉末成分,可在同一零件的不同位置实现材料成分的连续变化,因此,LENS 在加工异质材料(如功能梯度材料)方面具有独特的优势。

(3) 可方便加工熔点高、难加工的材料。LENS 的实质是计算机控制下金属熔体的三维堆积成形。与 SLM 不同的是,金属粉末在喷嘴中就已处于加热熔融状态,故其特别适于高熔点金属的激光增材制造。

(4) 制件力学性能好,几乎可达完全致密。金属粉末在高能激光作用下快速熔化并凝固,显微组织十分细小且均匀,一般不会出现传统铸造和锻件中的宏观组织缺陷,因此具有良好的力学性能。同时,由于金属粉末完全熔化再凝固,组织几乎完全致密。

(5) 可对零件进行修复和再制造,延长零件的生命周期。由于 LENS 对成形的位置并不像 SLM 那样局限在基板之上,它拥有更大的灵活性,因此可以在任意复杂曲面上进行金属材料堆积,从而可以对零件实现修复,弥补零件出现的缺陷,从而延长零件的生命周期。

由于 LENS 的层层添加性,沉积材料在不同的区域重复经历着复杂的热循环过程。一方面,LENS 热循环过程涉及熔化和在较低温度的再加热周期过程,这种复杂的热行为导致了复杂相变和微观结构的变化。因此,控制成形零件所需要的成分和结构,存在较大的难度。另一方面,采用细小的激光束快速形成熔池导致较高的凝固速率和熔体的不稳定性。由于零件凝固成形过程中热量的瞬态变化,容易产生复杂的残余应力。残余应力的存在必然导致变形的产生,甚至在 LENS 制件中产生裂纹。成分、微观结构的不可控性及残余应力的形成是 LENS 技术面临的主要难题。

(1) LENS 过程中的冶金缺陷。体积收缩过大和粉末爆炸迸飞;微观裂纹、成分偏析、残余应力缺陷严重影响了零件的质量,限制了其使用。

(2) 精度低。目前大部分系统都采用开环控制,在保证金属零件的尺寸精度和形状精度方面还存在缺陷;LENS 技术使用的是千瓦级的激光器,由于采用的激光聚焦光斑较大,一般在 1 mm 以上,虽然可以得到冶金结合的致密金属实体,但其尺寸精度和表面光洁度都不太好,需进一步进行机加工后才能使用。

(3) 形状及结构限制。LENS 对制件的某些部位如边、角的制造也存在不足,制造出精度好和表面粗糙度小的水平、垂直面都比较困难。制造悬臂类特征存在很大困难,制造较大体积的实体类零件则存在一定难度。对于复杂弯曲金属零件采用 LENS 技术必须设置支撑部分,支撑部分的设置可能给后续加工带来麻烦,同时增加制造的成本。

(4) 粉末限制。目前所使用的金属粉末多为特制粉末,通用性较低而且价格昂贵。

7.8　激光工程净成形的冶金特点

由于激光熔覆成形时极快的加热与冷却速度,可获得组织细化与性能优良的金属零件,根据零件不同部位使用性能要求的差异,在成形过程中选择不同的合金粉末,可实现具有梯度功能零件的成形。但是因为在 LENS 系统中采用高功率激光器进行熔覆,因此就会遇到与选择性激光熔化系统中不同的新问题,恰当地解决好这些问题是成形加工的关键。

7.8.1　体积收缩过大

由于在 LENS 系统中采用高功率激光器成形。在高功率激光熔覆作用下,加工后金属件的密度将与其冶金密度相近,从而造成较大的体积收缩现象,如图 7.18 所示。

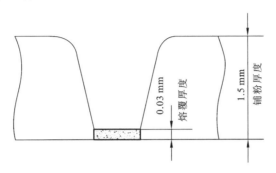

图 7.18　体积收缩示意图

7.8.2　粉末爆炸进飞

粉末爆炸进飞是指在高功率脉冲激光的作用下,粉末温度由常温骤增至其熔点之上,引起其急剧热膨胀,致使周围粉末飞溅流失的现象。发生粉末爆炸进飞时,常常伴有"啪、啪"声,在扫描熔覆时会形成犁沟现象,如图 7.19 所示。激光焦点位于熔覆表面处,焦斑直径为 0.8 mm。这种犁沟现象使粉末上表面的宽度常常大于熔覆面宽度的两倍之多,从而使相临扫描线上没有足够厚度的粉末参与扫描熔覆,无法实现连续扫描熔覆加工。这种粉末爆炸进飞现象是在高功率脉冲激光熔覆加工中所特有的现象,原因有两个:其一是该激光器一般运行在 500 W 的平均功率上,但脉冲峰值功率可高达 10 kW,大于平均功率的15 倍之多;其二是脉冲激光使加工呈不连续状态,在铺粉层上形成热的周期性剧烈变化。

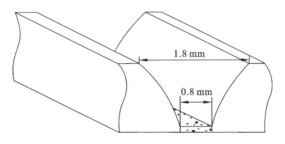

图 7.19　爆炸进飞犁沟现象示意图

7.8.3　微观裂纹

在激光工程净成形过程中,可能出现裂纹、气孔、夹杂、层间结合不良等缺陷,其中,裂纹会严重降低零件的力学性能,导致零件报废。所以裂纹的防止与消除也是激光金属直接成形领域一个很重要的研究方向。陈静等分析了激光金属直接成形过程中冷裂纹和热裂纹两种不同裂纹的产生原因和机理,并指出熔覆层中的热应力是根本原因。

　　除了前面提到的宏观裂纹,成形零件内部还会出现一些微观裂纹,而晶界是零件内部定向晶组织的薄弱环节,裂纹一旦产生,就会沿着晶界迅速扩展,产生沿晶开裂现象。而转向枝晶或等轴晶,由于枝晶方向和定向晶不同,会在一定程度上抑制沿晶开裂,所以微观裂纹多终止在转向枝晶或等轴晶处。

　　裂纹的消除一直是 LENS 技术的一个难点,可以通过预热基板,减小熔覆层和基板的温度梯度;在成形过程中加强散热、防止热积累;对零件进行去应力退火等热处理方法以消除内应力,防止裂纹的产生。

7.8.4　成分偏析

　　LENS 成形中的熔池存在流动,熔体的对流驱动力主要来自两种不同的机制,一是熔池水平温度梯度决定的浮力引起的自然对流,一是表面张力差引起的强制对流机制,二者的综合作用决定了熔池内部的流动特征。浮力驱动的自然对流速度较小,远小于张力梯度引起的强制对流。一般情况下,液态金属的表面张力温度系数都小于零,激光直接成形过程熔体温度越高表面张力系数越小,熔池的中心温度高于边缘温度,导致熔池边缘表面张力大于熔池中心,形成了表面张力差,出现环形对流,同时鉴于元素密度差异,容易产生成分偏析。

7.8.5　残余应力

　　LENS 工艺是一个局部快速加热和冷却的成形过程,成形零件内部容易产生较大的残余应力,导致零件开裂。因此,残余应力一直是 LENS 领域的研究热点,特别当成形变曲率复杂薄壁件时,容易出现较大的残余应力,导致薄壁件发生变形。图 7.20 为薄壁透平叶片轮廓,各个部位曲率半径不同,成形过程曲率半径最小的部位容易发生翘曲。LENS 成形残余应力影响因素主要包括扫描路径、工艺参数以及零件结构。针对 LENS 成形薄壁件残余应力,最早可追溯到以 H13 工具钢四方空心盒为制造对象,沿平行激光束扫描方向残余应力以拉应力为主,沿沉积高度方向残余应力以压应力为主。扫描速度对 Z 向残余应力影响较小,而对 Y 向的残余应力影响较大,当扫描速度较小时,Y 向残余

图 7.20　透平叶片外轮廓

应力为压应力,当扫描速度较大时则变为拉应力。板型样件的 LENS 残余应力平行于激

光束扫描方向,在靠近基材处表现为压应力,随着层数的增加压应力减小并逐步改变为拉应力;与激光束扫描方向垂直的应力相对较小。扫描路径对薄壁件残余应力的影响规律,研究发现单向扫描比往复扫描残余应力大,容易产生特定方向的裂纹。然而对于复杂结构零件的 LENS 成形,轮廓曲率半径特征对残余应力和变形均有影响。

7.9　激光工程净成形典型应用

7.9.1　快速模具制造

快速模具制造是一项制造周期短、成本低的制模技术,具有技术先进、成本低、周期短等优点,LENS 技术的出现为快速模具制造提供了强有力的技术支撑,在注射成形用模、压铸模等模具制造领域具有广阔的应用前景。LENS 技术不仅可以显著缩短模具制造时间(可节省 40％左右),而且为模具制造业引进了一个新的设计概念——随形冷却流道(conformal cooling channel,CCC)。随形冷却流道是根据模芯和模腔形状在模具内部设计的复杂冷却液通道,由于通道完全隐匿于零件内部且形状复杂,因此用传统加工方法很难甚至根本无法制造出来。随形冷却流道可以显著改善模具的导热状况,延长模具使用寿命,而且还可以将模具的单件成形时间缩短 10％～40％,使得生产效率大为提高。图 7.21 为由 LENS 工艺制造的金属模具样件,其中的三角形孔洞即为随形冷却流道。之所以通道不是圆形或方形结构,是因为成形受到了三轴 CNC 平台的限制,不过这种非圆形和方形结构更容易在冷却液中产生紊流,可以提高传热效率。

图 7.21　LENS 制造的具有随形冷却流道的金属模具

7.9.2　高精复杂零件的快速制造和修复

LENS 技术对于航空航天的巨大吸引力从积极支持 LENS 技术研发的公司名单中即可略知一二,其中 Lockheed Martin、Pratt & Whitney、Boeing、GE、Rolls-Royce、MTS 等都是全球知名的航空产品供应商。MTS 公司旗下的 AeroMat 是目前将 LENS 技术实际应用到航空领域最成功的例子,他们采用 LENS 技术制造 F/A-18E/F 战斗机钛合金机翼件,可以使生产周期缩短 75％,成本节约 20％,生产 400 架飞机即可节约 5000 万美元。该项目获得 2003 年度美国国防部制造技术成就奖提名第一名。Lockheed Martin 公司也在其军用飞机制造厂安装了 LENS 生产设备,该公司高层官员说,LENS 技术可以将传统方法由几百个零部件组成的结构改成单件结构,改善了结构完整形,减轻了重量,以前几个月的工作量现在可以在两周之内完成。对于某些零件或结构件,如果采用传统方法制造,仅生产专用加工工具就需要两年时间,定购钛合金板材需要一年半时间,而所有这些在使用 LENS 技术后只需几十个小时即可。图 7.22 为 LENS 制造的薄壁复杂零件。

图 7.22　LENS 技术制造的薄壁复杂零件

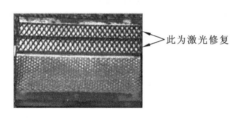

此为激光修复

图 7.23　伯明翰大学用 LENS 技术修复 Trent 500 发动机密封圈,耗时约 30 min

除航空零件的制造外,LENS 技术在维修上也大有作为。维修与制造没有本质的区别,维修可以看成是集中于表面和局部的重新制造过程,因而现代维修也被称为再制造。LENS 技术用于航空零件的维修,也更能体现其技术优势和潜在的价值。英国伯明翰大学研究用 LENS 技 术 为 Rolls-Royce 公司修复 Trent 500 航空发动机密封圈,并成功制造出样品,该研究的难点在于需要在密封圈上制造出壁厚为0.3 mm、高为 3 mm 的蜂窝状单晶花样,如图 7.23 所示。由于 LENS 技术在维修领域展现出巨大的经济前景,因此美国军方 ManTech 计划的 LENS 技术研究重点已从制造转向维修,第二阶段研究的内容就是"坦克、舰船和飞机零部件的维修",其中参与飞机零部件维修研究的单位有 Jacksonville 海军航空基地、Rolls-Royce 公司和 Lockheed Martin 公司。

7.9.3　梯度功能材料的设计与制造

梯度功能材料(functionally graded materials,FGMs)是一类成分、组织及性能梯度过渡的先进材料。FGMs 的一个显著特征就是能够通过理论计算设计材料在各区域的成分及微观结构,从而获得所需要的材料性能。由于 LENS 技术是将金属粉末投射到激光熔池中沉积成形,因此就可以通过改变粉末组分、扫描路径来改变零件各部位的成分及结构,从而获得具有所需性能的 FGMs,这也是利用 LENS 技术设计制造 FGMs 的原理。

利用 LENS 技术设计制造 FGMs 面临的首要问题就是需要将数据交换格式进行扩充。目前通用的 STL 文件格式仅包含模型的尺寸信息,无法表达 FGMs 所需的内部成分及结构信息。为此,一种表示模型材料信息的数学方法被提出并得到成功应用。具体将模型离散成一系列的刚性节点,在传统的表示节点空间坐标的 r-sets 方法上,为每个节点引入表示材料信息的维数,使之扩展成 rm-sets(即包含有材料维的 r-sets),其在表达方式上又因材料成分是否存在连续过渡而分为两类。

在 rm-sets 模型的基础上,LENS 工艺制造了一系列 FGMs 零件,除上述带铜质共形冷却通道的注射成形用模具外,还制造了 Cu-Ni 成分由内而外连续变化的圆柱状零件、具有负的热膨胀系数(coefficients of thermal expansion,CET)的 Ni-Cr 合金等零件。图 7.24 即为 LENS 工艺制造的负 CET 的 Ni-Cr 合金零件,该零件通过理论计算并设计成如图所示的阵列花样,其中浅色部位材料的 CET 比深色部位材料的 CET 大,这样,随着温度的升高,阵列中每个单元都将因热膨胀而向中心的中空部分变形收缩,从而使得整个零件在效果上成为一个具有负 CET 的零件。为保证零件的强度,浅色与深色区域的两种材料在结合处存在一定的成分过渡,当两区域材料分别选用 Ni 和 Cr(Ni、Cr 两者的 CET 分别为 $13 \times 10^{-6} \mathrm{K}^{-1}$ 和 $6 \times 10^{-6} \mathrm{K}^{-1}$)以后,制造的零件[如图 7.24(b)所示]测量所得的 CET 为 $-3.9 \times 10^{-6} \mathrm{K}^{-1}$,非常接近设计值 $-4 \times 10^{-6} \mathrm{K}^{-1}$。

（a）具有CET的理论花样　　　　　（b）根据理论花样制造的Ni-Cr合金零件

图 7.24　由 LENS 制造的具有负 CET 的 Ni-Cr 合金零件

思考与判断

1. 与粉末激光选区烧结技术相比,激光工程净成形技术的特点有何不同?
2. 激光工程净成形过程粉末流场特征与成形质量的关系?
3. 激光工程净成形技术的优缺点分别是什么?

第8章　电子束选区熔化技术

8.1　电子束选区熔化技术发展历史

电子束选区熔化(selective electron beam melting,SEBM)技术是20世纪90年代中期发展起来的一类新型增材制造技术。它利用高能电子束作为热源,在真空条件下将金属粉末完全熔化后快速冷却并凝固成形,其具有能量利用率高、无反射、功率密度高、扫描速度快、真空环境无污染、低残余应力等优点。相对于激光及等离子束增材制造技术,SEBM技术出现较晚,1995年,美国麻省理工学院提出利用电子束做能量源将金属熔化进行增材制造的设想。随后在2001年,瑞典Arcam公司在粉末床上将电子束作为能量源,申请了国际专利WO01/81031,并在2002年制造出SEBM技术的原型机Beta机器,2003年推出了全球第一台真正意义上的商品化SEBM设备EBM-S12,随后又陆续推出了A1、A2、A2X、A2XX、Q10、Q20等不同型号的SEBM设备。目前,Arcam公司商品化SEBM成形设备最大成形尺寸为200 mm×200 mm×350 mm或ϕ350 mm×380 mm,铺粉厚度从100 μm减小至现在的50～70 μm,电子枪功率为3 kW,电子束聚焦尺寸为200 μm,最大跳扫速度为8000 m/s,熔化扫描速度为10～100 m/s,零件成形精度为±0.3 mm。

除瑞典Arcam公司外,德国奥格斯堡IWB应用中心和我国清华大学、西北有色金属研究院、上海交通大学也开展了SEBM成形装备的研制。特别是在Arcam公司推出EBM-S12的同时,2004年,清华大学申请了我国最早的SEBM成形装备专利200410009948.X,并在传统电子束焊机的基础上开发出了国内第一台实验室用SEBM成形装备,成形空间为ϕ150 mm×100 mm。在2007年针对钛合金的SEBM-250成形装备被研制成功,最大成形尺寸为230 mm×230 mm×250 mm,层厚为100～300 μm,功率为3 kW,斑点尺寸为200 μm,熔化扫描速度为10～100 m/s,零件成形精度为±1 mm。随后针对SEBM送铺粉装置进行了改进,实现了高精度超薄层铺粉,并针对电子束的动态聚焦和扫描偏转开展了大量的工作,开发了拥有自主知识产权的试验用SEBM装备SEBM-S1,铺粉厚度在50～200 μm可调,功率为3 kW,斑点尺寸为200 μm,跳扫速度为8 000 m/s,熔化扫描速度为10～100 m/s,成形精度为±1 mm。

SEBM设备的研发涉及光学(电子束)、机械、自动化控制及材料等一系列的专业知识,目前世界上只有瑞典Arcam公司的SEBM设备成功地推出了的商业化设备,国内外其余高校或科研院所虽然对SEBM技术也进行了深入的研发,但仍然没有推出成熟的商业化SEBM设备。

8.2　电子束选区熔化技术工艺原理

SEBM技术是利用高能电子束将金属粉体熔化并迅速冷却的过程,该过程是利用电子束与粉体之间的相互作用形成的,包括能量传递、物态变化等一系列物理化学过程。

　　以瑞典 Arcam 公司 A1 型电子束选区熔化设备为例,图 8.1 为 Arcam 公司 A1 型电子束逐层熔化金属成形(EBM)实验设备示意图。从图中可以看出,EBM 法成形 Ti-6Al-4V 合金的基本过程如下:在 SEBM 实验之前,首先将成形基板平放于粉床上,铺粉耙将供粉缸中的金属粉末均匀地铺放于成形缸的基板上(第一层),电子束由电子枪发射出,经过聚焦透镜和反射板后投射到粉末层上,根据零件的 CAD 模型设定第一层截面轮廓信息有选择地烧结熔化粉层某一区域,以形成零件一个水平方向的二维截面;随后成形缸活塞下降一定距离,供粉缸活塞上升相同距离,铺粉耙再次将第二层粉末铺平,电子束开始依照零件第二层 CAD 信息扫描烧结粉末;如此反复逐层叠加,直至零件⑥制造完毕。

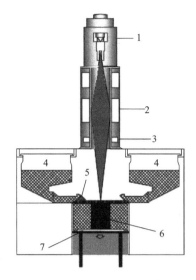

图 8.1　　Arcam(A1)型电子束选区
熔化设备示意图

1.电子枪;2.聚焦透镜;3.反射板;
4.供粉缸;5.铺粉耙;6.制件实体;
7.成形基板

　　在零件的成形过程中,成形腔内保持在 $\sim 1e^{-5}$ mBar 的真空度,良好的真空环境保护了合金稳定的化学成分并避免了合金在高温下的氧化。成形区域采用 $\sim 1e^{-3}$ mBar 的惰性保护气体氦,对制件进行冷却并保持热稳定,避免了电子束在真空环境下的散射,同时也是快速加工和减少合金元素蒸发的保障。在零件制造结束时 400 mBar 的环境保证了成形腔和零件的迅速降温。

8.3　电子束选区熔化成形材料

　　理论上,任何金属粉末材料都可以作为 SEBM 技术的加工对象,但是初步工艺实验发现流动性好、质量轻的金属粉末,在电子束辐照下的瞬间或者电子束扫描过程中,容易发生粉末溃散现象:粉末以束斑为中心向四周飞出,偏离其原来的堆积位置,造成后续成形过程无法实现。目前,SEBM 成形材料涵盖了不锈钢、钛及钛合金、Co-Cr-Mo 合金、TiAl 金属间化合物、镍基高温合金、铝合金、铜合金和铌合金等多种金属及合金材料,其中 SEBM 钛合金是研究最多的合金。

　　氢化脱氢法(HDH)制备的粉末形状不规则,内部有孔洞存在,流动性较差,但在电子束的作用下非常稳定,不易发生"粉末溃散"现象。但这种粉末的含氧量过高,达0.5%,不能直接用于制造零件。而等离子旋转电极雾化法(PREP)和气雾化法(GA)制备的粉末形态规则,呈球形,含氧量低(0.17%),可保证制造的零件质量。但其流动性好,粉末层不稳定,极易出现"吹粉"现象。为获得适合的流动性且含氧量较低的成形粉末,采取将两种粉末混合的方法,综合其性能。

有实验表明,20 μm 粉末比 50 μm 粉末的飞溅现象轻,其原因在于粒度越小,比表面积越大,越易熔化,且粒度越小,粉末的流动性越差,造成粒度较小的粉末飞溅程度降低。

8.4　电子束选区熔化核心器件

SEBM 的核心器件包括电子枪系统、真空系统、电源系统和控制系统等几个部分。下面分别介绍各个组成部分的功能、构成及特点。

8.4.1　电子枪系统

电子枪系统是 SEBM 设备提供能量的核心功能部件,直接决定 SEBM 零件的成形质量。电子枪系统主要由电子枪、栅极、聚束线圈和偏转线圈组成,其主要构造及作用如下。

(1)电子枪。电子枪是加速电子的一种装置,它能发射出具有一定能量、一定束流以及速度和角度的电子束。

(2)栅极。它是由金属细丝组成的筛网状或螺旋状电极。多极电子管中最靠近阴极的一个电极,具有细丝网或螺旋线的形状,插在电子管另外两个电极之间,起控制板极电流强度、改变电子管性能的作用。

(3)聚束线圈。聚束线圈由两部分以上组成,连同电位器成星形连接,恒流源供电。这样便可以在保持电子束聚焦的条件下用电位器调整光栅的方位角。

(4)偏转线圈。偏转线圈是由一对水平线圈和一对垂直线圈组成的。每一对线圈由两个圈数相同、形状完全一样的互相串联或并联的绕组所组成。线圈的形状按要求设计、制造而成。当分别给水平和垂直线圈通以一定的电流时,两对线圈分别产生一定的磁场。

8.4.2　真空系统

SEBM 整个加工过程是在真空环境下进行的。在加工过程中,成形舱内保持在 $\sim 1e^{-5}$ mBar 的真空度,良好的真空环境保护了合金稳定的化学成分,并避免了合金在高温下氧化。真空系统主要由密封的箱体及真空泵组成,在 SEBM 设备中,为了实时观察成形效果,在真空室上还需要有观察窗口。

8.4.3　控制系统

SEBM 设备属于典型数控系统,成形过程完全由计算机控制。由于主要用于工业应用,通常采用工控机作为主控单元,主要包括扫描控制系统、运动控制系统、电源控制系统、真空控制系统和温度检测系统等。电机控制通常采用运动控制卡实现;电源控制主要采用控制电压和电流的大小来控制束流能量的大小;温度控制采用 A/D(模拟/数字)信号转换单元实现,通过设定温度值和反馈温度值调节加热系统的电流或电压。

8.4.4 软件系统

SEBM 需要专用软件系统实现 CAD 模型处理(纠错、切片、路径生成、支撑结构等)、运动控制(电机)、温度控制(基底预热)、反馈信号处理(如氧含量、压力等)等功能。商品化 SEBM 设备一般都有自带的软件系统。

8.5 电子束选区熔化的装备

SEBM 的装备通常包括电子枪系统、真空系统、电源系统及控制系统等几个部分。最早的集成化电子束选区熔化成形设备是由瑞典 Arcam 公司开发的 EBM S-12 和 EBM S-12T,该公司拥有电子束选区熔化成形设备多项核心专利,并提供系列成形设备。商业化的 A1[图 8.2(b)]和 A2 两个型号分别用于医疗以及航空航天领域,近期针对医疗批量生产的 Q10[图 8.2(a)]、Q20 也已投入市场。Arcam 设备 S12 与 A2 成型参数见表 8.1。

(a) 针对医疗开发的Q10装备   (b) Arcam A2XX装备

图 8.2 瑞典 Arcam 公司的 SEBM 成形装备

表 8-1 Arcam 设备 S12 与 A2 成形参数比较

项目	S12	A2
成形空间/mm	250×250×200	250×250×400 或 350×350×200
最大成形尺寸/mm	200×200×180	200×200×350 或 ϕ300×200
铺粉层厚/mm	0.05~0.2	0.05~0.2
扫描速度/(m/s)	>1000	>1000
电子束定位精度/mm	±0.05	±0.025
成形零件精度	±0.4	±0.3
冷却方式	手动	自动

在国内清华大学机械系独立的开发了 SEBM 设备,在 2004 年推出第一台电子束选

区熔化成形设备 SEBM150,并于 2008 年升级到第二代设备 SEBM250[图 8.3(b)],成形零件最大尺寸增大至 230 mm×230 mm×250 mm。该课题组使用自行开发的设备,对电子束选区熔化工艺的多个关键问题进行了深入的研究,在近十年的时间内,做了大量研发工作,包括成形控制系统开发、粉末预热工艺、扫描路径规划、制件的机械性能等。

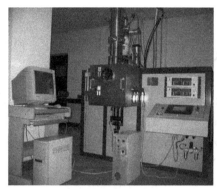 

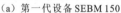
　　　(a) 第一代设备 SEBM 150　　　　　　　　(b) 第二代设备 SEBM 250

图 8.3　清华大学机械系研发的 SEBM 设备

8.6　电子束选区熔化工艺流程

以瑞典 Arcam 公司的 A1 型设备为例,其工艺流程如下:

用户首先用软件设计或者扫描获取零件的三维文件,然后使用分层软件将数字三维文件分为设定层厚的文件层片,分层文件中包含着填充线的间距,电子束扫描轨迹等信息。其次,先对设备进行预热处理,适当提高粉末层温度,使得粉末之间形成烧结颈,也可有效提高粉末的稳定性。温度稳定后利用真空环境下的高能电子束流作为热源,直接作用于粉末表面,根据软件分层的轮廓在前一层增材或基材上形成熔池。一层加工完成后,工作台下降一个层厚的高度,再进行下一层铺粉和熔化,新加工层与前一层熔合为一体;重复上述过程直到整个制件加工完为止。在成形结束后,等待成形室温度降低到金属材料不会被氧化的温度,打开真空室,取出成形制件。将成形制件上附着的金属粉末去除,即可得到成形的金属制件,如果由于粉末飞溅等原因导致制件的表面不光滑,可以对成形制件进行后加工。

工艺参数主要包括电子束电流、加速电压、线扫描速度、聚焦电流、扫描线间距和层厚等。电子束电流、加速电压的大小决定了电子束的功率,即金属粉末熔化的能量来源。扫描速度需要与功率搭配才能使区域内粉末充分熔化而不发生"吹粉"现象。扫描线间距太小,会影响已扫描过的区域;过宽又会影响成形效率。合理的搭配工艺参数对 SEBM 成形很重要,需要确保金属粉末得到了完全熔化,没有未熔颗粒,每层填充线平整、均匀,层间有一段重熔区。

8.7　电子束选区熔化的优缺点

SEBM 技术的工艺特点:成形制件的致密度要比激光选区熔化加工的高,电子束的能量利用率高,可成形难熔材料;高真空保护使产品成分更加纯净,性能有保证;电磁扫描偏转无惯性,可通过高速扫描预热,零件热应力小;可实现多束加工,成形效率高。最大的不足是装备需要严格的真空环境,电子束成本较高。另外,电子束聚斑效果较激光略差,导致零件的加工精度和表面质量略差。

电子束与激光相比,存在一个比较特殊的问题即"粉末溃散"现象。其原因是电子束具有较大动能,当电子高速轰击金属原子使之加热、升温时,电子的部分动能也直接转化为粉末微粒的动能。当粉末的流动性较好时,粉末颗粒会被电子束"推开",形成"溃散"现象。防止"溃散"的基本原则是提高粉床的稳定性,克服电子束的"推力"。目前采用的四项主要措施:降低粉末的流动性、对粉末进行预热、对成形底板进行预热和优化电子束扫描方式。

尽管 SEBM 技术近年来发展迅速,软硬件设计、材料与工艺研究等方面都有了长足的进步,获得了良好的应用效果,但其自身还存在一些缺点和不足,主要体现在如下几个方面:

(1) 电子束选区熔化过程中的冶金缺陷。如"吹风"现象、球化效应、翘曲变形以及裂纹缺陷严重,限制了高质量金属零部件的成形,需要进一步优化工艺;

(2) 可成形零件的尺寸有限。目前成形大尺寸零件的工艺还不成熟;

(3) 电子束选区熔化技术的工艺参数复杂。现有的技术对 EBM 的作用机理研究还不够深入,需要长期摸索;

(4) 电子束选区熔化技术和设备为国外垄断。设备成本高,设备系统的可靠性、稳定性还不能完全满足要求,从而限制了 SEBM 技术进一步的推广和应用。

8.8　电子束选区熔化的冶金特点

8.8.1　电子束选区熔化技术的冶金缺陷

SEBM 技术是利用高能电子束将金属粉末熔化并迅速冷却的过程,而该过程若控制不当,成形过程中容易出现"吹粉"和"球化"等现象,并且成形零件会存在分层、变形、开裂、气孔和熔合不良等缺陷,这些缺陷势必会影响制件的组织及性能。

1. "吹粉"现象

"吹粉"是 SEBM 成形过程中特有的现象,它是指金属粉末在成形熔化前即已偏离原来位置的现象,从而导致无法后续成形。"吹粉"现象严重时,成形底板上的粉末床会全面溃散,从而在成形舱内出现类似"沙尘暴"的现象。目前国内外对"吹粉"现象形成的原因还未形成统一的认识。一般认为,高速电子流轰击金属粉末引起的压力是导致金属粉末偏离原来位置形成"吹粉"的主要原因,然而此说法对粉末床全面溃散现象却无法进行解释。德国奥格斯堡 IWB 应用中心的研究小组对"吹粉"现象进行了系统的研究,指出除高速电子流轰击金属粉末引起的压力外,由于电子束轰击导致金属粉末带电,粉末与粉末之间、粉末与底板之间以及粉末与电子流之间存在互相排斥的库伦力(FC),并且一旦库伦力使金属粉末获得一定的加速度,还会受到电子束磁场形成的洛伦兹力(FL)。上述力的综合作用是发生"吹粉"现象的主要原因。无论哪种原因,目前通过预热提高粉末床的黏附性使粉末固定在底层,或预热提高了导电性,使粉末颗粒表面所带负电荷迅速导走,是避免"吹粉"的有效方法。

2. 球化现象

球化现象是 SEBM 和 SLM 成形过程中一种普遍存在的现象。它是指金属粉末熔化后未能均匀地铺展,而是形成大量彼此隔离的金属球的现象。球化现象的出现不仅影响成形质量,导致内部孔隙的产生,严重时还会阻碍铺粉过程的进行,最终导致成形零件失败。

在一定程度上提高线能量密度能够减少球化现象的发生。另外,采用预热增加粉末的黏度,将待熔化粉末加热到一定的温度,可有效减少球化现象。对于球化现象的理论解释可以借助 Plateau-Rayleigh 毛细不稳定理论:球化现象与熔池的几何形状密切相关,在二维层面上,熔池长度与宽度的比值大于 2.1 时,容易出现球化现象。然而,熔融的金属球并不是通过长熔线分裂形成的,球化现象的发生受粉床密度、毛细力和润湿性等多重因素的影响。

3. 变形与开裂

复杂金属零件在直接成形过程中,由于热源迅速移动,粉末温度随时间和空间急剧变化,导致热应力的形成。另外,由于电子束加热、熔化、凝固和冷却速度快,同时存在一定的凝固收缩应力和组织应力,在上述三种应力的综合作用下,成形零件容易发生变形甚至开裂。

通过对成形工艺参数的优化,尽可能地提高温度场分布的均匀性,是解决变形和开裂的有效方法。对于 SEBM 成形技术而言,由于高能电子束可实现高速扫描,因此能够在短时间实现大面积粉末床的预热,有助于减少后续熔融层和粉床之间的温度梯度,从而在一定程度上能够减轻成形应力导致变形开裂的风险。为实现脆性材料的直接成形,在粉末床预热的基础上,可采用随形热处理工艺,即在每一层熔化扫描完成后,通过快速扫描实现缓冷保温,从而通过塑性及蠕变使应力松弛,防止应力应变累积,达到减小变形、抑制零件开裂、降低残余应力水平的目的。

除预热温度外,熔化扫描路径同样会对变形和开裂具有显著的影响。对不同扫描路径下成形区域温度场的变化对制件温度场均匀程度的影响结果表明,扫描路径的反向规划和网格规划降低了制件温度分布不均匀的程度,避免了成形过程中制件的翘曲变形。

4. 气孔与熔化不良

由于 SEBM 技术普遍采用惰性气体雾化球形粉末作为原料,在气雾化制粉过程中不可避免形成一定含量的空心粉,并且由于 SEBM 技术熔化和凝固速度较快,空心粉中含有的气体来不及逃逸,从而在成形零件中残留形成气孔。此类气孔形貌多为规则的球形或类球形,在制件内部的分布具有随机性,但大多分布在晶粒内部,经热等静压处理后此类孔洞也难以消除。

除空心粉的影响外,成形工艺参数同样会导致孔洞的生成。当采用较高的能量密度时,由于粉末热传导性较差,容易造成局部热量过高,尚未引起球化时同样会导致孔洞的生成,并且在后续的扫描过程中孔洞会被拉长。

此外,当成形工艺不匹配时,制件中会出现由于熔合不良形成的孔洞,其形貌不规则,多呈带状分布在层间和道间的搭接处。熔合不良与扫描线间距和聚焦电流密切相关,当扫描线间距增大,或扫描过程中电子束离焦,均会导致未熔化区域的出现,从而出现熔合不良。

8.8.2　典型材料的微观特征与力学性能

目前 SEBM 成形材料涵盖了不锈钢、钛及钛合金、Co-Cr-Mo 合金、TiAl 金属间化合物、镍基高温合金、铝合金、铜合金和铌合金等多种金属及合金材料。其中 SEBM 钛合金是研究最多的合金,对其力学性能的报道较多。

瑞典 Arcam 公司 SEBM 成形 TC4 钛合金的室温力学性能。无论是沉积态,还是热等静压态,SEBM 成形 TC4 的室温拉伸强度、塑性、断裂韧性和高周疲劳强度等主要力学性能指标均能达到锻件标准,但是沉积态力学性能存在明显的各向异性,并且分散性较大。经热等静压处理后,虽然拉伸强度有所降低,但断裂韧性和疲劳强度等动载力学性能却得到明显提高,而且各向异性基本消失,分散性大幅下降。

图 8.4 为 SEBM 成形 Ti-6Al-4V 合金的金相显微组织和 SEM 像。从图中可以看出制备的合金以片层状 α 相为主体,相邻 α 相片层组织之间存在尺寸很小的间隙 β 相。在 SEBM 制备 Ti-6Al-4V 合金过程中,电子束将粉末熔化,随着温度从 β 相变点以上迅速降低,液态熔化层合金快速凝固,形成片层状 α 相。

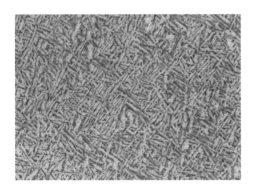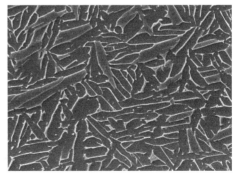

图 8.4　典型的 SEBM 成形 Ti6Al4V 制件的显微组织

对于生物医用 Co-Cr-Mo 合金,经过热处理之后其静态力学性能能够达到医用标准要求,并且经热等静压处理后其高周疲劳强度达到 400～500 MPa(循环 107 次),经时效处理后,其在 700 ℃下的高温拉伸强度高达 806 MPa。

对于目前航空航天领域广受关注的 γ-TiAl 金属间化合物,SEBM 成形 Ti-48Al-2Cr-2Nb 合金,经热处理(双态组织)或热等静压后(等轴组织)具有与铸件相当的力学性能。同时,意大利 Avio 公司的研究进一步指出,SEBM 成形 TiAl 室温和高温疲劳强度同样能够达到现有铸件技术水平,并且表现出比铸件优异的裂纹扩展抗力和与镍基高温合金相当的高温蠕变性能。

对于航空航天领域关注的镍基高温合金,SEBM 成形 Inconel625 合金的力学性能与锻造合金还存在一定的差距。然而在 2014 年,瑞典 Arcam 公司用户年会上,美国橡树岭国家实验室的研究人员报道,对于航空航天领域应用最为广泛的 Inconel718 合金,SEBM 成形材料的静态力学性能已经基本达到锻件技术水平。

总之,目前 SEBM 成形材料的力学性能已经达到或超过传统铸造材料,并且部分材料的力学性能达到锻件技术水平,这与 SEBM 成形材料的组织特点密切相关。部分材料如镍基高温合金的力学性能与锻件还存在一定的差距,一方面与 SEBM 成形材料存在气孔、裂纹等冶金缺陷有关;另一方面,还与传统材料的合金成分和热处理制度均根据铸造或锻造等传统技术设计,并未充分发挥。

8.9　电子束选区熔化的典型应用

SEBM 技术是目前用于金属增材制造的主要工艺之一。粉床工艺以及高能束微细激光束使其较其他工艺在成形复杂结构、零件精度、表面质量等方面更具优势,在整体化航空航天复杂零件以及个性化生物医疗器件等领域具有广泛的应用前景。

目前最适合应用增材制造技术的领域主要包括航空航天(高复杂度结构、极小批量,如图 8.7 所示)、医疗(生物特征、个性化需求,如图 8.5 和图 8.6 所示)、工业品的原型制作(极小批量、对导入快速性要求高)、模具(极小批量、提升新品开发速度)。

图 8.5　Arcam 公司利用 SEBM 技术制造的具有骨小梁结构的髋臼杯

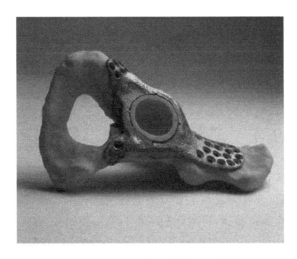

图 8.6　SEBM 制造的骨骼修复体

图 8.7　SEBM 成形的航空航天发动机叶轮与尾椎

思考与判断

1. 电子束选区熔化工艺与激光选区熔化工艺的区别在哪里？各有何特点？

2. 影响电子束选区熔化制件表面质量的因素有哪些？如何判断电子束选区熔化制件的表面质量好坏？

3. 电子束选区熔化有哪些独特的冶金缺陷（区别于铸造）？如何优化电子束选区熔化成形工艺改善这些冶金缺陷？

4. 归纳电子束选区熔化装备的组成及核心元器件，并阐述其作用。

5. 电子束选区熔化技术还可以应用在哪些领域或特殊零部件的制造？

第9章　三维喷印技术

9.1　三维喷印技术发展历史

三维喷印(Three-dimensional printing,3DP)又称微喷射黏结(binder jetting,BJ),具有二十多年的发展历史,被誉为最具生命力的增材制造技术。该技术基于微滴喷射原理,利用喷头选择性喷射液体黏结剂,将离散粉末材料逐层按路径打印(堆积)成形,从而获得所需制件。

3DP 技术它改变了传统的设计模式,真正实现了由概念设计向实体模型设计的转变。随后,美国 Z Corporation 公司于 1995 年得到 3DP 技术的专利授权,陆续推出了各系列的三维喷印设备。新世纪以来,3DP 技术在国外得到了更为迅猛的发展。Z Corporation 公司于 2000 年推出了多喷头彩色打印设备 Z402C,可以得到 8 种不同色调的制件。与此同时,Z Corporation 公司与日本 Riken Institute 公司于同年研制出基于喷墨打印技术的、能够做出彩色制件的更为精确、色彩更为丰富的三维打印设备,其合作生产的 Z400、Z406 以及 Z810 等系列设备均是基于喷射黏结剂黏结粉末工艺的 3DP 技术。以色列的 OBJECT Geometries 公司也于 2000 年推出了基于喷墨技术与光固化技术结合的三维打印机 Quadra,该设备所有喷头共含 1536 个喷嘴孔,每层最小厚度可达 0.02 mm,具有较高的成形精度。2004 年,3D Systems 公司也推出了光固化三维打印机,以光敏树脂为成形材料,以蜡作为支撑材料,可制作出高精度、高表面质量的模型。2010 年,Z Corporation 公司又推出更高清晰度的 Z510 彩色三维打印机,分辨率达到 600 dpi×540 dpi,可使用全色 24 位调色板制造部件,采用四个喷墨打印头,打印速度更快,达两层/min。Sanders Design International 公司推出的 Rapid Tool Maker,采用热熔塑料为成形材料,以蜡为支撑材料,最大制件尺寸为 90 cm×30 cm×30 cm,成形精度为 5 μm×5 μm×3 μm,可制造较大尺寸模具。近年来,美国 Exone 公司和德国 Voxeljet 公司已推出多款商业化的 3DP 设备及相应的材料体系,在模具、砂型铸造、熔模铸造等方面逐步应用。其中,德国 Voxeljet 公司在 2011 年推出了世界上最大的 3DP 成形设备 VX4000,其成形尺寸可达 4 m×2 m×1 m,打印喷头有多达 26 560 个喷嘴孔,分辨率 600 dpi,具有较快成形速度,达 15.4 mm/h。

3DP 技术在国外的工业设计、建筑设计、汽车、家电、航空航天、医疗等领域已得到了较为广泛的应用。目前我国 3DP 设备的设计与生产还处于初级阶段,国内清华大学、同济大学、华南理工大学、西安科技大学、华中科技大学等正在积极研究。从 2005 年国内研究人员开始相关技术的研究至今,国内出现的相关设备大都是为了满足研究所需的原型机,其中,基于 3DP 技术的无模铸造工艺(PCM)系列设备,在铸造领域已实现商业化。随着国内对设备和材料研究地不断深入及对国外设备的引进等,3DP 技术在国内的应用也将越来越广泛。

当前三维喷印技术的发展和应用趋势如下:

(1) 可应用多种材料,包括金属、陶瓷、塑料、复合材料等;

(2) 从快速原型、工艺辅助等间接制造向零件直接制造转变;

(3) 多学科交叉融合发展,应用领域不断扩大,包括航空航天、机械、生物、电子源等;

(4) 设备向产品化、系列化和专业化方向发展,当前世界知名的 3D 打印服务提供商为 10 多家,提供了 100 多种系列的 3D 打印产品。

9.2　三维喷印技术工艺原理

3DP 技术的工作原理如图 9.1 所示,利用计算机技术将制件的三维 CAD 模型在垂直方向上按照一定的厚度进行切片,将原来的三维 CAD 信息转化为二维层片信息的集合,成形设备根据各层的轮廓信息利用喷头在粉床的表面运动,将液滴选择性喷射在粉末表面,将部分粉末黏结起来,形成当前层截面轮廓,逐层循环,层与层之间也通过黏结溶液的黏结作用相固连,直至三维模型打印完成,未黏结的粉末对上层成形材料起支撑的作用,同时成形完成后也可以被回收再利用。黏结成形的制件经后处理工序进行强化而形成与计算机设计数据相匹配的三维实体模型。

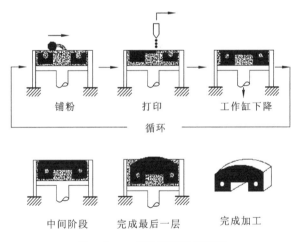

铺粉　　　　打印　　　　工作缸下降

循环

中间阶段　　　完成最后一层　　　完成加工

图 9.1　三维喷印工作原理

3DP 技术是通过打印喷头喷射黏结液体将粉末固化成形的过程,该过程完成液滴与粉体之间的相互作用,包括液滴对粉末表面的冲击、液滴在粉末表面的润湿、液滴的毛细渗透和固化等。

9.2.1　液滴对粉末表面的冲击

当液滴冲击到粉末表面时,根据其冲击速度,液滴直径,以及溶液和粉末表面的属性可能发生溅射、铺展或回弹等现象,整个过程非常复杂,它涉及惯性力、表面张力和黏性力的相互作用。

液滴与粉末接触的过程及结果受液体系数 We 的影响。受到喷头的限制,3DP 技术所使用的液体 We 范围在 $10\sim400$ 之间,液滴对粉末表面的接触过程近似于液滴对多孔介质表面的接触过程。简化的过程如图 9.2 所示。液滴冲击粉末表面产生接触,随即在粉末表面铺展,铺展过程中受之前冲击的影响,液滴形貌同时会发生振荡变化,但液滴整体不会因此发生破碎,振荡逐渐趋缓,最终液滴在粉末表面润湿呈球冠状。

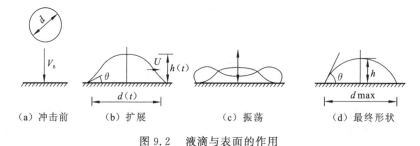

（a）冲击前　　　（b）扩展　　　（c）振荡　　　（d）最终形状

图 9.2　液滴与表面的作用

9.2.2　液滴在粉末表面的润湿

液滴在粉末表面的润湿如图 9.3 所示,可用杨氏方程的理论来解释:

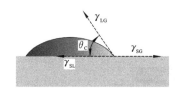

图 9.3　接触角示意图

图中 γ_{SG}, γ_{LS}, γ_{LG} 分别为固-气、液-气和液-固的界面张力;θ_c 为溶液与固体间的界面和溶液表面的切线所夹(包含溶液)的角度,称为接触角。

接触角 θ_c 在 $0\sim180°$ 之间,它是反映物质与溶液润湿性关系的重要尺度,$\theta_c=90°$ 可作为润湿与不润湿的界限。当 $\theta_c<90°$ 时,固体介质可被溶液润湿;当 $\theta_c>90°$ 时则不能被润湿。

润湿的热力学定义是:若固体与溶液接触后体系(固体和溶液)的自由能降低,称为润湿,自由能降低的多少称为润湿度。固体和任何接触流体之间的界面能量以及溶液和第二流体(通常为空气)之间的界面张量,控制了体系最终呈现的形式。对于一个给定的体系,可以通过改变一种或几种界面能量组成操纵体系获得合适的界面润湿能,一般通过表面活性剂在所有界面上的作用来实现上述的控制。在 3DP 成形中,液滴对介质表面的润湿程度直接影响黏接成形效果,需要通过改变溶液与粉末材料成分以及物理特性等手段来提高其润湿性能。

9.2.3　液滴的毛细渗透

渗透随着液滴与粉末的接触开始进行,液滴形态稳定并在粉末表面完全润湿时,渗透将会明显加速。渗透主要的驱动力是毛细作用,粘结剂依靠粉末与粉末间的空隙向内渗透。渗透过程大致分为两个阶段:第一阶段是部分溶液仍残留于粉层的表面但液滴形状逐渐由球冠状变为扁平状;第二阶段是液体完全在粉末内铺展。除了溶液性质,空隙形态和拓扑结构外,研究发现温度、外界压力、滴落时的冲击速度等因素对渗透效果也会产生较明显的影响。

液滴在粉末表面上的渗透可以近似为在多孔介质表面的渗透。假定溶液为准稳态层流牛顿溶液,渗透区域无限大,忽略惯性效应和流体阻力,液滴半径和接触角固定,多孔介质理想化为多个平行的竖直孔随机分布在介质上,在上述假设的基础上,驱动溶液在这些孔中前进的毛细压力是由 Young-Laplace 公式给出:

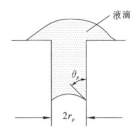

图 9.4　单孔中毛细作用
驱动液滴流动

$$\Delta P = \frac{2\gamma_P \cos\theta_P}{r_P}$$

式中,ΔP 为毛细渗透压;r_P 为毛细孔的半径;γ_P 为液体表面张力;θ_P 为溶液和毛细孔内壁的接触角。单孔中毛细作用驱动溶液流动的模型如图 9.4 所示。

9.2.4　液滴对粉末的黏结固化

在液滴对粉末材料的润湿和渗透过程中伴随着液滴对粉末的固化,固化方式按发生固化反应的类型可分为物理固化和化学固化。

(1) 物理固化。喷头将黏结液体沉积到粉末中,随着黏结液体中的溶剂挥发,固体粉末通过黏结剂形成黏结颈的方式黏结到一块。此时,固体粉末与黏结液体之间没有发生化学反应,粉末材料的成分也不会发生改变。通过喷射溶剂溶解粉末材料中的高分子,溶剂挥发再结晶固化的方式也属于物理固化。这种固化方式应用比较广泛,几乎可以成形任何满足 3DP 粉末要求的材料。

(2) 化学固化。粉末材料与喷射液体发生化学反应或光敏树脂在紫外光的照射下发生固化将粉末颗粒黏结的方式。例如,α 石膏和水反应结晶形成水合硫酸钙,催化剂和呋喃树脂产生交联固化的反应等都属于化学固化。这种方式只针对特定材料,也可将这种能产生化学反应的材料作为黏结剂,通过将基体材料与之机械混合或覆膜,再利用其化学反应产生固化。

9.3　三维喷印成形材料

粉末材料是 3DP 制件的主体材料,粉末材料的特性决定着是否能够成形以及成形制件的性能,主要影响制件的强度、致密度、精度和表面粗糙度以及制件的变形情况。

粉末材料的特性主要包括粒径及粒度分布、颗粒形状、密度等。粉末的粒度和粒度分布直接影响着粉末的物理性能以及与液滴的作用过程。粒径太小的颗粒会因范德华力或湿气而容易产生团聚,影响铺粉效果,同时,粒径太小也会导致粉末在打印过程中易飞扬,堵塞打印头;粒径较大的粉末滚动性好,铺粉时不易形成裂纹状,但打印精度差,无法表达细节。理论上,球形的粉末流动性较好,且内摩擦较小,形状不规则的粉末滚动性较差,但填充效果好。然而通过研究表明,粉末颗粒的形状对打印效果的影响较小。

表 9.1 总结了粉末的粒径和颗粒对打印过程的影响,影响因素主要包括烧结性能、粉

末孔隙率、表面光洁度,以及最小特征尺寸。粒径小的粉末烧结性好,单层铺粉更薄,表面光洁度好,最小特征尺寸小,能表达细节。粒径大的粉末滚动性能好,有利于铺粉,比表面积小、孔隙大,有利于黏结液渗透,从而得到均质的制件。因而在研究粉末配方时,可选取不同粒径的粉末混合,以发挥到其各自的优点。

表 9.1　粉末的特征对打印过程的影响

		优点	缺点
粒径	最大的粒径 >20 μm	不需要添加促进铺粉的助剂,比表面积小,孔隙大有利于黏结剂铺展	单层铺粉的厚度必须大于最大粒径
	最小的粒径 <5 μm	烧结性能好,表面光洁度好,单层铺粉厚度更薄,可表达细节	不利于铺粉,易团聚,喷洒黏结剂时粉末易飞溅,粉末需要添加促进铺粉效果的助剂
颗粒形状	球状	滚动性好,内摩擦小	
	其他形状	填充效果好	内摩擦大,不利于铺粉

3DP 的粉末材料主要成分包括基体材料、黏结材料和其他添加材料。基体材料是构成最终成形部件的主体材料,对制件的尺寸稳定性影响较大。黏结材料是起黏结作用的主要成分,在粉末状态不能发挥黏结作用,需要通过喷射到粉末上的溶液来溶解黏结成分并形成黏结颈,因此黏结材料可以在成形粉末中均匀混合。添加材料有改善成形过程、提高制件的强度等作用。

9.3.1　基体材料

由于 3DP 是基于黏结原理的增材制造技术,其可成形的材料类型广泛,主要包括金属、陶瓷、型砂、石膏及高分子等材料。

1. 金属

金属粉末 3DP 成形的研究主要集中在成形工艺参数控制与优化、制件后处理强化工艺改进等方面。金属粉末 3DP 成形的制件通常需要采用致密化处理工艺如浸渗、高温烧结和热等静压。经致密化处理后的制件线收缩率很大,使制件的最终尺寸产生较大偏差,难以得到近净产品,这是阻碍金属制件 3DP 快速制造工业化应用的关键所在。ExOne 公司在金属材料的 3DP 成形方面做了很多的研究,目前已经商业化的材料包括 316 不锈钢、420 不锈钢以及 Inconel 625 等。以 316 不锈钢为例,其采用的方法是首先利用 3DP技术制备不锈钢坯件,再将坯件经烧结和渗铜处理,最终获得由 60% 不锈钢和 40% 青铜构成的制件,制件经致密化处理后,其致密度可达 98%。图 9.5(a)、图 9.5(b)分别为 316不锈钢粉末及 3DP 成形的初始形坯,表 9.2 为最终制件的一些性能参数。此外,由于3DP 成形制件孔隙率较大,因此,多孔金属制件作为功能件使用也是目前金属材料 3DP成形研究的方向。

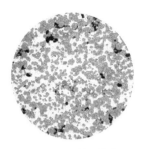

(a) 316不锈钢粉末　　　　　　　　(b) 成形的初始坯件

图 9.5　Exone 公司采用的 316 不锈钢粉末及成形的初始坯件

表 9.2　316SS/Bronze 典型性能参数

材料性能	极限强度	屈服强度	弹性模量	延伸率	硬度	致密度	密度
316SS/Bronze	580 MPa	283 MPa	135 GPa	14.5%	60 HRB	95%+	7.86 g/cm³

2. 陶瓷

陶瓷结构材料由于具有高强度、高硬度、耐腐蚀、耐高温等优异性能而被广泛使用,但是其本身硬而脆的特性使其普通加工成形异常困难。3DP 工艺的出现使陶瓷和陶瓷基材料的直接增材制造成为可能,相关的研究报道也较多。3DP 成形陶瓷材料主要采用有机黏结剂法,先成形陶瓷初始形坯,再通过脱脂脱去初始件中的有机物,最后进行高温烧结处理的工艺路线。也可采用冷等静压或浸渗的方式提高陶瓷件的致密度。有报道,采用三维喷印技术制备用于浆料浇注的 Al_2O_3 陶瓷模具,该模具与传统的石膏模具相比,具有强度高、干燥时间短等优点。而由于 Ti_3SiC_2 陶瓷具有高的导热率和导电率,采用 3DP 工艺对覆膜 Ti_3SiC_2 陶瓷粉末成形后再进行浸渗处理间接制备陶瓷基复合材料已成为该领域的研究热点。陶瓷材料也可用 3DP 做成具有宏观结构及内部微观孔的功能件,用来作为过滤器,应用于汽车尾气处理等,如堇青石陶瓷。利用 3DP 技术成形羟基磷灰石(HA)、多磷酸盐(α/β-Ca_3PO_4)等生物陶瓷材料,也是目前制备组织工程支架研究的热点。

3. 型砂

砂型铸造广泛应用于具有复杂空间结构的铸件,如发动机缸体和缸盖、叶轮、叶片、传动箱体、液压阀体等,具有生产工艺简单、成本低、应用合金种类广泛等特点。传统的铸造工艺,模样、芯盒等模具的设计和加工制造是一个多环节的复杂过程,其加工方式受制于模具的复杂程度,使得产品的研发和定型周期变长且成本提高。3DP 技术的出现让砂型(芯)的无模制造成为可能。

国内外对 3DP 成形铸造砂型(芯)的设备及材料进行了广泛的研究。德国 Voxeljet 公司将硅酸钠颗粒与硅砂混合作为成形材料,水基溶液作为黏结剂,通过黏结剂溶解粉末中的硅酸钠,在成形过程中通过加热使其物理脱水硬化从而产生固化。这种技术的优点是发气量低、绿色环保,其制件的弯曲强度可以达到 2.2~2.8 MPa,其采用的粉末及最终制件见图 9.6。美国 ExOne 公司所用的材料有硅砂、陶粒砂(主要成分硅铝酸盐)、铬砂、锆砂。其主要工艺是采用自硬呋喃树脂作为黏结剂,将固化剂混到原砂中,利用喷射的黏结剂与固化剂发生反应固化成形,这种方法无须后固化处理。美国 Z Corporation 公司是世界上最早商业化制造 3DP 设备的公司,该公司结合三维打印工艺与铸造工艺,实现了一种最高浇注温度达 1100 ℃的 Z Cast 工艺,该工艺主要用来制造有色金属的砂型,制造出的型壳壁厚可达 12 mm。该技术所选用的材料为 Z Cast 501,这种粉末包含铸造砂、石膏和添加剂,黏结剂采用乙烯树脂。此外 PCM 该工艺提出按照截面轮廓信息利用双喷头沿相同的路径同时喷射黏结剂和催化剂,并分别以呋喃树脂、甲苯磺酸为黏结剂和催化剂,硅砂为成形材料制备了铸造砂型。铸型强度高,无须特殊的后处理。华中科技大学快速制造中心魏青松等人提出采用溶剂法成形铸造砂型,该工艺采用酚醛树脂宝珠覆膜砂作为成形材料,乙醇基溶液作为黏结剂,通过乙醇基黏结剂溶解覆膜砂表面的树脂,树脂再结晶。形成初始形坯,再通过后烧结固化的方法使初始形坯中的酚醛树脂与潜在的固化剂乌洛托品发生交联固化得到最终的制件,树脂含量为2.5%时制件最大抗拉强度为3.9 MPa,发气量小于 20 ml/g。

(a) 硅砂材料　　　　　　　　(b) 成形的砂型

图 9.6　Voxeljet 公司采用的硅砂材料及其成形的砂型

4. 石膏及高分子

Z Corporation 公司最早开发出了基于 3DP 技术的石膏材料体系,采用半水合硫酸钙作为成形材料,水基溶液作为黏结剂,该方法成形的初始件强度较低,需要进行浸渗后处理,常用的浸渗剂有丙烯酸酯基胶水、硅溶胶等。后续的研究中,在单色的基础上开发了基于石膏的彩色打印。Voxeljet 公司开发了一种基于 3DP 技术的聚甲基丙烯酸甲酯(PMMA)复合材料,采用己烷-1-醇、2-乙基乙酸酯和乙酸乙酯的混合溶剂作为黏结剂,提供了两种后处理方式:①对初始件进行渗蜡处理用来制造精密铸造用的蜡模,据报道,其抗拉强度为 3.7 MPa,用于制造的熔模轮廓清晰、精度高且残留少;②对初始件进行渗环氧树脂处理来作为结构件使用,其抗拉强度可达到 26.5 MPa。

9.3.2　黏结材料

黏结材料主要是起黏结作用,但是在粉末状态下不能发挥黏结作用,需要通过喷射到粉末上的溶液来溶解黏结成分并形成黏结颈才能发挥黏结作用,因此黏结材料可以在成形粉末中均匀混合。

黏结剂按主体材料分为有机黏结剂和无机黏结剂,在 3DP 中黏结粉末材料一般采用有机黏结剂,黏结剂粉末能够快速溶解到水性溶液而形成胶液。常用的黏结剂粉末有聚乙烯醇(PVA)、麦芽糖糊精、硅酸钠粉末等。

9.3.3　添加材料

在粉末材料中添加其他添加剂,可以改变铺粉性能、成形过程和成形制件的质量。添加适量的固体润滑剂或者通过表面涂层的方式可以降低粉末内摩擦。添加卵磷脂类物质,可以增强粉末之间的黏附力,抑制粉末烟雾化和成形制件的变形,防止黏结液喷洒到粉末上时飞溅,影响打印平整性。添加气相 SiO_2,可以改善粉末的流动性。

纤维材料的添加可以起到两个作用:一是提高制件的机械强度;二是提高制件的稳定性。纤维粉末可选用不溶于水的纤维粉末,也可选用可溶于水的纤维素粉末。增强纤维主要为刚性材料,如聚合纤维、玻璃纤维、陶瓷纤维等。为了更好地润湿,增强纤维应具有跟黏结液相似的性质。提高制件稳定性的纤维主要为纤维素粉末,如羧甲基纤维素等。然而,纤维粉末的添加会增加滚筒铺粉的摩擦力,使得铺粉变难,从而降低了粉末的填充密度,因而,应控制纤维粉末的量及纤维的长度,研究表明,纤维粉末的添加量不得超过总粉末量的 20%,纤维的长度一般不高于单层打印厚度,通常控制在 $60\sim200\ \mu m$。

9.4　三维喷印核心器件

9.4.1　喷头的工作原理和典型结构示意图

喷头是整个 3DP 设备中最核心的器件,其性能决定了制件的精度、表面粗糙度以及黏结剂配制方案等。3DP 的打印喷头采用微滴喷射技术,该技术是一种以微孔为中心,在背压或者激励作用下,流体粉末通过喷孔形成射流的技术,应用最广泛的喷射装置是喷墨打印机。

喷头以工作模式可分为两类:连续式喷射(continuous ink jet,CIJ)和按需式喷射(drop-on-demand ink jet,DOD)。

连续式微喷射原理如图 9.7 所示,在连续微滴喷射模式中,液滴发生器中振荡器发出振动信号,产生的扰动使射流断裂并生成均匀的液滴;液滴在极化电场获得定量的电荷,当通过外加偏转电场时,液滴落下的轨迹被精确控制,液滴沉积在预定位置,生成字符/图形记录,不参与记录的液滴则由导管回收至集液槽。连续式喷射模式的优点是能生产高速液滴,且工作频率高,工作速度通常高于按需喷射模式;缺点是液滴直径较大,材料利用率较低,结构复杂且成本高昂。

按需式微喷射原理如图 9.8 所示,按需微滴喷射模式是根据需要有选择地喷射微滴,即根据系统控制信号,在需要产生喷射液滴时,系统给驱动装置一个激励信号,喷射装置产生相应的压力或位移变化,从而产生所需的微滴。按需式喷射技术的优点是微液滴产生时间可精确控制,不需要液滴回收装置,液滴的利用率高。但这种喷射方式的喷射频率较低,为了弥补这一缺点,按需喷射的喷头通常采用阵列式排列喷嘴增加喷射宽度来提高打印速度。在当前的 3DP 设备中,大多采用按需喷射方式的喷头。

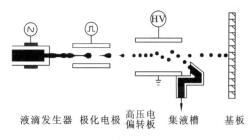

图 9.7　连续式喷射原理

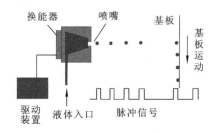

图 9.8　按需式喷射原理

目前,按需式喷射模式主要有热气泡式和压电式两大类。

(1) 热气泡式喷头的核心部件是加热元件,其工作原理是喷射液体充满喷嘴喷射室,由芯片电路产生脉宽为几微秒的脉冲电流将喷头内的微型加热器迅速加热到 300 ℃ ~

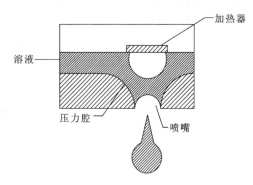

图 9.9　热气泡式喷头工作原理

400 ℃,与加热元件表面接触的液体迅速受热汽化,形成微小气泡,该气泡可将加热元件与型腔中的液体隔离而避免液体被继续加热。停止加热后,加热元件余热使气泡膨胀挤压液体使之瞬时从喷嘴挤出,随着加热电阻的冷却,气泡逐渐收缩,挤出液体在惯性作用下与喷嘴内液体分开而形成液滴射出。气泡消失后喷嘴型腔产生负压,并在毛细管虹吸的作用下,型腔从进液系统中吸入液体重新充满腔体,为下一次喷射做准备。

其典型结构如图 9.9 所示。热气泡式喷头的优点是:结构简单且制造成本较低。但在实际喷射黏结成形工艺中,热气泡喷射方式只能用于水性黏结剂溶液的喷射。当喷射液体为热敏感液体时,则采用热气泡喷射方式难以保证气泡的稳定形成而影响液体的正常喷射。

(2) 压电式喷射技术是在装有液体的喷头型腔壁装有压电换能器,控制喷头型腔的收缩实现液滴的喷射。根据微压电晶体换能器的工作原理及排列结构,压电式喷头可分为收缩型、弯曲型、推挤型和剪切型等几种类型,如图 9.10 所示。压电喷射过程主要分为三个阶段:喷射前,压电晶体首先在打印信号的驱动下发生微小变形;然后,振动片发生弹性变形;最后,挤压喷嘴型腔使被打印液体克服自身表面张力在喷嘴出口处形成液滴喷射而出。在液滴飞离喷嘴瞬间,压电晶体和振动片恢复原状,喷嘴型腔产生负压,液体重新填满型腔。微压电喷射过程无须加热,溶液不会因受热而发生物理/化学变化,从而降低了对溶液的要求,其喷射过程是电能、机械能、内能和动能之间的转化,无须加热,可喷射液体的种类远多于热气泡式喷射,包括水溶性、有机溶剂型溶液和溶胶。压电喷射过程中产生的液滴大小与脉冲电压有关,可通过调节电压幅值来改变液滴大小。压电喷射速率小于热气泡喷射速率,但由于压电式喷射方式可根据环境温度而调节脉冲电压幅值和频率,可保证在常温下能稳定的将液滴喷出,易于实现高精度打印。

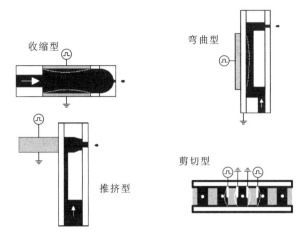

图 9.10　压电式喷头的典型结构

9.4.2　喷头的工作参数

不同类型的打印喷头其工作原理不同,对黏结剂液体特性的要求也不一样,表 9.3 分类概括了当前几种类型喷头的参数范围,对于具体某种型号的喷头应在喷头要求的参数范围内配制黏结剂,以免缩短喷头寿命,增加使用成本。

表 9.3　几种类型喷头的工作参数

喷射类型 喷射性能	连续式喷射模式	按需式喷射模式	
		热气泡式	压电式
黏度/cps	1~10	1~3	5~30
最大液滴直径/mm	0.1	0.035	0.03
表面张力/(dyn/cm)	>40	>35	>32
Re 数	80~200	58~350	2.5~120
We 数	87.6~1000	12~100	2.7~373
速度/(m/s)	8~20	5~10	2.5~20

目前全球主要的喷头制造商,其喷头类型及主要支持的喷射液体类型见表 9.4,在进行设备及材料研究时,可根据需要进行选择。

表 9.4　全球主要喷头制造商及其喷头和喷射液体类型

制造商	主要喷头类型	液体类型
HP(惠普)	热气泡式、压电式	水基、弱溶剂
Epson(爱普生)	压电式	水基、弱溶剂、UV
XAAR(赛尔)	压电式	溶剂、UV、油基
Spectra(赛博)	压电式	溶剂、UV、油基
SPT(精工)	压电式	溶剂、UV

9.5　三维喷印成形设备

9.5.1　典型三维喷印设备的组成

3DP 增材制造设备的外形图及典型的 3DP 设备机械结构示意图如图 9.11、图 9.12 所示。

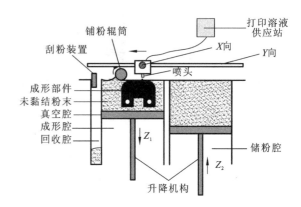

图 9.11　3DP 增材制造设备　　　　　图 9.12　3DP 设备机械结构示意图

典型的 3DP 设备主要由喷射系统、粉末材料供给系统、运动控制系统、成形环境控制系统、计算机硬件与软件等部分组成。

1）喷射系统

3DP 设备的喷射系统主要由打印喷头、供墨装置等部件组成。喷头的性能决定了整个设备的理论最佳性能,选择一个合适的喷头对于 3DP 设备的设计是十分重要的。连续式与按需式微喷射模式的技术特点见表 9.1,可根据需要进行选择。供墨装置用来对打印喷头持续供应墨水。

2）粉末材料供给系统

粉末材料系统主要完成粉末材料的储存、铺粉、回收、刮粉和粉末材料的真空压实等功能。主要包括成形缸、送粉缸、回收腔、刮粉装置、铺粉辊等。

（1）成形工作缸。在缸中完成制件加工,工作缸每次下降的距离即为层厚。制件加工完后,缸升起,以便取出制造好的工件,并为下一次加工做准备。工作缸的升降由伺服电动机通过滚珠丝杆驱动。

（2）送粉缸。储存粉末材料,并通过铺粉辊向工作缸供给粉末材料。

（3）回收腔。回收铺粉时多余的粉末材料。

（4）铺粉辊装置。包括铺粉辊及其驱动系统。其作用是把粉末材料均匀地铺平在工作缸上,并在铺粉的同时把粉料压实。

成形缸、送粉缸通过伺服电机精确控制工作面的升降,当一层制造完成后,工作台面下降一个设定层厚的高度,而送粉缸上升一定高度,铺粉辊通过反向转动,将粉末送到成形缸台面,并且平整的铺在台面上。

（3）运动控制系统主要包括成形腔活塞运动（Z1）、储粉腔活塞运动（Z2）、Y 向运动及其与 X 向运动的匹配、铺粉辊运动等运动控制。

（4）成形环境控制主要包括成形室内温度和湿度调节。

（5）计算机硬件与软件。3DP 软件将三维 CAD 模型转换为一系列模型截面图形,然后调用喷墨打印机的打印程序完成打印溶液的喷射,并保证溶液喷射与相应的运动控制匹配,完成对整个成形过程的控制。

9.5.2　国外主流三维喷印厂商设备

近年来,美国、德国的相关公司在 3DP 技术与设备方面取得了长足的进步。已经商品化的 3DP 设备生产厂商如下:

（1）美国 3D Systems 公司,代表机型有 ProJet 1200、ProJet 160、ProJet 660、ProJet 860 等;

（2）美国 ExOne 公司,代表机型有 Lab Platform、FlexPlatform、MaxPlatform、Exerial 等;

（3）美国 Z corp 公司,代表机型有 ZP 150、ZP 250、ZP 350、ZP 450、ZP 650、ZP 850 等;

（4）德国 Voxeljet 公司,代表机型有 VX200、VXC800、VX1000、VX2000、VX4000 等。

表 9.5　典型 3DP 成形设备的参数对比

公司	型号	成本/$	成形速率/(mm/h)	成形尺寸/mm	分辨率/dpi	层厚/mm	喷嘴数量	材料
3D System	ProJet 160	16.50	20	236×185×127	300×450	0.1	304	
	ProJet 260C	28.70	20	236×185×127	300×450	0.1	604	
	ProJet 860 Pro	114		508×381×229	600×540	0.1	1520	
ExOne	Lab Platform	125		40×60×35	400×400	0.05~0.1		不锈钢、陶瓷、玻璃、青铜
	Flex Platform	425	12	400×250×250	400×400	0.1		上述和镍基合金
	Max Platform	>1400	20	1800×1000×700	300×300	0.28~0.5		硅砂、陶瓷
Voxljet	VX200	159	12	300×200×150	300×300	0.15	256	PMMA、无机砂
	VXC800	700	35	850×500×30	600×600	0.15~0.4	2656	
	VX4000	1850	15.4	4000×2000×1000	600×600	0.12~0.3	26 560	

9.5.3　主要工艺参数

1. 饱和度

三维喷印中,粉末被液体润湿,并随着液体的渗透,在粉末颗粒间通过物理、化学反应形成固体桥,从而达到粉末黏结的目的。在这个过程中液滴的加入量对粉末层的固化成形起到十分重要的作用。液滴加入粉末层的量可由饱和度 S 来表示,即在粉末的间隙中,溶液所占体积与孔隙体积的百分比。饱和度的大小受粉末粒径大小、粒径分布及喷液量等因素影响,它不仅影响成形制件的精度、强度,甚至影响成形的成败。溶液在粉末中的填充方式由溶液加入的量来决定,分为:

(1) 钟摆状:S<0.3,溶液含量较少,以分散的液桥连接粉末,空隙呈连续相;

(2) 索带状:0.3≤S<0.8,液体桥相连,溶液成连续相,空隙为分散相;

(3) 毛细状:0.8≤S<1,溶液充满粉末内部孔隙;

(4) 泥浆状:S≥1,溶液充满粉末的内部和表面。

如图 9.13 所示。

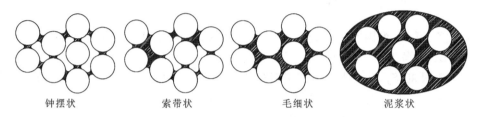

钟摆状　　　　　　索带状　　　　　　毛细状　　　　　　泥浆状

图 9.13　溶液在粉末中的填充方式

三维喷印中,粉末在溶液中的填充方式应该位于索带和毛细状之间,即 0.3≤S<1,这样既能保证粉末被充分润湿,又能保证不致产生泥浆状的黏结,使液滴在粉末表面散开,从而影响叠层成形的精度。

2. 打印层厚

三维喷印的基本原理是通过粉末逐层累积来实现制件的成形,因此,打印过程中打印层厚(每层铺粉的厚度)的大小就显得尤为重要。打印层厚会影响成形制件的表面质量、尺寸精度、强度、以及成形效率等。打印层厚的选择取决于粉末颗粒的粒径分布及微观形貌,最小打印层厚应大于粉末材料的最大颗粒直径。减小打印层厚,可以提高成形制件的表面质量、尺寸精度及强度,但成形时间也会大大增加;增大打印层厚,虽可以提高成形效率,但会牺牲制件的精度及强度等。在成形过程中,不同的材料需根据试验来优化打印层厚与饱和度,找到最佳配合,以实现成形效率与制件性能的最大化。

3. 铺粉速度

铺粉速度主要包括铺粉装置的移动速度和铺粉辊的转速两个方面。在三维喷印工艺中,粉末在工作缸中的堆积密度是影响制件性能的直接因素之一,而粉末堆积密度主要与粉末性能和铺粉工艺参数有关。铺粉装置移动速度过快和铺粉辊转速过慢都不利于提高粉末的堆积密度。为了使粉末层获得较高致密度,通常情况下,对于不同的材料,应对铺粉工艺参数进行调试和优化。

9.6　三维喷印工艺过程

3DP 的工艺过程可分为总体规划及黏结方案选定、黏结剂设计、粉末设计、粉液综合实验及工艺参数优化、后处理等部分。

9.6.1　总体规划及黏结方案确定

通常情况下,研究一种材料时,应有一个明确的成形目标。成形目标能明确研发的整体路线,例如最终制件是多孔件还是致密件,多孔件在成形时就要考虑如何使孔隙的分布均匀以及粉末颗粒的大小对孔隙率及孔隙大小的影响等;致密件就要考虑采用黏结剂的种类、致密化的方法等。某些成形目标对最终件的成分或者同质性有严格的要求,例如生物植入体,要求无毒性,其中某些对降解性也有具体要求。此类研究选择黏结方式就必须更加谨慎,因为有些方法必然会导致杂质的残余,而有些方法使用的材料不符合要求。

了解黏结方式总体要求后,可以按照需求和材料特性,来选择合适的黏结方式。常见的黏结方式主要有以下几种,摘要如表 9.6 所示。

表 9.6　常见的黏结方式

黏结方式	成形材料	残余情况
水合作用	石膏、水泥	/
有机黏结剂	所有材料	可以无残余
无机黏结剂	所有材料	一定有残余
溶剂法	高分子材料	可以无残余
金属盐法	金属/金属盐	/

1. 水合作用

3DP 技术中最早被使用的黏结方式之一,某些材料与水接触能自身结晶成长,进而固化。使用该方式成形的材料主要有石膏与水泥。两种材料都是极好的结构材料,其也作为添加剂加入其他材料,以增强主体材料的成形性。

2. 有机黏结剂

有机黏结剂的优势是可以与绝大多数粉末材料作用,同时可以通过热处理去除,几乎不留下任何残余。许多有机液体或溶液都有黏结性,如糖类、高分子树脂、乙烯类聚合物等。有机物的热分解温度较低,如果成形材料是金属、陶瓷或热解温度高于黏结材料的高分子材料,可以通过普通的加热处理去除此类黏结剂。

对于有机液体或溶液,高分子含量较多时液体黏度增大,容易堵塞喷头。也可以将有机黏结剂以粉末形态混入主体粉末中,这种情况则要求选择的有机黏结粉末与液体接触时有较快的分散速度,例如蔗糖、麦芽糖糊精能快速溶于水中,聚乙烯醇与水接触能快速形成液膜。

3. 无机黏结剂

对于 3DP 成形来说,无机黏结剂与有机黏结剂最大的区别在于,无机黏结剂无法去除,必定会产生残余,但是无机黏结剂的黏结强度强于有机黏结剂,制件有着更好的机械性能。常见的无机黏结剂为硅溶胶、硅酸钠等。当粉末中含有酸性粉末或成形腔暴露在CO_2气氛中时,硅溶胶沉积到粉末中能快速形成凝胶,形成的凝胶具有较高的强度。

4. 溶剂法

高分子材料成形中常使用的一种方法,向粉末中沉积溶剂,溶剂全部或部分溶解其接触的颗粒,随着溶剂的挥发,重新析出相互连接的高分子。相较于有机黏结剂法成形高分子材料,该方法更容易不留下残余。

5. 金属盐法

金属或金属盐成形中常用的办法。通常是向金属盐粉末中沉积饱和金属盐溶液,利用重结晶过程形成新的相互连接的金属盐晶体。该方案通常搭配相应的后处理方案,例如使用还原反应获得金属单质,对于某些金属盐(例如硝酸银),可以直接热处理获得金属单质。

6. 其他

还有一些针对性相对较强的方法。例如,某些高分子材料,在对应的催化剂作用下自身会发生聚合反应;还有一些利用置换反应获得金属单质的方法。

选择了合适的黏结方式后,就可以大致确定出液体和粉末中所需要使用的主要成分,从而进行黏结剂和粉末的设计。

9.6.2　黏结剂设计

理论上,黏结剂和粉末的设计是并行过程没有先后顺序,但实际操作中,因为黏结剂的设计受喷头限制较多,黏结剂成分有时需要为此做出妥协,粉末成分也会相应做出改变。黏结剂设计的路线如图9.14所示。

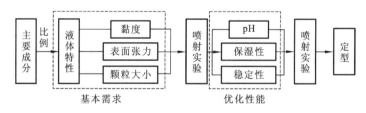

图 9.14　3DP 黏结剂设计的路线图

根据选用的黏结方法以及设备使用喷头的种类(如9.4节所述,不同类型的喷头支持的液体类型不同)我们可以基本确定液体中的主体成分。例如,水合法主要使用去离子水,溶剂法则可以基本确定使用哪种有机液体作为溶剂,其他方法则可以基本确定使用什么有效成分以及相应的溶剂。

对于3DP液体,需要满足关键参数数值处于喷头的工作范围内,这是保证液体能够通过喷头进行喷射的基本需求。这些参数有黏度、表面张力以及颗粒大小。不同类型喷头支持的液体参数范围不同。

颗粒大小是主要针对悬浊液考虑的一个参数,通常溶液中溶质分散良好,不用考虑该参数。表面张力可以通过使用表面活性剂调节至合理范围。调节黏度相对而言则更加复杂:黏度低于参数范围时,增加溶于该溶剂的黏性成分即可解决问题;大多数情况下,液体黏度往往超过参数范围,此时,简单减少有效成分含量往往并不可取,因为其会明显减弱液体对粉末的黏结作用造成成形失败,需要考虑其他办法。如果液体是含有高分子的溶液,可以通过更换溶剂或使用链长更短的同种高分子来降低黏度。如果必须通过减少有效成分含量来降低液体黏度时,粉末设计中应对这种损失进行补偿。

基本需求满足,液体可以正常喷射后,还需要进行优化设计。有些性能不决定液体的喷射性,但就长期而言会影响稳定性,例如 pH 酸碱度、液体的保湿性、稳定性等。对于液体而言,保持 pH 酸碱度处于中性范围十分重要,pH 酸碱度过高或过低的液体对喷嘴都有很强的腐蚀性。有些高分子溶液容易干涸,极易造成喷嘴的阻塞,这也需要避免,通常我们会加入保湿剂,减缓这个过程。另外,保证溶液中溶质能长时间均匀分散,不团聚凝结,保证悬浊液能较长时间不发生沉积,都是需要考虑的问题。

9.6.3　粉末设计

相对于 3DP 液体而言,因为没有硬件(喷头)上的限制,3DP 粉末的设计难度较小,设计灵活性更强。3DP 粉末的主要组成和设计过程如图 9.15 所示。

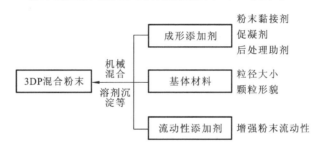

图 9.15　3DP 粉末的主要组成和设计过程

对基体材料,最重要的粉末特征是粉末颗粒大小和粉末形貌。粉末颗粒过大显然会造成层厚增加,会减小细节精度。而颗粒过小则不利于粉末堆积,受瓦尔斯力影响,粉末容易团聚,资料显示,粉末颗粒小于 1 μm 时,无法利用干法堆积,只能使用湿法沉积;粉末颗粒大于 1 μm、小于 5 μm 时,湿法效果也优于干法。粉末颗粒过小时,粉末排列紧密,空隙过小造成液体渗透阻力过大,不利于成形。通常适合 3DP 粉末的颗粒大小范围为 20～150 μm。同时,颗粒粒径最好适度分散,过于集中的粒径会造成粉末排列空隙较大,影响成形制件的致密度。颗粒形貌的重要性低于颗粒大小,但球形粉末在干法堆积时的流动性要明显优于其他形状的粉末,同时也有较小的内摩擦力。

所以当粉末流动性不佳时,需要加入增流剂改善粉末流动性。最常使用的增流剂是白炭黑(纳米级二氧化硅),作为目前唯一工业化使用的纳米材料,该材料颗粒极小、表面光滑,可以很好地起到润滑作用。我们将这类添加剂称为流动性添加剂。

还有一类添加剂是因为成形需要而加入的粉末材料。例如因为黏结方法选择或液体成分调整需要加入的粉末黏结剂;可以促进溶解、凝固或催化反应进行的促凝剂;某些特殊后处理工艺需要的,提前分散到制件中的后处理助剂等。

常用的制备 3DP 粉末材料的方法有机械混合法(球磨等)、溶剂沉淀法等。

9.6.4　粉液综合实验及工艺参数优化

在制备完符合要求的液体黏结剂和粉末后,并不意味着两者相互作用就一定能产生黏结。在使用 3DP 设备进行成形实验前,应当先进行一些简易测试,这是更稳妥、更节省时间的安排。这些测试可以在培养皿或观察台中进行,利用喷瓶或气雾瓶将液体喷涂至粉末表面,观察在液体作用下能否黏结,记录凝固时间。有实验条件的情况下,还可以观察液体对粉末的润湿情况,根据观察结果进一步调整液体和粉末的设计。利用 3DP 设备进行成形实验时,同样可以根据成形效果,如机械性能、成形精度等来优化液体和粉末的设计。

在确定了合适的黏结液、粉末成分后,就需要对新的材料体系进行上机实验,以使成形制件性能达到最佳,常采用单因素法、正交实验法来确定较优的工艺参数。

9.6.5　后处理

后处理是 3DP 技术重要的环节,它可以增强初始件的机械性能、表面特性等。常见的后处理工艺有清粉、涂覆、烧结、浸渗等。

1. 清粉

对于基于粉末的 3D 打印技术,清粉是必不可少的一步。在制件成形完成后,需要从制件表面去除多余的松散粉末,清理出的粉末可以再次使用。对于没有内部特征的制件,可以手动的用刷子刷去或者轻轻地吹走多余的粉末。具有复杂内部特征的制件,清粉会困难一些,可以采取包括高压气体吹气、真空处理和振动等措施。清粉之后应先对制件进行干燥,之后再进行其他后处理操作。

2. 涂覆

在初始件的机械性能达到要求的情况下,涂覆是最常见的改变制件表面质量的方法。将粒径较小的颗粒通过均匀的涂覆在制件表面不仅可以有效地提高制件表面光洁度,也可以防止在使用中,外界环境组分通过表面的孔洞渗入制件内部空隙,影响制件性能。例如,3DP 技术成形的砂芯通常需要在表面涂覆耐高温涂料,防止高温下产生溃散。

3. 烧结

烧结是有效提高 3DP 制件性能的一种后处理方法,可以使制件中的基体部分熔化,连接形成烧结颈,这种结构能有效增强制件机械性能。同时烧结可以使大多数液体成分蒸发或裂解,减少残余成分。但是由于烧结使制件内部结构和成分发生剧烈变化,往往会造成严重的变形。

4. 浸渗

浸渗是一种提高制件致密度、强度的方法,它和烧结不同,不会产生严重的收缩。低温和高温浸渗都取决于制件材料和黏接机制。浸渗液的温度必须低于基体材料的相变温度,且保证制件在浸渗过程中不产生变形。为了使浸渗液能够在压力或毛细作用渗入制件的空隙中,其应具有足够的流动性和表面张力。低温浸渗通常在稍高于环境温度和低于制件相变温度下进行。常见的浸渗剂有蜡、氰基丙烯酸酯、聚氨酯和环氧树脂等。低温浸渗最常见的是通过浸渍制件来完成,但是也可以采用雾化浸渍等方式。高温浸渗需要控制浸渗剂的组成及热过程,在浸渗之前通常对制件进行预热,这样可以防止浸渗剂在制件表面过早地凝固,阻碍其向内部渗透。

除了这四种常见的方法外,还有很多有针对成形需求的后处理方法,这些方法往往与基体材料本身性能或选择的成形方案相关。例如热处理硝酸银得到银单质,还原金属盐类或金属氧化物得到金属单质等。

9.7　三维喷印优缺点

SLA、LOM、SLS、SLM 等增材制造技术是以激光作为成形能源,激光系统的价格及维护费用昂贵,致使制件的制造成本较高,3DP 技术采用喷头喷射液滴逐层成形,无需激光系统。它具有以下优点。

(1) 成本低。无须昂贵复杂的激光系统,整体造价大大降低,喷头结构高度集成化,不需要庞大的辅助设备,结构紧凑,便于小型化。

(2) 材料类型广泛、成形过程无须支撑。根据使用要求,可以选用热塑性材料、金属、陶瓷、石膏、淀粉等复合材料。工作缸中以粉末材料作为支撑,无须再设计支撑。

(3) 运行费用低且可靠性高。成形喷头维护简单,消耗能源少,运行费用和维护费用低。

(4) 成形效率高。3DP 技术使用的喷头有较宽的工作条宽,相比于高能束光斑或挤压头等点工作源,具有较高的成形速度。

(5) 可实现多彩色制造。3DP 技术可以通过在黏结液中加入色素的方式,按照三原色着色法,在成形过程中对成形材料上色,以达到直接彩色制造的效果。

尽管 3DP 技术近年来发展迅速,材料与工艺研究、成形设备等方面都有了长足的进步,但其工艺本身也还存在一些缺点和不足,主要体现在如下几个方面:

(1) 3DP 成形初始件的强度较低。由于 3DP 成形初始件的孔隙率较大,使得初始件强度较低,常需要进行后处理得到足够的机械强度。但也可利用这个特点制备多孔功能材料。

(2) 成形精度尚不如激光设备。3DP 技术采用喷墨打印技术,液体黏结剂在沉积到粉末后常会出现过度渗透等现象,导致成形制件尺寸精度不高及表面粗糙等。

(3) 打印喷头易堵塞。打印喷头容易受液体黏结剂稳定性的影响产生堵塞,使得设备的可靠性、稳定性降低。而喷头的频繁更换又会增加设备使用成本。因此在上机实验前一定要做大量的实验来确保液体黏结剂的适用性。

9.8　三维喷印典型应用

3DP 技术应用也十分广泛,下面主要介绍在原型制作、快速制模、快速制造、医学模型、制药工程、组织工程、微纳制造等领域的应用。

9.8.1　原型制作

3DP 可以用于产品模型的制作,提高设计交流的能力,是强有力的与用户交流的工具,可以进行产品结构设计及评估,样品功能测评等。除了一般工业模型,3DP 也可以成形彩色模型,适用于生物模型、产品模型、建筑模型及艺术创意等。此外,彩色原型制件可通过不同的颜色来表现三维空间内的温度、应力分布情况,这对于有限元分析起很好的辅助作用。

图 9.16　彩色模型用于产品设计、建筑模型、有限元分析

9.8.2　快速制模

3DP 技术可以用来制造模具,包括直接制造砂模、熔模,以及模具母模。采用传统方式制造模具,需要事先人工制模,而这个过程耗时占整个模具制作周期的 70%。采用 3DP 技术,可以实现铸造用砂型、蜡模、母模的无模成形,从而缩短生产周期、减小成本。可以制造出形状复杂、高精度的模具。图 9.17 展示了 Voxeljet 公司采用 3DP 技术制造的砂型、蜡模。3DP 技术也可直接制作出具有随形冷却水道的任意复杂形状模具,甚至在模具中构建任何形状的中空散热结构以提高模具的性能和寿命。

（a）3DP成形砂型　　　　　　　　　　（b）蜡模

图 9.17　3DP 成形砂型及蜡模

9.8.3　功能部件制造

直接制造功能部件是三维打印成形技术发展的一个重要方向。ProMetal 公司采用 3DP 技术,可以直接成形金属制件。采用黏结剂将金属材料黏结成形,成形制件经过烧结后,形成具有很多微小空隙的制件,然后对其渗入低熔点金属,就可以得到强度和尺寸精度满足要求的功能部件。图 9.18 是 ProMetal 公司采用此方法直接制造出来的工艺品。另外,可以采用类似的工艺制造陶瓷材料的功能零件,如采用 Ti_3SiC_2 陶瓷成形的功能零件,具有高的导热率和导电率,可用于柴油机或者航空。采用 3DP 技术制成的具有内部孔隙的过滤器(图 9.19)可用于电厂、汽车尾气处理等方面,具有优良的吸附性能。

图 9.18　金属艺术品　　　　　图 9.19　陶瓷过滤器

9.8.4　医学领域

3DP 可以应用于假肢与植入物的制作,利用模型预制个性假肢,提高精确性,缩短手术时间,减少病人的痛苦。此外,3DP 制作医学模型可以辅助手术策划,有助于改善外科手术方案,并有效地进行医学诊断,大幅度减少手术前、手术中和手术后的时间和费用,其中包括上颌修复、膝盖、骨盆的骨折,脊骨的损伤,头盖骨整形等手术,给人类带来巨大的利益。在 3DP 打印器官模型的帮助下,许多罕见而复杂的手术得以顺利完成。医生可以在医疗成像扫描结果的基础上制作出患者的心脏的解剖学模型,并使用该模型掌握外科医生或将在手术中面临的状况。据报道,心脏病专家博士 Peter Manning 根据医学影像数据,利用 3D system 公司生产的全色彩 3DP 设备为 20 个月大的儿童心脏手术创建的彩色 3D 打印心脏模型,如图 9.20 所示,整台手术历时 2.5 h,医疗团队顺利完成了手术。

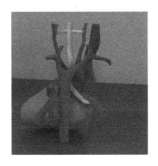 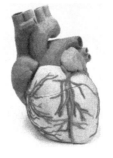

图 9.20　彩色 3D 打印心脏模型

9.8.5　制药工程

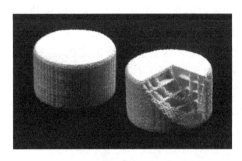

图 9.21　缓释药物

缓释药物可以使药物维持再希望的治疗浓度,减少副作用,优化治疗,提高病人的舒适度,是目前研究的热点。缓释药物具有复杂内部孔穴和薄壁部分,采用多喷嘴 3DP,用 PMMA 材料制备了支架结构,将几种用量相当精确的药物打印入生物相融的可水解的聚合物基层中,实现可控释放药物的制作。美国 Therics 公司使用 3DP 生产这种可控释放药物如图 9.21 所示,其药剂偏差量小于 1%,而当前制药方法的药剂含量偏差约为 15%。

3DP 避免了采用激光成形产生的大量热量,对保证有机物的活性具有重要的意义,因此 3DP 工艺在可控释放药物的制作上有着独特的优势。目前 3DP 能够快速地、无浪费地制造具有复杂药物释放曲线,精确药量控制的药物。

9.8.6　组织工程

目前组织工程的研究热点是获得由细胞及生物物质和基质材料所组成的组织器官。在组织器官的制造过程中,生物因子根据设计要求的可控缓释对于组织器官的生长起着重要的调控作用,用 3DP 成形器官组织的支架结构可以对其孔隙率以及孔径的分布进行控制,得到所需的孔隙梯度结构,从而控制组织器官的降解速率,实现组织缺损的修复,如图 9.22 所示。常用的制备组织工程支架的材料有羟基磷灰石(HA)、磷酸三钙(α/β-Ca_3HPO_4)、玻璃陶瓷等。此外,液滴喷射能够实现包括细胞在内的各种生命单元和物质的复杂空间排布。例如,采用热敏材料固化工艺,对热可逆凝胶和仓鼠卵巢细胞的悬浮培养液进行液滴喷射成形。采用基于液滴喷射的成形技术,使分层原位不完全交联固化,把细胞/基质材料复合单元作为成形对象的细胞/基质材料液滴受控组装技术,初步实现了类组织前体的成形制造。

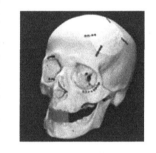

图 9.22　颅骨缺损组织修复

9.8.7　电子电路制造的应用

利用三维喷印技术进行电子器件的制造以及电子电路的直接成形也是三维喷印技术未来发展的一个重要方向。凭借微喷射技术不断向更精更快方向发展和对喷射材料电特性的不断改良,三维打印这种增材制造方法势必可以快速打印各种电子元器件和多层电路结构,在半导体制造业中将占有一席之地。如图 9.23 所示为日本的研究人员利用三维打印技术在玻璃基板上成形的电路结构。

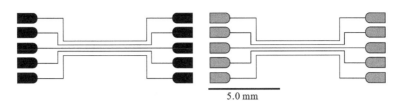

5.0 mm

图 9.23　电子制造应用

思考与判断

1. 3DP 的技术原理是什么？这项工艺的优缺点有哪些？

2. 3DP 的常用的黏结方法有哪些？根据什么来选择？

3. 3DP 技术的工艺参数有哪些？对成形制件性能有什么影响？

4. 3DP 所使用打印喷头分为哪几类？各自的原理、使用条件是什么？

5. 目前 3DP 成形材料有哪些？各应用在什么领域？

第 10 章　增材制造数据处理

10.1　STL 模型发展历史

STL 是一种利用三角面片表达三维实体表面模型的文件格式(图 10.1),由美国 3D Systems 公司于 1988 年制定,在工业界被广泛应用。目前,几乎所有的增材制造系统和大部分 CAE 系统都采用 STL 文件作为数据交换格式。大多 CAD 软件都可以导出 STL 文件格式,但不能对 STL 文件编辑处理。

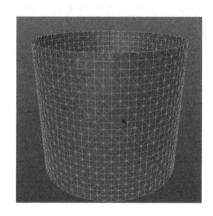

图 10.1　STL 模型图

STL 文件从其产生之初就应用于增材制造领域中,被作为制件切片、大制件分割、支撑生成等数据处理的主要数据模型。另外,由于增材制造成形空间有限等原因,对于尺寸较大的制件需要对其 STL 模型进行分割处理。

尽管 STL 文件从其产生至今,不论是在研究方面还是在应用方面都取得了可喜的进展,但仍存在明显不足,其中最突出的就是 STL 文件可编辑性差。此外,各增材制造系统大多采用自行开发的软件系统,对 STL 文件的处理算法各不相同,使得数据处理的中间文件无法共享。

10.2　STL 模型的文件格式及拓扑优化

10.2.1　STL 文件格式

STL 文件格式是一种用三角面片表达实体表面数据的文件格式,由若干空间小三角形面片拼接而成。每个三角形面片用三角形的三个顶点和指向模型外部的法向量表示和记录,如图 10.2 所示。STL 文件描述的是一种空间封闭的、有界的、正则的、唯一表达物体的模型,包含点、线、面的几何信息,能够完整表达实体表面信息。

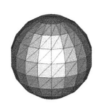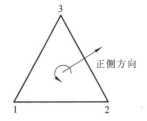

图 10.2　STL 模型及单个三角面片

　　按照数据储存方式的不同,STL 文件可分为二进制(Binary)和文本(ASCII 码)两种格式。为了保证 STL 文件的通用性,这两种文件格式均只保存模型名称、三角面片个数、每个三角形的法矢量和三个顶点的坐标值这四大类信息。两种格式之间可以互相转换且不丢失任何信息。二进制格式文件小,只有文本格式的 1/5 左右,读入处理快;文本格式则具有阅读和改动方便,信息表达直观的优点。目前,这两种格式的 STL 文件均被广泛使用。

　　文本格式的 STL 文件逐行给出三角面片的几何信息。每一行以一个或两个关键字开头,关键字的排列顺序以及关键后面的数据内容表达如下:

```
solid ⟨name⟩
  facet normal n_i n_j n_k
    outer loop
      vertex v_1x v_1y v_1z
      vertex v_2x v_2y v_2z
      vertex v_3x v_3y v_3z      第一个三角面片
    end loop
  endfacet
  facet normal
  ……
  endfacet
  ……
endsolid ⟨name⟩
```

　　格式说明:① 正体字(符合标准或规范的文字)为关键字,由文件格式定义,一般为小写;② ⟨name⟩为三维实体模型的名称,由用户给定;③ n_i,n_j,n_k 为三角面片单位法矢量的 3 个分量值;④ v_{ix},v_{iy},v_{iz}($i=1,2,3$)为三角面片三个顶点的三维坐标值。

　　二进制格式的 STL 文件用固定的字节数表达三角面片的几何信息。文件的起始 80 字节是文件头,可以放入任何文字信息。紧随着的 4 字节整数描述实体的三角面片个数。后面的内容逐个给出每个三角面片的几何信息。每个三角面片占用固定的 50 字节。3 个 4 字节浮点数描述三角面片的法矢量,9 个 4 字节浮点数描述三角面片的 3 个顶点坐标,最后的 2 字节描述三角面片的属性信息。

　　正确的 STL 文件应满足下列条件:

（1）共顶点规则。每相邻的两个三角形面片只能共用 2 个顶点。如图 10.3 所示，图 10.3(a)中有三角形的顶点落在了另一个三角形的边上，不符合共顶点规则；图 10.3(b)中每相邻的连个三角形都是有两个共顶点，属于正确的 STL 格式。

（2）右手规则。三角形面片的三个顶点次序沿指向模型外部的法向量方向呈逆时针排列，符合右手规则，如图 10.4 所示。

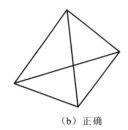
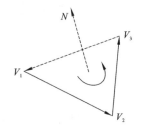

（a）错误　　　　　　　　　（b）正确

图 10.3　STL 文件共顶点规则实例　　　　　图 10.4　STL 文件中三角形顶点与法向量的关系

（3）取值规则。每个三角形面片顶点的坐标值必须为正值，不应当存在零和负值。

（4）充满规则。二维模型表面上必须布满三角形面片，不能有空缺处。

10.2.2　STL 文件拓扑关系的建立

STL 文件的数据量非常大。一个较复杂的实体模型一般由几万甚至几十万个三角形面片构成。因此，在 STL 文件中保存有大量的重复顶点，产生冗余，如图 10.5 所示。如果简单地照原样提取数据，则会占用大量计算机资源，且降低计算速度。因此，在读取 STL 文件时必须去除冗余数据，并建立各数据之间的拓扑关系。

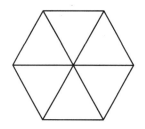

图 10.5　STL 文件的冗余信息

STL 文件描述的特征形状可分为 4 类：体(body)、面(face)、边(edge)和顶点(point)。建立拓扑关系后，通过体可以找到其所包含的所有面、边和顶点，通过面可以找到其三个邻面、三条边和三个顶点，通过边可以找到其所属的两个面和包含的两个顶点，通过点可以找到它所属的多个边和多个面。为了节省存储时间和空间，顶点记录其坐标值，面和边记录顶点的编号。数据结构可设计如下（＃后为注释内容）：

```
Class body      #定义体类结构
{
public:
    Carray<Point*,Point*>m_arrPoint;      #定义点数组
```

```
        Carray<Edge*,Edge*>m_arrEdge;        #定义边数组
        Carray<Face**,Face*>m_arrFace;        #定义面数组
    …
    };
    Class NewPoint        #定义点类结构
    {
    public:
        double x,y,z;        #定义坐标信息
        intPointIndex;        #定义点的索引信息
    public:
        bool operator==(constNewPoint&p);        #重载相等符号
        bool operator<(constNewPoint&p);        #重载小于符号
    …
    };
    Class Point        #定义原生点结构
    {
    public:
        double x,y,z;
        CList<int,int>NearPoints;        #定义最近的点数组
        CList<int,int>BelongEdges:        #定义所属的边界数组
        CList<int,int>BelongFaces;        #定义所属的面数组
    …
    };
    Class Edge        #定义边结构
    {
    public:
        intIncludePoints[2];        #定义包含的两个端点
        intBelongFaces[2];        #定义所属的相邻的两个面信息
    …
    };
    Class Face        #定义面结构
    };
    public
        CList<int,int>NearFaces;        #定义最近的面数组
        intIncludePoints[3];        #定义包含的三个顶点的数组
        CList<int,int>IncludeEdge8;        #定义包含的三个边的数组
    };
```

　　每次从 STL 文件读出一个新顶点,构造一个 NewPoint 对象,并判断是否是重复顶点。不重复则构造 Point 对象,将其赋值后放入 m_arrPoint 中。每读入三个新顶点,就构造一个 Face 对象,加入到 m_arrFace 中。利用每次读入的三角形的三个顶点必然相邻的

特点,把邻点加入到顶点的 NearPoints 中,并把该三角形记录为三个顶点所属的三角形,存储在顶点的 BelongFaces 中。同时,把这三个顶点记录为三角形所包含的顶点,存储在三角形的 IncludePoints 中,如图 10.6 所示。

　　利用 m_arrFace 建立边的信息。从 m_arrFace 中取出一个三角形,顺序读取该三角形的每条边的两个顶点。首先,判断该边的后一点的邻点链表中是否含有其前一点。如果没有,则表示该边已经在计算前面的三角形时记录在 m_arrEdge 中了;如果有,则构造 Edge 对象,把这条边存入 m_arrEdge 中,同时求这两点所属三角形的交集,可以得到通过该边相邻的两个三角形,即该边所属的两个三角形。如果相邻的面只找到一个,也就是该三角形,说明该边在边界上。此时,把该三角形通过该边相邻接的三角形记为 −1,并记录边所包含的顶点以及两顶点所属的边。前一个顶点要在其邻点链表中删除下一个点,以保证另外的三角形读入该边时,不再计算该边,如图 10.7 所示。

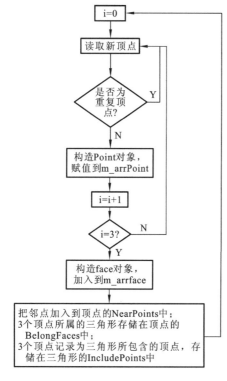

图 10.6　STL 文件构造对象流程图

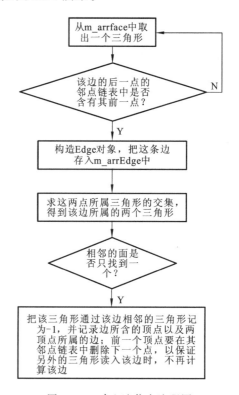

图 10.7　建立边信息流程图

10.2.3　STL 文件数据的错误修正

　　由于 STL 文件格式本身的不足以及数据转换过程中易出错等原因,在 STL 模型中也会存在如漏洞、裂缝/重叠、顶点不重合以及法向量错误等缺陷。为此,在读入和构建拓扑关系时应进行错误检查,并做出相应的修复,见表 10.1 所示。

表 10.1　STL 文件的错误分类

序号	错误类型	具体说明	图示
1	空洞与裂缝	空洞是 STL 文件最常见的错误。对多个大曲率曲面相交构成的表面模型进行三角化处理时,如果拼接该模型的某些小曲面丢失,就会造成空洞	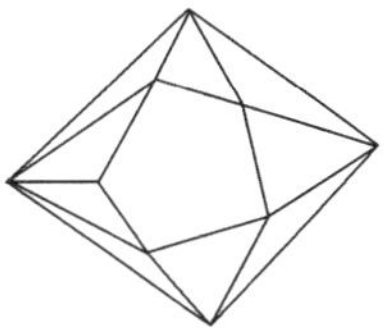
2	重叠	面片的顶点坐标都是用浮点数存储的,如果控制精度过低,就会出现面片的重叠情况;进行分块造型的模型如果在造型后没有进行布尔并运算,实际造型时添加的分割面就没有去除,就会产生重叠错误。重叠分为表面重叠和体积重叠(多个实体堆叠到一起)两种,其中,表面重叠又包括一个三角形与另一个三角形完全重合及一个三角形的部分与另一个或多个三角形部分重叠	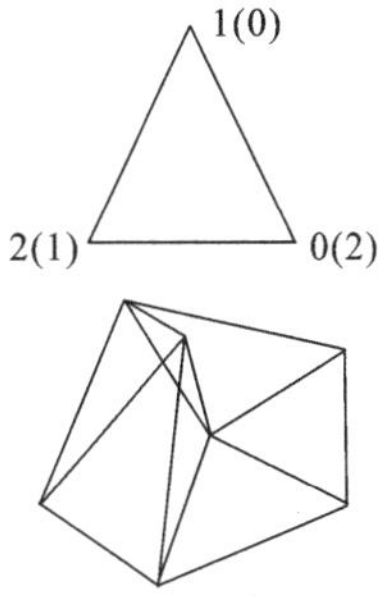
3	错位	这是 STL 文件常见的错误,错位是由于应该重合的顶点没有重合所导致的	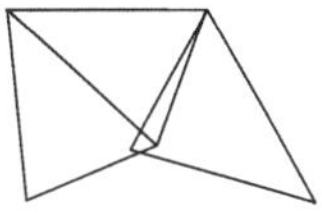
4	反向	三角面片的旋向有错误,即违反了 STL 文件的取向规则,产生的原因主要是生成 STL 文件时顶点记录顺序混乱	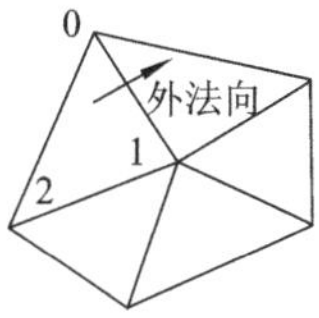
5	多余	指在正常的网格拓扑结构的基础上多出了一些独立的面片	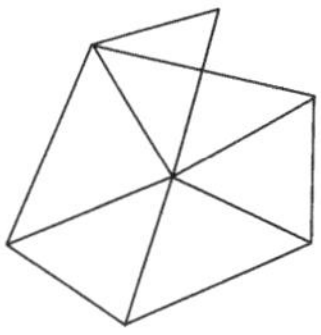
6	不共顶点	违反了 STL 文件的共顶点规则,由于顶点不重合导致相邻的三角面片重合的顶点数少于两个,此时三角形的顶点落在了相邻三角形的边上但是没有出现裂缝	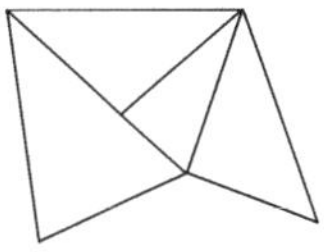

　　基本错误修复的实现:考虑到不同错误的特点及修复方法,基本修复的步骤如下:合并顶点—空洞修复—裂缝修复—删除多余—重叠修复—错误刷新。重复上述步骤,直至修复完毕。

1. 合并顶点

合并顶点可以修复错位和部分裂缝。具体算法如下：

先遍历所有连通错误区域；在每一个连通错误区域内，遍历所有的错误顶点；计算该顶点与其他顶点间的距离 d，找到 $d<e$ 的顶点（e 为指定的应该重合顶点的容许误差）并将其加入临时顶点数组；合并临时顶点数组中不属于同一边的顶点，并合并相邻关系；重复上述步骤，直至遍历完所有连通错误区域。

如顶点 1 和顶点 0 需要合并，合并相邻关系又包含下列步骤：

先找到顶点 1 的所有相邻面片，将面片中顶点 1 的原来位置用顶点 0 代替；删除顶点 1 的所有相邻面片；将顶点 1 的相邻面片加入顶点 0 的相邻面片中；顶点 1 标记为"已删除"。

原则上错位错误比较容易修复，只需将距离很近的顶点合并就可以了。但是，由于实际上正常的 STL 文件面片的边长有可能很小，甚至小于错位距离，无法区分两个短距离的顶点是否错位，因此设置适当的 e 值是非常困难的。设置过小，纠正效果不明显；设置过大，有可能将正常的短面片边的顶点误认为错位顶点而导致产生其他错误。在实践中一般是通过大量试验的方法来获得合理的 e 值。

2. 空洞的修复

空洞是 STL 文件中最常见的错误。由于设置适当的错位距离非常困难，故合并顶点后可能会产生空洞，因此在修补空洞前，应先进行合并顶点操作，以便集中处理空洞错误。空洞错误根据特征可以分为顺向单环和连环孔两类，连通区域为顺向单环的充要条件是：每个错误顶点有且仅有两个错误边而且方向为顺时针。对于连环孔，则通常需要分解成可以处理的多个单环。单环都是顺时针方向，是由 STL 文件的取向规则决定的，STL 文件要求单个面片法向量符合右手定则，且其法向量必须指向实体外面。对于空洞来说，绕向必然相反，即从实体外侧看为顺时针方向。

1）顺向单环空洞的处理

顺向单环空洞修复的方法是在空洞中构造三角面片。由于大于三条边的空洞都是空间多边形，因此要把空间多边形在三维空间中划分成三角形非常复杂，本文采用最小角度判定法，具体算法如下：

遍历顶点数不小于 3 的顺向单环，计算环内各顶点处边的夹角；找到夹角最小处的顶点；以该顶点和它的两条相邻错误边形成新的面片，加入制件中；更新错误区域；重复上述过程，直至单环内只剩三条边，该三条边组成一个新面片，加入面片数组中。

实例如图 10.8 所示，先找到最小内角 abc，生成面片 abc；再找到最小内角 eac，生成面片 eac；最后生成面片 ecd。

每添加一个三角形，空洞的形状和大小就发生了变化，最小夹角也发生了变化，因此每添加一个三角形后，必须对错误区域进行修订。修订过程如下：①新添的错误边设置其顶点和相邻错误顶点；②错位顶点重设其相邻错误边；③连通区域删除已修复的错误顶点和错误边；④单环重新进行夹角计算。

2）连环孔的修补

连环孔（如图 10.9 所示，白色部分为孔）的识别与修复十分困难，此处采用深度优先

最短路径法,将连环孔中的每个孔分离出来,然后逐个修复。具体步骤如下:

先建立边的拓扑信息,将所有边列出来;然后将所有的交叉顶点找出来。交叉顶点就是与该点相连的边数大于 2 的顶点,如图 10.9 所示中的 A,B,C,D 和 E 点。建立由所有的交叉顶点组成的一个空间图数据结构,在图 10.9 中相邻的交叉顶点的路径是已知的。最后从某个交叉顶点作图的深度优先搜索,第一次返回该交叉顶点所得的路径就是一个封闭的孔。当然,若某交叉顶点有一条路径返回自身也肯定是一个孔。

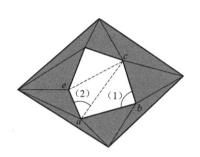

图 10.8　最小角度法修补实例

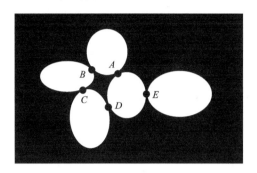

图 10.9　连环孔示例

对于如图 10.9 所示的连环多孔,用图来表述所有直接的连通路径的交叉顶点,同时记录其连通路径,再通过图的深度优先搜索查找孔。如对点 A 进行搜索,在搜索到第二层后即可得到封闭的孔 $A\text{-}B\text{-}A$;而对点 E 搜索一步即可得到 $E\text{-}E$。经过这种搜索后,可得到该实体的 5 个孔为 $A\text{-}B\text{-}A$,$B\text{-}C\text{-}B$,$C\text{-}D\text{-}C$,$D\text{-}A\text{-}E\text{-}D$ 和 $E\text{-}E$,其中每个箭头所代表的路径都可能由许多边组成。对顶点 A 进行深度优先搜索如图 10.10 所示。

3) 裂缝的修复

裂缝的修复可以看作是顶点合并与空洞修复的组合. 先合并顶点,以消除部分裂缝。合并顶点也可能会将裂缝转化为空洞(裂缝本身也是空洞),对空洞再用如图 10.11 所示中的修复算法解决。

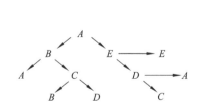

图 10.10　对顶点 A 进行深度优先搜索

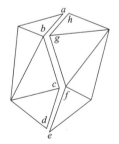

图 10.11　裂缝修复

4. 重叠的修复

重叠错误也是较难识别和修复的一类错误,此处提出一种实践上可行的解决方案,算法如下:

先遍历所有的连通错误区域;在每个遍历连通区域内,遍历所有的错误顶点;分别以每个错误顶点为中心搜索 n 圈（n 为指定圈数），找到落在某相邻面片内的顶点，判断为重叠错误；以该顶点为中心，删除从第 1 圈到第 n 圈的所有相邻面片，构成空洞；进行空洞的修复；重复上述步骤，直至遍历完所有的连通错误区域。

其他错误的修复方案：上述修复功能并不能修复所有的 STL 文件错误，有些错误需要进一步识别和修复。对于不可识别或不易识别的错误，可采用一种简单而有效的方法：①先将这些错误全部删除，集中构成空洞错误，此时错误的数量虽然有可能并没有减少（甚至有可能增加），但错误的复杂程度大大降低；②对这些空洞分别进行修复。如对前述的多余错误，就将多余的面片删除，如果有空洞，则再进行空洞修补；而对反向错误，则将法向错误的面片全部删除，再进行空洞修补。

10.2.4　STL 模型偏置

对 STL 模型进行偏置一般采用面偏置法和点偏置法。面偏置法将每个三角面片沿其法向量方向偏置指定距离。顶点偏置法通过顶点及与其相邻的三角面片法向量计算出的对应偏置点，然后由偏置点构造偏置模型。面偏置法精度高，但容易出现三角面片不连续（凸面）或相交（凹面）的现象。点偏置法则可以避免上述问题，算法也比较简单，但生成的偏置模型精度较低。

10.2.5　STL 模型镂空

对于尺寸较大的实心制件，如果不影响制件性能将其镂空将大大缩短加工时间，还可以节约材料。实现 STL 模型镂空的算法主要有三维空间偏移法、二维曲线偏移法和空间枚举法等。

（1）三维空间偏移法。将 STL 模型中的三角面片的点、线或面向内偏移，形成镂空体的内边界，与原有表面一体形成镂空模型。该方法的缺点是偏移后的镂空内腔表面容易出现裂缝和干涉现象，如图 10.12 所示。

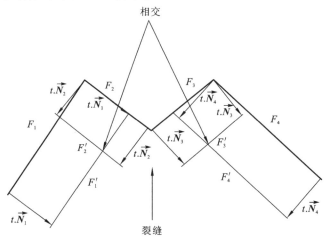

图 10.12　偏移 STL 模型的面后出现的相交与裂缝

（2）二维曲线偏移法。将 STL 切片生成的外轮廓环在平面内偏移，形成镂空体内轮廓环。该方法根据外表面法矢实时计算每层切片轮廓上各点的偏置距离，计算量大，效率低。在镂空时其偏移距离为定值，但轮廓曲线所在面的法向矢量是变化的，因此得到的镂空模型壁厚极不均匀的，而且还容易形成自相交和孔洞问题，如图 10.13 所示。

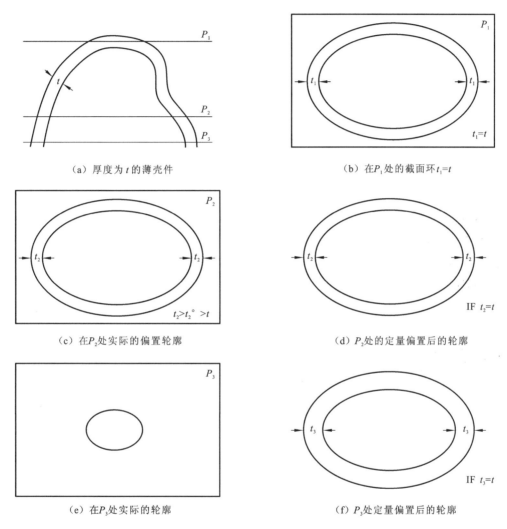

（a）厚度为 t 的薄壳件   （b）在 P_1 处的截面环 $t_1 = t$

（c）在 P_2 处实际的偏置轮廓   （d）P_2 处的定量偏置后的轮廓

（e）在 P_3 处实际的轮廓   （f）P_3 处定量偏置后的轮廓

图 10.13 轮廓曲线偏移法示意图

（3）空间枚举法。将三维模型离散成体素（实体化），通过射线与体素进行一维布尔运算，求出镂空区域。该方法避免了复杂的三维布尔运算，且不会产生干涉现象。但是，该方法生成的镂空体内腔呈阶梯状。减小体素的尺寸可以改善表面质量，但同时也增加了算法的空间和时间复杂度，导致计算效率降低，如图 10.14 所示。

　　　　　　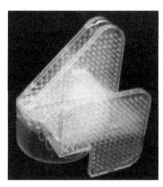

　（a）源文件STL模型　　　　（b）镂空后STL模型的剖分图　　　　（c）镂空成形零件

图 10.14　　原始模型与实际加工的镂空制件

10.3　STL 模型切片

　　分层切片是增材制造中对 STL 模型最主要的处理步骤之一。STL 模型分层切片一般是判断某一高度方向上切平面与 STL 模型三角形面片间的位置关系,若相交则求出交线段,将所有交线段有序地连接起来即获得该分层的切片轮廓数据。由于大部分面片可能不与切平面相交,如果遍历所有的三角形面片将造成大量无用的计算时间和空间。为此,一般需要对 STL 模型文件进行预处理,然后再进行分层切片。主要算法有基于几何拓扑信息的分层切片算法、基于三角形面片位置信息的分层切片算法以及基于 STL 网格模型几何连续性的分层切片算法。

10.3.1　基于几何拓扑信息的分层切片

　　基于几何拓扑信息的分层切片算法的基本过程为:首先,根据分层切片截面的高度,确定一个与之相交的三角面片,计算出交点坐标;然后,根据建立 STL 模型拓扑信息,查找下一个相交的三角形面片,求出交点;最后,依次查找,直至回到初始点;依次连接交线段,得到该切片轮廓环,如图 10.15 所示。

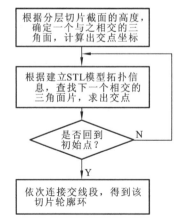

图 10.15　　基于几何拓扑信息的分层切片流程图

该算法获得的交点集合是有序的,无须重新排序即可获得首尾相接的轮廓环;但建立 STL 文件数据的拓扑信息也相当费时,占用内存大,尤其是模型包括的三角面片较多时尤为明显,如图 10.16 所示。

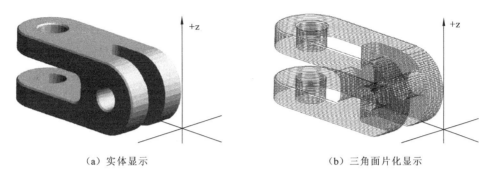

(a) 实体显示　　　　　　　　　　　(b) 三角面片化显示

图 10.16　基于拓扑信息的分层实例

10.3.2　基于三角形面片位置信息的分层切片

三角面片在分层方向上跨距越大,则与之相交的切平面越多;按高度方向(Z轴)分层,三角面片沿高度方向的坐标值距起始位置越远,求得切片轮廓环的时机越靠后。利用这两个特征,可以减少切片过程中对三角面片与切平面位置关系的判断次数,达到加快分层切片的目的。如图 10.17 所示其基本过程为:首先,沿 Z 轴方向将三角面片按照 Z 坐标值的大小排序;然后,依据当前切片高度找到排序后三角形面片列表中对应的位置,由于三角面片已经排序,因此查找效率会大大提高;最后,计算当前切片高度截面与所有相交三角面片的交点,按序连接生成该层的切片轮廓环。该算法最大的优点是速度的提升,但是求得的交点没有记录其相互位置关系,必须经过专门的连接关系处理以形成有向的闭合轮廓环线。

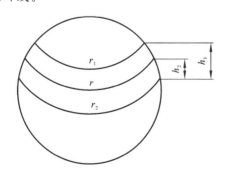
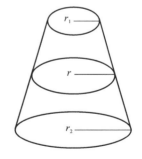

图 10.17　分层切片示意图

10.3.3　基于 STL 网格模型几何连续性的分层切片

该算法主要考虑 STL 模型在分层时具有的三个连续性:①与切平面相交的三角面片的连续性;②与切平面相交的三角面片集合的连续性;③所获得截面轮廓环的连续性。其基本过程为:首先,将三角面片建立集合(模型表面上的三角面片方向矢量与 Z 轴夹角小

于临界值 δ 时会拾取出此三角面片);然后,在分层过程中动态生成与当前分层平面相交的三角面片表,求出交点形成当前层的轮廓环;最后,当切平面移动到下一层时,先分析动态面片表,删除不与该层切平面相交的三角面片,添加相交的新面片,进行求交获得轮廓环,直到分层结束。该算法建立不同切平面的动态面片表降低了内存使用量和计算时间,从而提高分层的处理效率,但在动态面片表中增减三角面片也会增加计算的复杂度,如图 10.18 所示。

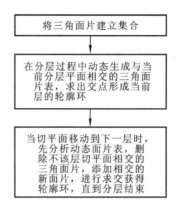

图 10.18　基于 STL 网格模型几何连续性的分层切片流程图

10.4　填　充　算　法

10.4.1　填充的类型及特点

对 STL 模型分层得到的截面轮廓环进行填充是增材制造数据处理的关键。大部分增材制造工艺均需要生成"线段式"扫描路径,主要有两种类型:

(1) 方向平行路径[图 10.19(a)]:每条路径均互相平行,在轮廓环内往复扫描填充,也称为"Z 字"路径;

(2) 轮廓平行路径[图 10.19(b)]:由轮廓环的一系列等距环构成。

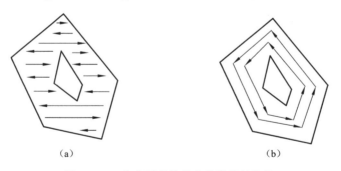

(a)　　　　　　　　　　　　　　　(b)

图 10.19　方向平行路径和轮廓平行路径

方向平行路径扫描方式路径生成速度快,便于实时加工,是目前扫描路径生成的主要算法。

10.4.2　填充算法

1. 逐行扫描

这种扫描方式广泛应用于增材制造中,由于该扫描方式实现简单,易于控制和实现,通过采用逐行扫描方式应用金属熔化成形有如下优势:沿短边方向扫描时,相邻两次扫描的间隔时间短,温度衰减慢,前一次被扫描熔化的粉末还没有冷却凝固,相邻的扫描又开始,因而相邻扫描路径之间温差较小,同时前一次扫描相当于对后一次扫描的粉末进行预热,由于扫描间隔时间短,预热效果明显,降低了金属熔化时形成的温度梯度,减少了内应力,可减少翘曲变形,如图 10.20 所示。

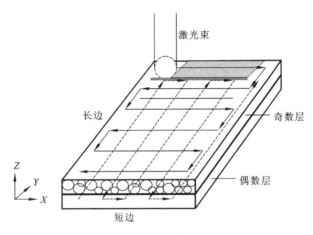

图 10.20　逐行扫描方式

但是根据金属熔化的特点分析,该扫描方式应用与金属熔化成形方式有以下不足。

(1) 扫描方向单一,由于采用直线扫描,因此扫描路径的长度由制件模型决定。制件为矩形或者细长型制件,则沿单一方向上的长度最长。从前面的分析可知,沿扫描路径在矢量方向存在最大拉应力,该扫描方式是沿单一方向长线扫描,因此单一方向上的每条扫描路径收缩方向相同,容易集中收缩应力从而产生某一方向的翘曲变形,当残余应力大于材料的抗拉强度时将在扫描的垂直方向上产生裂纹。

(2) 尺寸精度不一致,由于金属熔化冷却产生膨胀和收缩,单一方向的扫描使该方向的材料在冷却固化时产生的收缩量最大,而在垂直方向由于没有扫描路径,而是路径的本身宽度,且路径是互相平行的,因此收缩时产生的收缩量最小,因此在两方向上的收缩量不同,必然造成加工后制件的尺寸精度不一致。

(3) 组织均匀性差。扫描方向上的扫描路径长度远大于垂直方向上的扫描路径长度,因此从宏观上看,两个方向的组织结构有不同,使得制件的组织均匀性差,从而导致零件在两个方向的机械性能有很大的差异,以至影响加工后零件的整体机械性能。

2. 分区扫描

分区域偏置扫描方式是在内外轮廓附近一定区域内采取偏置方式,确定出偏移次数,偏移距离为扫描线宽度的一半;偏置后得到的新轮廓采取分区域算法,并使分得的区域都是凸多变形,即多边形无凹点;最后在分得的几个凸多边形中分别进行偏置扫描填充。如图 10.21 所示,这种扫描方式比环形扫描在避免零件翘曲和提高零件精度方面又前进了一步,并且数据处理的算法简单得多,它有以下优点:①它具有偏置扫描所具有的优点;②由于将多边形剖分成为一个个的凸多变形,其扫描线更短,收缩变形更小;③由于在扫描时凸多边形的边界不扫描,因此在同一层内应力减小,变形减小;④扫描线的生成算法简单,易实现。

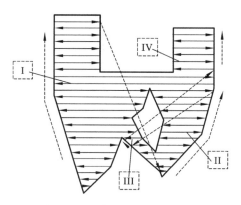

图 10.21　分区域偏置扫描方式

3. 分块(棋盘)扫描

该种扫描方式把扫描区域预先划分为若干个小方块,每个小方块的尺寸大小相同,在扫描时,每个小方块单独熔化成形后,然后再转移到其他小方块扫描,直到划分的所有小方块扫描完成。在每个小方块单独扫描时,一般采用逐行扫描方式。但相邻的小方块逐行扫描方向互相垂直,以保证相邻扫描方向断开。所有小方块的扫描顺序一般非有序选取,即先任选一个小方块扫描,待该方块扫描完成后,在从剩下的所有方块中任选一个扫描,这样依次选取完所有小方块为止,如图 10.22 所示。

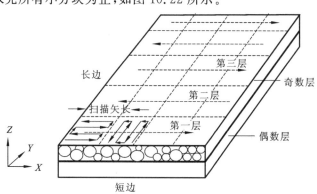

图 10.22　变扫描矢长分块变向扫描方式

该种扫描方式避免了逐行扫描方式中扫描路径方向单一和尺寸精度不一致的不利之处,保证每一熔化区域都是短边扫描。但是若以每一小方块为基本单元来看,若切片形状细长时容易出现 X 方向和 Y 方向的基本单元数目不一致,且所有基本单元无法通过扫描熔化形成一个扫描层整体,单元之间没有任何应力和约束,每单元内部的收缩容易造成组织均匀性在单元的接缝处出现裂纹现象,引起整体组织均匀性差的后果。

4. 螺旋扫描

国内外对激光选区熔化工艺中扫描方式的研究,以及多种扫描方式的比较分析,发现螺旋扫描方式在激光选区熔化工艺中应用效果比逐行或分块变向扫描方式更有优势。

螺旋线扫描方式是对分区扫描方式的进一步优化:各向同性,大量降低翘曲变形,提高零件的成形精度,无须频繁开关,成形效率高。螺旋扫描路径的生成关键是求得首尾相连无交叉重叠的轮廓偏置线。轮廓偏置线的求法有直接偏置法和基于 Voronoi 图生成偏置线法等。直接对轮廓段(包括直线段和圆弧段)偏置、求交,再去除多余环的偏置方法在切削加工中研究的较多。这种方法算法复杂、处理量大且易出错,如图 10.23 所示。

近年来,在激光增材制造中基于 Voronoi 图生成偏置线进而得到螺旋扫描路径的研究逐渐得到重视。其主要优点有:①生成 Voronoi 图后,可在接近线性时间内生成首尾相连、不需要多余环检查和求交处理的轮廓偏置线;②扫描线短和由内向外的扫描方式符合温度梯度的变化,变形翘曲小;③各向同性,机械性能好。基于 Voronoi

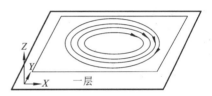

图 10.23　螺旋扫描方式

图生成螺旋路径的过程主要有两步:①根据分层轮廓信息构造封闭区域的 Voronoi 图;②从Voronoi 图的内点开始,由内向外生成首尾相连、平行于轮廓段的偏置线。因此,基于轮廓信息构造该封闭区域的 Voronoi 图算法是最终生成螺旋路径的基础。

5. 环形扫描

环形扫描方式在切片的轮廓区域范围内不断以给定的半径沿圆弧路径扫描,每扫描一圈半径的长度增加一个扫描间距,在扫描过程中路径以固定角速度作圆周运动,同时其线速度大小不变,但方向不断改变,这个方向也即圆周的切矢量。因此在任一个线(切)矢量方向上,由于金属熔池引起的收缩内应力分散在圆弧路径方向上,减少了沿激光束运动方向(线矢量方向上)翘曲变形的可能性。同逐行扫描方式相比,环形扫描方式的扫描长度在某一固定矢量方向上距离最短,理论上距离为 0,因此在相同收缩率情况下,收缩量小,可以提高熔化后切片轮廓的精度,如图 10.24 所示。

环形扫描方式减少了加工层面扫描方向上的应力收缩,对于简单形状如块形、四面体以及切面逐层减少的零件,沿扫描方向的翘曲变形明显减少,但环形扫描方式在减少直线扫描方向的翘曲变形同时却增加了向心方向的收缩应力,当向心收缩应力增加到一定程度时易引起四周向中间凸起的翘曲变形,我们称这种变形为环形翘曲,如图 10.25 所示。这种环形翘曲对于切面逐层减少或者下一层切面始终在上一层切片上加工的零件,翘曲

（a）零件切片区域

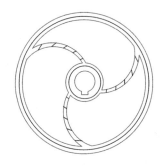

（b）环形扫描路径

图 10.24　环形扫描路径的生成

变形可以被上一层熔化后切面所牵引住,可以抑制翘曲变形。

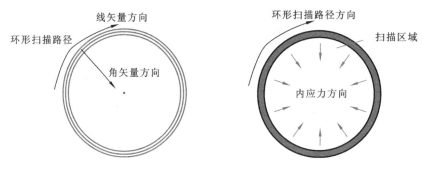

图 10.25　环形扫描路径的应力方向

10.5　支撑结构

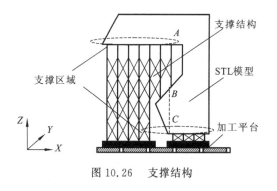

图 10.26　支撑结构

增材制造将三维实体模型分为若干二维平面逐层堆积成形。已成形部分将为未成形部分提供支撑。但是,当未成形的轮廓超出邻接已成形轮廓范围将形成"悬空"结构。悬空结构区域由于下面没有支撑,离散材料堆积将难以甚至无法成形。为此,针对悬空结构一般需要人为地添加辅助工艺结构即支撑结构,以克服其难成形的问题,如图 10.26 所示。目前,大多数增材制造工艺均需要添加支撑结构,而不同的工艺往往还需要不同的支撑类型。下面分别介绍几种典型支撑及特点。

10.5.1　柱状支撑

柱状支撑主要用于激光选区熔化成形过程中,如图 10.27 所示。支撑的主要作用体现在:1.承接下一层未成形粉末层,防止激光扫描到过厚的金属粉末层,发生塌陷;2.由于成形过程中粉末受热熔化冷却后,内部存在收缩应力,导致零件发生翘曲现象,支撑结构连接已成形部分与未成形部分,可有效抑制这种收缩,能使制件保持应力平衡。对于无支撑的竖直向上生长的零件,如柱状体,粉末在已成形面上均匀分布,此时其下方已成形部分的作用相当于一种实体支撑;对于有倾斜曲面的零件,如悬臂结构,此时若无支撑结构,会造成成形失败,主要体现在:①由于有很厚的金属粉末,粉末不能完全熔化,熔池内部向下塌陷,边缘部分会上翘;②在进行下一层粉末的铺粉过程中,刮刀与边缘部位摩擦,由于下方没有固定连接,该部分会随刮刀移动而翻转,无法为下一层制造提供基础,成形过程被破坏。添加支撑能有效防止此类现象发生。

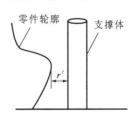

图 10.27 柱状支撑结构

综上所述,在激光选区熔化成形中,柱状支撑结构作用为:

(1)承接下一层粉末层,保证粉末完全熔化,防止出现塌陷;

(2)抑制成形过程中由于受热及冷却产生的应力收缩,保持制件的应力平衡;

(3)连接上方新成形部分,将其固定,防止其发生移动或翻转。

10.5.2 块体支撑

目前 FDM(Fused Deposition Modeling)的类别也很多,有采用双喷头的 FDM,它是由一个喷头喷零件材料,另一个喷头喷水溶性的支撑材料,成形完后水洗便可去除支撑得到零件;也有采用单喷头的 FDM,它是靠一个喷头喷模型材料来制作零件和支撑的,两者的加工方式例如路径扫描、挤料速度控制等方面存在不同,成形完后必须手动去除支撑才

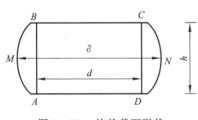

图 10.28 块状截面形状

可得到零件,而支撑的加工又关系到零件的加工成败、加工时间和表面质量等。

在自由状态下,从喷嘴中挤出的丝的形状应该是呈与喷嘴的形状一样的圆柱形。但在 FDM 工艺成形过程中,挤出的丝要受到喷嘴下端面和已堆积层的约束,同时在填充方向上还受到已堆积丝的拉伸作用,如图 10.28 所示。因此,挤出的丝应该是具有一定宽度的扁平形状。

10.5.3 网格支撑

网格支撑主要用于 SLA(Stereo Lithography Apparatus)成形中。光固化成形过程对支撑结构的要求,首先是要能将制件的悬臂部位支撑起来,其次是支撑与制件共同构成的结构要易于液态树脂的流出,再者就是支撑要尽可能少,支撑结构在制件制作完成之后要易于去除,并且去除后对制件表面质量的影响要小。网格支撑是生成很多大的垂直平面,它们是由网格状的 X,Y 向的线段向实体上生长而形成三维状的垂直平面,这些 X 向、Y 向线段按一定间距交错生成。网格支撑的边界是由分离出来的轮廓边界进行轮廓收缩即光斑补偿得来的。支撑与实体零件的接触是以锯齿状接触,可以分别设置锯齿高度、锯齿宽度和锯齿间隔。

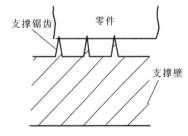

图 10.29　网格支撑结构

网格支撑生成算法简单,对增材制造设备的硬件要求不高,特别是对于低成本设备如不采用激光器而是以紫外光作为光敏树脂的诱发光源的 SLA 设备,其是以面光源来照射到树脂表面,因此在支撑设计时特别适合使用网格支撑来实现支撑功能,如图 10.29 所示。

在网格支撑中支撑与实体的接触是以锯齿状接触,如图 10.30 所示,那么锯齿的顶点距锯齿的凹陷边之间的高度即为锯齿高度。增加锯齿高度有助于固化树脂的流动,并能减少边缘固化的影响。

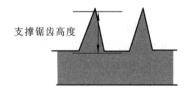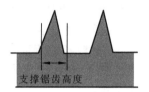

图 10.30　网格支撑锯齿状结构

与实体接触的锯齿上的三角部分的底边长度即为支撑锯齿宽度。减少锯齿宽度会使锯齿的三角部分变得细长,易于去除支撑,不过如果宽度太小则块状部分与锯齿部分过渡急促,容易被刮板刮走锯齿部分。

因为网格支撑的锯齿在与实体的接触部分都是以点接触,那么由于刮板的运动,在加工实体第一层时会由于与支撑连接的不是很紧密而被刮走使加工失败。所以设计一个嵌入的深度,使网格支撑锯齿的三角部分顶点嵌入进实体一个设定值,使锯齿与实体线接触从而有利于加工,如图 10.31 所示。

在对零件生成网格支撑时会分离出一系列的独立的待支撑区域,对每个待支撑区域外边界以区域边界为基础向上生长形成外部支撑,而内部的形成方式是通过网格化将其划分每个独立的区域,再以这些等间距的边界为基础向上生长而形成内部支撑。所以需要设定网格的横向、纵向间隔。如果间隔过大实体中间的部分容易塌陷,如果间隔过小则分布稠密,不利于树脂流动也不容易去除支撑。一般与锯齿间隔值相同,如图 10.32 所示。

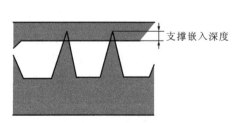

图 10.31　网格支撑嵌入结构

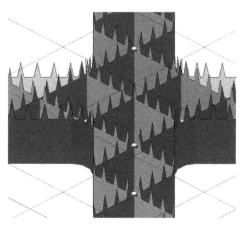

图 10.32　网格支撑立体结构

10.6　AMF 文件格式

AMF(additive manufacturing file)格式是一种基于 XML 语言的文件格式,弥补了 STL 文件无法储存颜色的缺陷。采用 XML 具有两个好处:①可读性强;②便于扩展。该格式不仅可记录单一材质,还能分级改变异质材料的比例,实现不同部位具有不同材质的特征。物体内部结构用数字公式记录,能在物体表面印刷图像,还可指定成形时的最高效方向。另外,文件还可记录作者名字、模型名称等原始数据。新格式的数据量比用二进制描述的 STL 文件大,但小于用 ASCII 格式表达的 STL 文件。该文件还计划后续加入数据加密和 3D 纹理等信息。一个 AMF 模型可以代表一个对象,或者是一个结构中的多个对象。每一个对象都描述成一组非重叠的实体,每个实体又被描述为引用一组点(顶点)的三角形网格。这些顶点可以共享所有非重叠实体。在 AMF 文件中,可以明确每一个几何量的材料和颜色。

10.6.1　文件结构

标准的 AMF 文件包含对象(object)、材料(material)、纹理(texture)、结构关系(constellation)、元数据(metadata)5 个顶级元素,见表 10.2。一个完整的 AMF 文件至少需要包含一个顶级元素。

表 10.2　AMF 格式包含的 5 个顶级元素含义

元素名称	含义
object	定义模型的体积或者增材制造用到的材料体积
material	定义一种或多种增材制造用到的材料
texture	定义模型颜色或贴图纹理
constellation	定义模型的结构和结构关系
metadata	定义模型其他信息

除了 5 个顶级元素,AMF 文档还包含几何规范(geometry specification)、颜色规范(color specification)、纹理映射(texture maps)、材料规范(material specification)、打印纹理(printconstellations)、元数据(metadata)、可选曲线三角形(optional curved triangles)、公式(formulas)、压缩(compression)等信息。

10.6.2　几何规范

AMF 格式使用一种面顶点多边形网格的布局。最高水平的对象元素制定一个特定的 ID。这个对象元素也可以选择制定一种材料。整个几何网格载于一个单一的网格元素。这个网格定义了使用一个顶点元素和一个或者几个体积元素。所需的顶点元素列出了在这个对象中所使用的所有顶点。每一个顶点都被分配一个从零开始的数字。所需的子元素坐标使用 x,y 和 z 元素给出了三维空间点的位置。在顶点信息之后,至少要包含一个体积元素。在每一个体积中,子元素三角形用来定义三角形镶嵌的体积的表面。每个〈三角形〉元素将从先前在〈顶点〉元素定义的顶点的索引中列出三个顶点。三角形的这三个顶点的索引指定使用〈V_1〉,〈V_2〉和〈V_3〉。顶点的顺序必须要按照右手法则,这样的顶点从外观看是逆时针的顺序排列。每个三角形是都是从零开始分配一个数字。

10.6.3　颜色规范

通过使用〈颜色〉元素在 sRGB 颜色空间中指定红色、蓝色、绿色和 α(透明度)通道来确定颜色。这个〈颜色〉元素可以插入到材料,对象、体积、顶点或三角形水平中,并且以反序优先(三角形颜色是最高优先级)。

10.6.4　纹理映射

纹理映射可以指定颜色或者材料到一个表面或者顶点。〈纹理〉元素首先将特定的纹理数据与材质 ID 关联在一起。这个数据根据需要被映射到一个表面或者体积的颜色或者体积表示为一个二维或三维的阵列。这个数据还可以表示为在 64 位编码中一组字符串。一旦纹理 ID 被定义,这个纹理数据就可以在颜色公式中被引用。

10.6.5　材料规范

材料是用〈材料〉元素来引入的。每一种材料都分配了一个唯一的 ID。几何体积与在〈体积〉元素制定的一个材料 ID 相关联。

10.6.6　打印纹理

使用〈纹理〉元素可以将多个对象安排在一起。纹理可以指定对象的位置和方向,用来提高包装效率以及描述相同对象的大数组。〈实例〉元素指定了在纹理中一个存在对象移动到它的位置需要的位移和旋转。位移和旋转一般都是相对原来的位置和方向定义的。只要循环引用是可以避免的,一个纹理可以参考另一个纹理。

如果指定了多个顶级纹理或者多个没有纹理的对象,它们都将无相对位置数据输入。导入程序可以自由确定相对定位。

10.6.7　元数据

〈元数据〉元素可用于指定这个对象的附加信息,几何形状和被定义的材料。例如,这些信息可以指定一个名称、文字描述、作者、版权信息和特殊指令。〈元数据〉元素可以包含在最高水平中来指定整个文本的属性或在对象,体积和材料中来指定本地实体。

10.6.8　可选曲线三角形

为了提高几何精确度,该格式允许三角面片的弯曲。默认情况下,所有的三角形都假定是平整的,所有三角形的边被假定为连接它们的两个顶点的直线。然而,可以选择的指定曲线三角形和弯曲边缘,以减少所需描述的曲面的网格元素。相比由相同数量的平面三角形的表面,曲率信息可以减少球形表面的错误。

为了具体说明曲率,一个顶点可以选择包含一个子元素,从而在顶点的位置指定所需的表面法线。法线应为单位长度且指向外部。如果法线指定了,所有的三角形边在顶点是弯曲的,所以他们垂直于法线,在平面上被法线和原始的直边定义。当一个顶点处表面的曲率半径是不确定的(例如在一个尖点,拐角或边缘),一个边缘元素可以用来指定一个加入两个顶点的非线性边的曲率。在该边的开头和结尾处使用切线方向的向量来确定曲率。

当指定曲率时,将三角形递归分解为四个子三角形。递归必须执行五个层次的深度,因此,原来的曲线三角形最终被 1024 个平面三角形所代替。这 1024 个三角形能快速产生并暂时储存,仅仅当层相交叉时,三角形需要进行加工处理。

10.6.9 公式

在〈颜色〉和〈复合〉元素,坐标相关的公式可以用来代替常量。这些公式可以使用各种标准的代数,数学运算符和表达式。

10.6.10 压缩

AMF 可以存储为纯文本或压缩文本。如果压缩,可以得到 ZIP 文件格式。一个压缩的 AMF 文件通常是压缩二进制 STL 文件约一半的大小。压缩过程可以通过使用压缩软件,如 WinZip、7-Zip 进行手动压缩,或由出口软件自动编写。无论是压缩和解压文件都有 AMF 扩展,并且分析程序,以确定文件是否该被压缩,如果被压缩,则在导入时执行解压缩。

10.7 其他数据格式

10.7.1 OBJ 文件

OBJ(object)文件格式不仅适用于主流 3D 软件模型之间的互导,也可以应用于 CAD 系统。但缺少对任意属性和群组的扩充性,只能转换几何对象信息和纹理贴图信息。

OBJ 文件格式的定义包括每个顶点的位置,每个纹理坐标顶点的 UV 位置、顶点法线、面定义。面使用包含顶点、纹理和法向量的列表来定义。像多边形(如四边形)的话,就可以通过{$v/vt/vn/\cdots$}(〈视点/纹理/法向量/其他〉)来定义,它还支持使用曲线和曲面定义自由几何形状,如 NURBS 曲面。顶点默认是按逆时针顺序储存的,所以不需要声明每个面的法向量。以下为一个 OBJ 格式的文件结构及注释说明(♯后为注释内容)。

♯顶点坐标列表,$(x,y,z,[w])$,w 是一个默认选项,默认值 1.0,有的应用程序支持顶点颜色,可以在 x,y,z 后使用 red,green 和 blue,颜色取值范围为[0,1]。

```
v 0.123 0.234 0.345 1.0
```

```
v…
…
#纹理坐标,及在 UV 坐标中的位置,(u,v,[w]) (u,v∈[0,1])
vt 0.500 1 [0]
vt…
#顶点法向量坐标,(x,y,z)
vn 0.707 0.000 0.707
vn…
…
#参数空间顶点,(u,[v],[w])
vp 0.310000 3.210000 2.10000
vp…
…
#面定义,f v/vt/vn…
f 1 2 3
f 3/1 4/2 5/3
f 6/4/1 3/5/3 7/6/5
f…
…
```

由此可见,OBJ 文件结构非常简单,可使用记事本打开 OBJ 文件,每一行文本都是由一个关键字开头,后面是关键字的参数,该格式易于在应用程序中读取,也可用于 3D 文件格式的转换。OBJ 文件也分为 ASCII 文本格式和二进制两种格式,但二进制格式的扩展名为.mod。

除此之外,OBJ 文件还支持使用几种不同插值的高阶曲面,如泰勒和 B 样条曲线,但支持送些特性需要使用第三方文件;如果想表达不同视觉效果的模型,可使用 MTL 文件来定义描述这个模型的多边形,然后在 OBJ 文件中引用这些 MTL 文件。

10.7.2　PLY 文件

PLY(Polygon File Format)格式受 OBJ 的启发,主要用来储存立体扫描结果的三维数值,通过多边形片面的集合描述 H 维物体,相对其他格式较为简单,可储存颜色、透明度、表面法向量、材质坐标与资料可信度等信息,并能对多边形的正反两面设定不同的属性。PLY 格式包括两种版本:ASCII 格式和二进制格式。

可用于描述表面彩色模型的格式除 PLY 外,还有 VRML 和 CSTL(Color STL)。但 VRML 格式较为复杂,处理困难;CSTL 格式仅能描述实体表面的颜色,不能描述实体表面复杂的纹理特征。

10.7.3　常见的中间数据格式

目前大多数的 CAD 工具都是可以直接输出 3D 打印所需的 STL 文件格式的,每个 CAD 系统只需要针对标准的中间文件做转换,再由中间格式向所需的打印格式做转换,就可以有效解决不同 CAD 系统建模格式不一的问题。最常见的就是 IGES、STEP 等格式。

（1）初始化图形交换规范（the initial graphics exchange specification，IGES），是由 ANSI（美国国家标准学会）制定的基于 CAD 和 CAM 不同系统之间的通用信息交换标准。使用 IGES 格式特性就可以读入从不同平台获取的线框、自由曲面数据，如 Maya、UG、SolidWorks、Pro/E、CATIA、Rhino 等软件。

IGES 转换中常出现的问题及解决办法：①转换失败，如一个或几个实体无法转换，导致整个模型不能转换，通过其他中间格式或系统转换；②曲面丢失，可以利用原有曲面边界重新生成曲面来修补；③转换错误，如小曲面（face）变成大曲面（surface），可对曲面进行裁剪。

（2）产品模型数据交互规范（standard for the exchange of product model data，STEP），是由 TCl84（ISO 技术委员会）下分委会 SC4 所制定的 CAD 数据交换标准。STEP 最初是应用于记录单一的、完整的、与实现无关的产品信息模型。如今，STEP 标准已经成为国际公认的 CAD 数据文件交换全球统一标准，许多国家都依据 STEP 标准制订了相应的国家标准。我国 STEP 标准的制订工作由 CSBTSTCl59/SC4 完成，STEP 标准在我国的对应标准号为 GBl6656。STEP 标准存在的问题是整个体系极其庞大，标准的制订过程进展缓慢，数据文件比 IGES 更大。现今的 STEP AP203 被用于控制 3D 设计，许多 CAD 系统的导入和导出都支持该标准，在 2010 年启动的 AP242 管理模型更是基于 3D 工程的。

（3）DIF（drawing interchange forma）或 DXF（drawing exchange format）格式是 Autodesk 公司开发的用于 AutoCAD 与其他软件之间进行 CAD 数据转换的中间文件格式，它是 DWG（在 Autodesk 公司的软件中使用的业界标准文件格式）的一种精确表示。DXF 文件有两种格式：ASCII 格式和二进制格式。AutoCAD 可以把图形输出成 DXF 格式文件，然后使用其他程序来读写，但通常 DXF 格式用于二维图形的转换。

思考与判断

1. 什么是 STL 模型？按照数据储存方式的不同，STL 文件可分为哪两种格式？这两种格式有什么异同点？

2. 什么是 STL 文件的拓扑关系？建立拓扑关系对模型有什么意义？

3. 由于 STL 文件格式本身的缺陷以及数据转换过程中出错等原因，在 STL 模型中也会存在一些缺陷，STL 文件有哪些错误类型？修复错误有哪些步骤？

4. 什么是 STL 模型镂空？实现 STL 模型镂空的算法主要有哪些？

5. 什么是 STL 模型切片？STL 模型切片的目的是什么？主要算法有哪些？

6. 为什么要对 STL 模型分层得到的截面轮廓进行填充？有哪些填充算法？

7. 在零件成形过程中，在何种情况下，需要添加支撑结构？有哪几种支撑类型？分别有什么特点？

8. 什么是 AMF 文件格式？有何特点？简述其文件结构。

第11章 快速制模技术

11.1 快速制模技术发展历史

增材制造由于其所要求材料的限制,在新产品功能检验、试生产以及小批量生产等方面,仍然很难替代最终的产品。因此常利用增材制造的原型作母模来翻制模具并生产实际材料的产品,即诞生了快速模具制造技术,或称快速制模技术(rapid tooling,RT)。

自 1987 年美国 3D-Systems 公司推出第一套增材制造系统 SLA-1 以来,随着各种原型方法的出现和相关应用技术的开发,RT 技术不仅用于模型的快速建造,其应用范围已拓展到机械、汽车、航空航天、电子、医疗、艺术、建筑等行业,并取得了显著的效果。

国外许多公司和高校在基于 AM 的快速制模技术方面开展了较多的研究和应用工作。日本三菱公司推出了 MRM(mitsubishi rapid moulding)快速制模系统,它能将原型直接转换成模具,尺寸精度高,制模成本低,制模时间短,所制造的模具主要用于塑料件加工。据报道,一种利用 AM 快速制造模具的新工艺被研发出来,首先快速制造出一种薄壁壳型,然后浇入熔融的蜡制成实心模用来进行砂型铸造生产出异型铜电极,最后用该电极对金属坯料(通过仿形铣加工已初具形状的模具)进行 EDM 加工,从而生产出难以用一般方法生产的高强度钢模。日本一家公司研制了一种用于 SLA 工艺的光固化树脂材料,直接制成模具,注塑原型材料为 ABS 时寿命可达数十件。美国 Accelerated Technologies 公司开发出 Epoxy tooling、Spray metal、tooling、Cast Kirk site tooling、3D Keltool Tm、Laser Form ST100、Direct AIMTM、Optomec 和 Prometal Tm 等快速制模方法,另外,Albright Technologies Inc.、Harrington Product Development Center 等许多公司能提供不同的快速制模服务。

国内对快速制模技术的研究开始于 20 世纪 90 年代初,近年来高校和一些企业纷纷展开了对快速制模技术的研究。清华大学、西安交通大学、上海交通大学等高校开发了石墨电极研磨机(GET-500A),陶瓷型精密铸造,硅橡胶复型、简易树脂型腔及利用电铸法直接制作金属模具的研究。上海交通大学开发了基于增材制造的涂层转移精密铸造技术,为汽车行业制造了多类模具。清华大学制作出许多复杂的原型和模具,他们所开发的M-RPMS 系统已经被国外客户所购买。深圳殷华激光快速原型及模具技术有限公司引进金属冷喷涂制模机和快速石墨电极研磨机,开展以原型为母模采用上述设备制作金属模具的研究。北京隆源公司也开展了快速铸造技术的应用研究,其 AM 服务中心为企业制作了精密铸模。

快速制模技术可利用增材制造技术或其他途径所得到的零件原型,根据不同的批量和功能要求,采用合适的工艺方法快速地制作模具。该技术与传统的数控加工模具方法相比,周期和费用都大大降低,具有显著的经济效益。

常用的快速制模方法有软模（soft tooling）、过渡模具（bridge tooling）和硬模（hard tooling）。

11.2　软模技术

软质模具因其所使用的软质材料而得名，由于其制造成本低和制作周期短，因而在新产品开发过程中受到高度重视，适用于批量小、品种多、成形快的现代柔性制造模式。最常用的软模制造方法是硅橡胶浇注法，另外还有金属喷涂法、树脂浇注法等。下面以硅橡胶模具为例，介绍硅橡胶软模具制造技术。

11.2.1　硅橡胶模具的特点

硅橡胶模具制造工艺是一种比较普及的快速软模制造方法。用该方法制作简易模具，是八十年代发展起来的实用技术，由于模具采用硅橡胶制成，必须在真空条件下完成制模和注型，所以此种方法也叫真空注型。用 SLA、FDM、LOM 或 SLS 等技术制作原型，再翻成硅橡胶模具后，向模中灌注双组分的树脂，固化后即得到所需的零件。树脂零件的机械性能可通过改变树脂中双组分的构成来调整。真空注型技术广泛应用于结构复杂、式样变更频繁的各种家电、汽车、建筑、艺术、医学、航空、航天产品、玩具制件及工艺美术制品等行业，在样件试制、小批量生产等方面起到了缩短研发和制造周期、降低生产成本的效果。

硅橡胶模具能经受重复使用和粗劣操作，能保持制件原型和批量生产产品的精度，也能直接加工出形状复杂的零件，脱模方便，显著缩短产品试制周期。另外，硅橡胶具有很好的仿真性、强度、弹性和极低的收缩率，制作该材料的模具简单易行，无须特殊的技术及设备，在几小时内即可完成，浇注成形后也可直接取出。具体来讲，硅橡胶模具具有以下几个特点：

（1）使用寿命通常为成形 20～30 件，最多可达到 200 件，能满足试制新产品样件数量的需要；

（2）硅橡胶可以在常温下固化，且硅橡胶模具有良好的成形复制性和脱模性能，对凸凹部分浇注成形后均可以直接取出。用硅橡胶制模，少则十几个小时，多则几天便能完成，这可以大大缩短新产品的开发周期；

（3）由于在真空中浇注，所以塑件中的气泡极少，可成形高精度塑料件，且由于硅橡胶的收缩极小，因而复映性能极佳，可真实地复映木纹、皮纹等各种装饰纹。又由于硅橡胶具有一定的弹性，对于侧面的浅槽也可采用强迫脱模。对于形状复杂，厚薄程度不同，硅橡胶模具也不会产生缩水现象，即使对 0.5 mm 厚度或极微细结构，钢模较难制作的塑胶制品均可进行真空注型；

（4）制作母型的材料多样化，可在金属、木材、塑料、石膏等材料中自由选择。只是用木材制作母型时需进行填料处理。硅橡胶的硬化温度是从室温到 60 ℃，因具有高耐热性所以不必进行特殊加工，但浇注透明件时，母型表面必须达到镜面；

（5）可对浇注塑料及对浇注件进行涂装和真空电镀。只要将浇注件在溶剂中进行蒸

气洗净处理即可;

(6) 制作硅橡胶模具不需要特殊的熟练技术;

(7) 需减少模具的变形时,可用金属嵌件对橡胶模进行增强;

(8) 由于硅橡胶模具随温度变化略有变动,因而必须进行严格的温度控制;

(9) 软模技术具有运行费用低,材料价格低廉,成形效率高,原型制作时间短。

与传统方法相比,利用硅橡胶模具生产树脂零件不仅可以降低成本,更重要的是缩短了生产时间,使开发出来的新产品快速投入市场,使产品具有先声夺人的竞争优势,同时也使企业可以根据市场反馈确定新产品是正式投入批量生产或是需要改进,避免盲目投产带来巨大损失。

11.2.2 制造硅橡胶模具工艺

硅橡胶模具制作的主要步骤如图 11.1 所示。

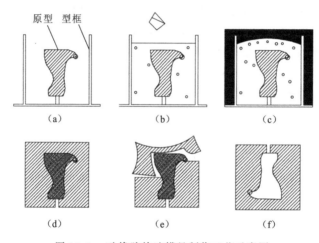

图 11.1 硅橡胶快速模具制作工艺示意图

(1) 根据设计要求制作原型。首先应用计算机三维辅助设计软件系统(UG、Pro/E、Solidworks 等),获得满足形状和功能要求的制件三维 CAD 模型,并将模型文件存储成 STL 文件格式,以便增材制造设备读取;然后利用 SLA、FDM、LOM 或 SLS 等技术制作原型。

(2) 用增材制造的方法制作金属、塑料或木材等材质的母型后,并在母型的一端接上浇口材料。增材制造方法制作的原型一般在叠层断面之间存在台阶及缝隙,需进行打磨和强化处理等,以提高原型的表面粗糙度,从而保证翻制的产品具有较高的表面质量,便于从硅胶模中取出。

(3) 制作盛硅胶的模框。模框的材料可选用表面光滑的高密度板或树脂板等。根据原型的几何尺寸和硅橡胶模具的使用要求设计模框的形状和尺寸。

(4) 把原型置于型框中并固定如图 11.1(a)所示。原型安放在模框中,通常采用细绳悬挂法或借助于浇口棒将原型悬空,原型件悬空在模框内需固定好,不能在浇注和抽真空时位移。在固定原型之前,需确定分型面、浇口、排气口和流道的位置,保证浇注产品可以顺利脱模和较优的产品质量。用硅胶将型框内的母型全部埋没,并保证浇注上平面处型腔也有足够的壁厚,尽量抽去混入橡胶模具中的空气如图 11.1(b)、(c)所示。

　　(5) 将液体硅橡胶若干个组分按一定比例计量、混合、真空预脱泡。为计算所用硅胶的总重量,应先测出模框的长、宽、高,然后计算出所需的硅胶重量,再按配比分配各组分的用量,用量一定要考虑到容器的残留量。

　　(6) 当完成浇注硅橡胶并完全固化后,将橡胶模具从浇注型框中取出。沿浇口处将橡胶模切开,形成两块半模,并取出母型。将两半模对合在一起即成为一副橡胶模具如图 11.1(d)、(e)所示。

　　(7) 将分割好的模具放入烘箱中加热 2~3 h 再次固化,准备浇注树脂产品如图 11.1 (f)所示。

11.2.3　硅橡胶模具制作的主要工艺问题

　　在翻制硅橡胶模具时,硅橡胶模具的成本、寿命及尺寸精度是需重点考虑,制作工艺过程中要注意以下问题。

1. 模框尺寸

　　模框尺寸较小虽然可以节省硅橡胶,降低成本,但不利于硅橡胶的浇注;模框尺寸较大,既增加了成本又不利于脱模。通常模框的四壁、底面距离原型 20~30 mm(视原型大小而定);模框上顶面应距原型 40~50 mm,即模框侧面挡板的高度为原型的高度加 60~80 mm,以保证真空脱泡时硅橡胶不会溢出。

2. 分型面的选取

　　分型面的选取通常以不过切的最大轮廓作为分模线,由此延伸作为分模面。硅橡胶具有良好的弹性,原型上的一些细小结构如侧面的凸起等,在选取分型面时可以不予考虑。原型上的通孔必须封闭一端。对于复杂的制件,如侧面有腔孔,应采用侧滑块抽芯脱模;对于精度要求较高的部位,如一些孔,则需要用光滑的金属棒作为镶件,通孔的金属型芯两端均加长,盲孔的金属型芯一端加长,这样可提高模具上孔的位置精度。

　　分型面选取好后,可采用透明胶带黏贴在分型面上,为便于以后分割模具,胶带需保留一定的宽度。为便于切割时能清楚地看到分割线,可在透明胶带边缘涂上颜色(该方法适用于一次浇注成形的硅橡胶模具)。

3. 原型的放置

　　原型在模框中的放置直接影响硅橡胶的浇注质量。浇注时尽量使整个原型位于分型面的下方。由于液态硅橡胶的黏度很大,在浇注时,可避免溶料向上反充填而增加阻力,影响制件成形的完整性。

　　浇口棒一般采用胶黏的方法与原型件结合在一起,承载能力较差。采用细绳悬挂法常通过插入通孔、盲孔的金属型芯吊住原型件,因此可承受较大重量的制件。对于大结构的原型件还可采用在模框底部安放支撑钉来支撑固定原型件,模具成形后取出支撑钉,支撑钉形成的孔可作为排气孔或浇口。也可使用废弃的硅橡胶块支撑原型,这种方法还可以充分降低制作成本。

4. 浇铸系统及排气孔设计

浇铸系统是树脂在重力或压力作用下填充型腔的通道。浇注系统由主流道、分流道、浇口组成。浇注系统的设计直接影响到能否将树脂顺利地充满到型腔的各个部位,并在填充和凝固的过程中将浇注压力传递到型腔的各处,以获得外形清晰内在质量优良的产品。排气孔是在浇铸过程中将型腔中气体排出模具外部的通道。浇注系统和排气孔的设计是获得合格制件的重要因素。

5. 硅橡胶模具的浇注

硅橡胶混合体真空脱泡后浇注到已固定好原型的模框中。在浇铸过程中应尽量减少空气的混入。浇注是在常压下进行,模箱是敞开的,空气很容易在浇注期间混入胶料。为提高模具制造质量,尽量避免因浇注操作不当所引起的空气夹带,在模箱底部及胶料浇入处要防止产生湍流,避免空气进入胶料。在浇注过程中,应将硅胶缓缓倒入,注意不要将硅胶倒在制件上,而是沿模框周围填充,让硅胶包围工件。

6. 硅橡胶模具的分割

在用刀剖开模具的时候,手术刀的行走路线是刀尖走直线,刀尾走曲线,使硅橡胶模的分模面形状成不规则锯齿形,这样可以确保上下模合模时准确定位,避免因合模错位引起的误差。

11.2.4　硅橡胶模具的应用

艺术品(或工艺品)的制造和古文物的仿制,是研究、继承和发扬我国文化遗产的重要手段。制作工艺品所用的模具与普通硬模具相比有所不同。一般地说,艺术品形状较复杂。要求纹理清晰,表面光洁,而尺寸精度要求并不太高。这些特点使艺术品如果用一般的模具来制作,由于脱模困难,需将模具分割成许多活块,使工艺制品的形体轮廓与纹理清晰性难以保证,还会产生很多披缝。对于这些造型比较复杂的金属模,特别是工艺品模,用机械加工的方法难以完成,制造的唯一途径是雕刻,一个雕刻模的制造周期常达数月,使模具的制造成本居高不下,无法实现模具的快速制造。而采RT技术制作模具,如树脂模的制造是比较容易的,并且可以很容易地克服上述困难,完全可以满足工艺制品的生产要求。因此,针对制作工艺品这一特殊要求,研制硅橡胶模具的制造技术具有重要的现实意义。

下面通过硅橡胶模具在工艺品的应用实例来说明,在RT技术中制作硅橡胶模具的应用研究前景。

斑铜是云南省最具代表性的旅游工艺品之一。其中牛虎铜案最能反映云南的民族特色,但牛虎铜案结构复杂,这就给仿制带来了困难。下面以牛虎铜案为例介绍采用涂刷法制作硅橡胶软模具的过程。

(1)制作原型。原型可以是利用计算机建模,然后输出到FDM增材制造系统中,由

增材制造设备直接输出原型件;

（2）清洁原型。对原型表面进行必要的表面处理,使其具有洁净的表面和较好的表面粗糙度;

（3）放置原型。放置牛虎铜案和模型框,并在原型表面上脱模剂。如图 11.2 所示。

（4）固定原型。用黏土或橡皮泥把原型固定在一个平面上,可以用木制的模型框（或黏土和橡皮泥作的模型框）套到原型上,并使原型周围距模框的距离至少有 2 cm,模框比原型的最高点至少高 2 cm。

（5）密封原形。把模型框边缘与固定平面之间的缝隙用黏土或橡皮泥密封,防止在浇注硅橡胶时硅橡胶沿缝隙处渗漏。如图 11.3 所示。

图 11.2　放置原型　　　　　　　　　图 11.3　固定、密封原型

（6）配制硅橡胶混合液并进行抽空处理。将硅橡胶溶液和固化剂按 10∶1 的比例进行搅拌混合,然后将硅橡胶混合液在抽真空装置中抽去其中的气泡,浇注硅橡胶混合体得到硅橡胶模具。

（7）涂刷硅橡胶。把配置好的硅橡胶模料静置片刻,待其适当固化变稠,用软刷将硅橡胶模料轻轻地涂刷到原形上面。涂完一层后,让其在阳光下或用吹风机使其逐渐凝固后再涂下一层,以防止硅橡胶产生下淌现象。（在大型制品上涂刷两层后黏贴纱布层,以增加硅橡胶的抗撕拉强度,中小制品可不加纱布,纱布层可以是一层,也可以是两层,视模具制品的大小而定）。如此反复涂刷硅橡胶,直到附在原型表面的硅橡胶层达到所需的厚度（3～5 mm 左右）为止。如图 11.4 所示。

（8）硅橡胶固化。把涂刷好的硅橡胶模具,在室温 25 ℃左右放置 4～8 h,待硅橡胶不黏手后,配置石膏浆,浇注石膏背衬（为了增加硅橡胶模具的刚性和节省硅橡胶材料）。

（9）取出原形。待石膏浆充分固化后,取出原形,如发现模具具有少量的缺陷,可用新调配的硅橡胶修补。然后把硅橡胶模具放入烘箱内 100 ℃温度下固化 8 h,或在 150～1800 ℃温度下保持 2 h,使硅橡胶充分固化。如图 11.5 所示。

（10）浇注。待硅橡胶软模在室温下完全固化后,便可以对其进行石蜡（或蜂蜡）直接浇注。也可以用低熔点的锡合金进行直接浇注成锡合金工艺品。

采用上述硅橡胶模具制作技术与传统的模具制作技术相比具有操作简便、制作时间短、成本低、精度高等优点,所以目前斑铜厂已经在实际生产中应用了上述研究成果。

图 11.4　涂刷硅橡胶　　　　　　　　　　　图 11.5　修型

11.3　过渡模技术

所谓过渡模具(bridge tooling)是指用试制树脂软模与正式生产钢模共同组成的一种注塑模具,可直接进行注塑生产。其使用寿命目标为提供 100～1000 个零件,用生产最终零件期望的产品材料制成,具有经济快速的特点。下面以铝填充环氧树脂模和铸造模为例,作简要介绍。

11.3.1　铝填充环氧树脂模

1. 配方

环氧树脂模具一般情况下只用于工艺验证和单件小批量生产,因此其力学性能并不要求非常高,模具强度可以由金属制作的模框来保证。但是,环氧树脂混合物的性能应尽量地好,满足快速经济制模的要求。

环氧树脂混合物的固化收缩率应该尽可能地低,才能严格控制环氧树脂模具的收缩畸变,保证制造精度。为了实现这一目标,通常在环氧树脂混合物中加入填料。常用的填料有铝粉、铁粉、滑石粉等。这些填料不仅可以降低环氧树脂的固化收缩率,还可以提高其强度、硬度、耐磨性等,另外,以填料取代部分环氧树脂也可降低模具成本。

2. 铝填充环氧树脂模

铝填充环氧树脂(composite aluminum-filled epoxy,CAFE)模是利用增材制造的母模,在室温下浇注铝基复合材料——填充铝粉的环氧树脂而构成的模具。下面介绍三种制作铝填充环氧树脂模具的工艺:

1) 正母模工艺

即母模形状与最终零件完全相同,但尺寸方面考虑了材料收缩等因素的工艺,它仅需一个工步就能得到铝填充环氧树脂模如图 11.6(a)所示。

2) 负母模工艺

如图 11.6(b)所示,母模形状与最终零件相反,尺寸方面考虑了材料收缩等因素及中间硅橡胶软模的工艺。因为有中间硅橡胶软模,比较易于脱模,但增加了一次转换,会增大尺寸误差。此外,负母模的设计与制作一般也比较困难。

　　3) 正母模加两次中间硅橡胶软模的工艺

　　如图 11.6(c)所示,正母模可直接根据零件的实际形状进行三维实体设计与制作,不必将此实体模型转化为负母模文件。但这种工艺需要两个中间硅橡胶模,工序较多,会增大尺寸误差。

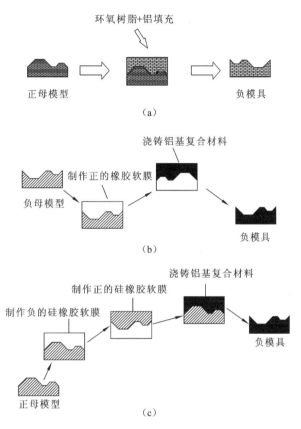

图 11.6　填充铝粉的环氧树脂模具制作工艺示意图

　　在选择过度模制造方式时,若不具备真空条件,可采用以下方法进行铝填充环氧树脂模具的制作。

　　(1) 在原型的表面涂上一层脱模剂,然后在原型上外覆一层树脂作为注塑模型腔镶块。制作树脂型腔可以采取喷涂或刷涂的方法,如同制作玻璃钢制件一样。硬壳的厚度大多在 1.5 mm 至 2 mm 之间,由于型腔在注塑过程中要承受一定的压力,所以型腔背后需填充环氧树脂和铝粉加以支承,再将填充后的型腔镶块安装在钢模之中进行注塑。

　　(2) 制作母模和分型板。

　　(3) 在母模表面喷涂很薄的一层脱模剂,如图 11.7 所示。

　　(4) 将母模与分型板放置在型框中。

　　(5) 将薄壁铜质冷却管放置在型框中靠近母模的位置。

　　(6) 配备必须数量的模具用材料,即预先混合的精细研磨铝粉和双组分热固性环氧树脂。混合物必须在真空下进行脱泡。

　　(7) 在真空状态下,将模具用材料浇注到型框中,让其固化。

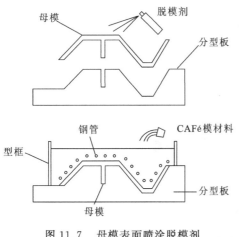

图 11.7　母模表面喷涂脱模剂

（8）将母模与完全固化的模具倒置,拆除分型板,在母模反面与先前固化的模具上喷涂脱模剂,并重复上述过程,浇注另外一半模。

（9）待第二部分模具完全固化后,将第一部分（型腔）与第二部分（型芯）分离,去除母模,检查型芯与型腔是否有明显的缺陷。

（10）如果型腔与型芯良好,则用定位销使他们对准,在适当的位置钻出浇注孔,安装推料板和推料杆,连接冷却管,最后将整个模具装配件放置在标准模架中。

（11）注射热塑性塑料,得到最终产品,如图 11.8 所示。

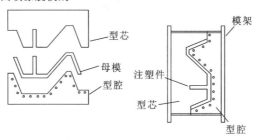

图 11.8　型腔与型芯分离并得到最终产品

11.3.2　铸造模技术

增材制造技术与铸造技术的结合,为铸造模具快速设计与制造提供了新途径,也大大提高了增材制造和铸造生产的柔性。这种方法是利用各种 AM 工艺生产原型,以此原型做模型,通过铸造方法翻制金属模具。原型可采用 SLA 生产的塑料原型,也可用 FDM、SLS 法生产的蜡原型。采用的铸造方法有熔模铸造、陶瓷型铸造、石膏型铸造、热固性树脂砂型铸造、消失模铸造和涂层转移法精密铸造等。

1. 铸造模技术的特点

铸造模技术使得增材制造技术与铸造工艺各自的优点均得到最充分的发挥。增材制造提供铸造原型进行制造,不仅能够生产精密铸件,而且能够实现快速响应,从而可以实行快速铸造创新,制造快,成本低,可制造复杂零件,可预先消除缺陷;而铸造则几乎可成形任何一种金属,且不受形状、大小的限制,成本低廉,但从设计到做母模,模型到铸造周期较长。将他们两者结合正可扬长避短,使冗长的设计、修改、设计、制模这一过程大大缩短和简化。为实现铸造的短周期、多品种、低费用、高精度提供了一条捷径。

采用增材制造技术制造零件原型,代替传统铸造母模进行铸造,具有增材制造与铸造的双重特点:

（1）不受零件形状的限制,铸件表面光洁,尺寸精度高;

（2）模型的细微部分能够被完整地刻画出来;

（3）成形由 CAD 数据控制，模型修改方便；

（4）投资少、投产快，生产准备周期短。

2. 铸造模技术的应用范围

1）熔模铸造

熔模铸造是最主要的精密铸造方法，它适合于铸造形状复杂的小型精密模具。具有尺寸精度高、表面粗糙度好的优点，铸件尺寸精度可达 CT4～7 级，表面粗糙度也达到 $R_a 1.6～12.5\ \mu m$，该方法生产的铸造模具已在许多国家得以应用。

2）陶瓷型铸造

陶瓷型铸造是最重要的铸造模具制造方法之一。该方法所得的铸件尺寸精度好，可达到 CT5～7 级，表面精度高，可达 R_a 为 3.2～12.5 μm，且投资少，投产快。从 20 世纪 50 年代起，英国、日本、美国等国家就对陶瓷型制造方法生产铸造模具进行了广泛而深入的研究，并成功的生产了许多铸造锻模，铸造压铸型等。

3）热固性树脂砂型铸造

该方法由苏联汽车工艺科学研究所开发，由于其制作简单且经济，因此应用范围较广。热固树脂砂型与陶瓷型相比，造型周期缩短 90%～93%。用该种方法可以获得 500 kg 以内的优质精锻模铸件，无黏砂，易清砂，表面粗糙度好，锻模模腔加工余量为 0.3～0.4 mm，而陶瓷型浇注的锻模模腔，其加工余量达到 1～3 mm。此外，热固性树脂砂型浇铸的锻模没有脱碳层。

4）消失模铸造

消失模铸造是一种近无余量、精确原型并且容易实现清洁生产的新工艺，也是一门集塑料、化工、机械、铸造为一体的综合性多学科的铸造新技术系统工程。自 80 年代初 Smith 干砂消失模铸造专利（1964 年）并广泛应用于工业生产以来，该技术在生产中尤其是汽车工业中得到了飞速的发展，很多条高度机械化、自动化生产线在国内外建成投产。国内外的工厂实践显示出了该工艺独特的优越性。消失模铸造技术被誉为"21 世纪的新技术""铸造中的绿色工程"。

5）涂层转移法精密铸造

涂层转移法精密铸造技术是通过涂层转移，使涂层完全均匀地复制在铸型上，改善铸件表面粗糙度和尺寸精度的铸造方法。该方法与熔模铸造相比，没有蜡模变形引起的尺寸偏差；与陶瓷型铸造相比，尺寸精度高，铸件易清理。上述几种方法各有其优越性和局限性，在实际应用中须根据实际条件和要求选用合适的方法。

3. 铸造模技术的实例研究

下面以 SLS 熔模铸造为例，介绍铸造模技术。

1）SLS 模料的选择

在选择作为熔模铸造的 SLS 模料时不仅要考虑 SLS 模料的成本，原型件的强度和精度，更要考虑结壳或石膏型的脱蜡工艺。所用的 SLS 模料必须能够在脱蜡过程中完全脱除或烧失，留下的残留物很少（满足精密铸造的要求）PC 材料具有激光烧结性能好、制件的强度较高等多种优良的性能，是最早用于铸造熔模和塑料功能件的聚合物材料。但 PC

的熔点很高,流动性不佳,需要较高的焙烧温度,因而现已被 PS 所取代。虽然对于大多数情况而言,PS 是成功的,但 PS 的强度较低、原型件易断,不适合制备具有精细结构的复杂薄壁大型铸件的熔模。HIPS 是经改性的 PS,在大幅提高 PS 冲击强度的同时对其他性能的影响较小,因此同时选取了 PS 和 HIPS 进行研究。

2) SLS 原型件的渗蜡后处理

SLS 成形的 PS 或 HIPS 的原型件,其孔隙率均超过 50%,不仅强度较低而且表面粗糙、容易掉粉,不能满足熔模铸造的需要,因此必须对其进行后处理。与制造塑料功能件不同的是,SLS 熔模所采用的办法是在多孔的 SLS 制件中渗入低温蜡料,以提高其强度并利于后续的打磨抛光。

当把 SLS 原型件浸入蜡液后,蜡在毛细管的作用下渗入 SLS 原型件的孔隙,经后处理后,大部分孔隙已被蜡所填充,所得 SLS 熔模的孔隙率降到 10% 以下,从 PS 和 HIPS 熔模的冲击断面来看(图 11.9 和图 11.10),大部分的粉末颗粒已被蜡包裹,说明蜡与 PS 或 HIPS 有较好的相容性。

(a) PS SLS 原型的 SEM 照片　　　　　(b) 渗蜡后的 PS SLS 熔模的 SEM 照片

图 11.9

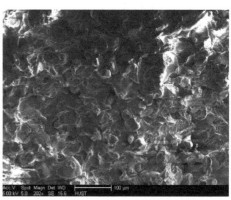

(a) HIPS SLS 原型件的 SEM 照片　　　　(b) 渗蜡后的 HIPS SLS 熔模的 SEM 照片

图 11.10

经后处理后,制件的力学性能大幅的提高,零件的力学性能提高幅度大于 HIPS 零件,可能是由于本身 PS 的烧结强度较低,但强度仍远低于 HIPS 的强度,见表 11.1。

表 11.1　渗蜡后处理后的力学性能

原型材料	拉伸强度/MPa	伸长率/%	杨氏模量/MPa	弯曲强度/MPa	冲击强度/(kJ/m²)
PS	4.34	5.73	23.46	6.89	3.56
HIPS	7.54	5.98	65.34	20.48	6.50

3) 结壳脱蜡工艺

设计了以下脱蜡工艺:将模壳置于电炉中升温至 250 ℃并保温 1 h,让模料尽量流出,然后再逐渐升温,直到 700 ℃,然后关闭电炉自然冷却到室温,在升温过程中取样观察模料的流动及分解情况。

当模壳于电炉中升温至 180～200 ℃时,取出模壳进行观察,发现模料表面已开始熔融,但由于黏度大,导致不能流动;当升温至 250 ℃并保温 1 h 后,断电让模壳随炉冷却至室温,取出模壳进行观察,发现此时模壳内的模料已基本流出,但模壳内壁上还留有深棕色沉积物质;当升温至 520 ℃并保温 1 h 后,取出进行观察,发现模壳内表面已被焙烧成灰白色;当升温至 700 ℃,然后自然冷却至室温后,取出模壳进行观察,发现模壳内表面已被焙烧成白色,即得到了合格的模壳。本实验说明模料脱出时应进行分段升温,先在模料的分解温度(300 ℃)以下保温一段时间,让大部分模料流出,而后再升温至模料的完全分解温度(由于热传导等原因,实际温度要高于理论分解温度)以上,即可实现模料的完全烧失。在对 250 ℃恒温 1 h 后的模壳观察后,发现模壳内壁有深棕色沉积物质,这说明在此温度下模料已开始氧化,氧化将增加聚合物熔体的黏度,特别是在表面形成一层氧化层而极不利于模料的流动。根据模料的黏度—温度曲线可知,如果降低温度,黏度将急剧升高,更不利于模料的流出。所以,实际上 SLS 模料的保温流出温度应控制在 230～250 ℃为宜。

在实际生产中还应考虑以下问题:

(1) 浇冒口系统的设计不仅应考虑对铸件的补缩,还必须考虑到不同熔点模料的脱除方法及顺序。因为 SLS 技术虽然适合制造各种形状的蜡模,但其制造费用相对较高,因此当生产大型精铸蜡模时,常用 SLS 技术制造形状复杂的部位,而零件形体简单的部位及浇冒口则用普通精铸蜡料,例如低熔点模料(如硬脂酸、低分子聚乙烯)或中温模料压制,然后将性质不同的两种或多种模料的各部位组焊成整体蜡模组件。但由于 SLS 模料与普通精铸模料的熔点相差较大,SLS 模料的熔化温度范围为 200～250 ℃,而普通模料熔点为 60～80 ℃,故应考虑脱蜡的次序。实际的脱蜡顺序为:先用热水、蒸汽或在电炉中较低温度下脱蜡,脱出通用的精铸模料,然后再在电炉或油炉中 230～250 ℃温度下烘烤脱出大部分 SLS 模料。此时熔模型壳的浇口杯应向下,以利于熔融的 SLS 模料流出。

(2) 冒口的设置。虽然根据以上的模料特性分析试验和结壳脱蜡工艺试验得出基于 SLS 烧结的模料可以完全脱除,但实际上模型复杂程度的增加也就增加了模料流出和烧失的难度。所以应在蜡模上的局部凸台和易积渣的部位设置排渣冒口,在较大的平面上应设置出气冒口。

SLS 模料的分阶段脱蜡焙烧工艺,虽然可保证铸件质量,但由于耗时长,给生产也带来了一些麻烦,并增加了第一阶段脱蜡所需的能源。为了克服此弊病,我们将精铸型壳先置于刚停炉的焙烧炉中(此时炉温约 400 ℃左右,尽量关闭炉门,防止挥发物逸出),利用炉中余热熔出黏流状的 SLS 模料,次日再与其他非 SLS 模料的型壳一起升温进行焙烧和浇注。运用以上脱蜡工艺措施,成功地实现了对汽车排气管、大型水泵轮等内腔形状复杂件的 SLS 蜡模的完全脱蜡,并浇注出了合格的精密铸件,如图 11.11、图 11.12 所示。

图 11.11　汽车排气管精铸件

图 11.12　大型不锈钢泵轮精铸件

11.4　硬模技术

对于上万件甚至几十万件的产品,则需要使用钢制模具,即硬质模具。硬模具通常指的是用间接方法或用增材制造直接制作的金属模具。

(1)直接成形方法:可以直接制作金属模具的方法,如 SLM、LENS 等方法。

(2)间接方法:利用增材制造技术加工出非金属材料的原型,然后借助其他技术将这些非金属原型翻制成金属零件或金属模具。

硬模制造工艺路线如下图 11.13 所示。

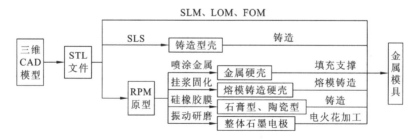

图 11.13　硬模制造工艺路线

11.4.1　直接成形金属模具

1．Direct Tool 法快速制模技术

Direct Tool 法制模技术也称为直接金属粉末激光烧结制模（direct metal laser sintering，DMLS），是利用德国 EOS 公司的 SLS 设备直接进行金属模具的制造技术，如图 11.14 是用 Direct Tool 法制作的铸镁模具的镶块。

Direct Tool 法快速制模的主要步骤如下：

（1）计算机根据截面轮廓，在保护气氛下，激光进行有选择性地烧结粉末材料，形成一系列具有一个微小厚度的片状实体，逐层堆积，形成原型件。

图 11.14　铸镁模具的镶块

（2）然将原型件渗入适量的环氧树脂，以提高制件的抗弯强度；或者，再经热等静压处理（hot isostatic pressing，HIP），可使模具的最终相对密度达到 99.9%，机械强度可显著提高。

Direct Tool 法快速制模技术特点：Direct Tool 法制造的模具寿命可达 15 000 件以上。但是该方法材料使用范围极其有限，所用材料为金属粉末。烧结坯靠金属粉末的扩散而黏结在一起的，所以其烧结的激光器所需功率比较大，一般至少在 200 W 以上。

Direct Tool 法工艺材料及应用：Direct Tool 法工艺所用合金粉末材料较成功的有以下两种。

1）DirectMetal 铜-镍基混合粉

该合金混合粉末材料为瑞典 Electrolux 公司开发的青铜和镍合金粉末，具体成分为 75% 青铜（Cu90%-Sn10%）、20% 镍及 5% 的磷铜，平均粒径为 35～40 μm。在选择性激光烧结过程中，相变产生的体积膨胀可以补偿粉末在烧结过程中引起的收缩。即便烧结的金属模具没有产生明显的尺寸收缩，烧结后仍然存在超过 20% 的孔隙。但是由于合金粉末材料中含有的青铜熔点为 900 ℃，低于 Cu 的熔点 1083 ℃，渗铜是不可以的。实践证明在其表面渗透一层高温环氧树脂，或者渗入低熔点金属（如锡），可以得到比较好的效果，可以用作注塑模、压铸模等。

渗透前半成品的抗拉强度为 150 MPa，抗弯强度为 300 MPa，为了获得尽可能高的精度，应使烧结时无收缩，在这种条件下，半成品的孔隙率为 25% 左右。渗透后处理时，只对模具施加低热，因此，不会影响工件的精度，并能使抗弯强度提高到约为 400 MPa，表面光滑（粗糙度 $R_a = 3.5\ \mu m$，手工抛光后可使 $R_a < 1\ \mu m$），硬度达到 108 HB，热导率达到 110 W/(m·K)。渗透是借助毛细管作用实现的，所以仅需将半成品的尾部浸入树脂液中，渗透半个小时，然后在 160 ℃ 的烘箱中进行后固化约 2 h。先将半成品与树脂预热至 60 ℃，能加速上述过程，并减少模具中残存的孔隙。

当参数选择恰当时，由激光液相烧结导致的工件典型收缩，能完全由所含成分扩散造成的材料体积膨胀来补偿。因此，在激光烧结过程中，材料的净体积变化几乎为零，从而使渗透树脂后的模具相对精度达到 0.05%～0.1%。

由于激光聚焦后的光斑尺寸只有 350 μm，激光扫描速度高达 300～800 mm/s，因此加热的持续时间足够短，即使没有惰性气体的保护，也能避免模具被氧化。材料中所含磷也有助于阻止粉末材料被氧化，并能够改善固态颗粒在熔化阶段的润湿性。

2）DirectSteel 钢-青铜-镍基混合粉

钢-青铜-镍基混合粉常用的有 50-V1、50-V2 和 100-V3 三种牌号。这种合金粉末材料里面不含有有机成分，粒径约为 50 μm。这种合金粉末不必进行后烧结与渗铜（或锡、高温树脂等），即可用作注塑模、压铸模等。

使用 50-V1 牌号的合金粉末所烧结成形的模具具有 500 MPa 的抗拉强度、HB60-80 的硬度，用这种材料烧结的注塑模能注射几千件塑料件，烧结的压铸模能铸造几百件金属件，而模具无任何磨损的痕迹。采用附加的表面涂覆处理后，还能进一步提高模具的寿命。例如，电镀 10～30 μm 厚的镍，可以使其表面硬度达到 512 HV，与硬化钢相当。

牌号为 50-V2 的合金粉末，可以用来制作小批量的功能原型件，其模具除了有较好的机械性能外，还具有极好的精度和表面光洁度。牌号为 100-V3 的合金粉末能够快速地被烧结成为钢质硬模，并有较好的机械性能，较高的精度，以及良好的内部结构和表面光洁度。

2. 等离子熔积-铣削光整复合直接制造技术

（1）等离子熔积-铣削光整复合直接制造技术的提出，是为了解决熔积增量成形过程中存在的如下成形精度问题：采用等离子束增量制造金属零件一般只能获得近终成形零件，尚未达到工业化生产所需的尺寸和表面精度要求，大都需在成形结束后精加工，直接成形的金属零件因急冷凝固后使表面硬度增大并有阶梯效应，导致加工困难；形状复杂的零件有时需多次装夹，致使加工时间长，甚至有时要占整个制造周期的 60% 以上，使直接制造技术的优势损失。

（2）等离子熔积-铣削光整复合直接制造原理及流程。等离子熔积-铣削光整复合直接制造基本工艺流程是先采用直接制造软件读入三维零件 CAD 模型的 STL 文件，生成适合零件结构的路径，转换成数控设备可执行的 NC 代码，然后利用设备实现等离子熔积与数控铣削光整复合加工。等离子熔积成形和数控加工两个工位分别完成熔积成形和表面光整加工。

在计算机的控制下，根据截面轮廓信息，工作台做 X-Y 平面运动和高度 Z 方向的运动，等离子焊枪将金属粉末按设定的轨迹熔积在基体上，急冷凝固形成熔积层；铣削加工系统适时对熔积层铣削光整加工，如此反复直至按厚度要求完成加工。由于熔积层单层厚度可控制得比较薄，因此铣削加工余量不大。

等离子熔积成形与数控铣削之间的工位转换，可通过两种编程方式来实现。一种是指定工件坐标原点，完成熔积加工后，将工作台由熔积工位移动一个距离后到达铣削工位；另一种是利用工件坐标系选择指令分别指定两个工位在机床坐标系中的绝对位置值，然后在加工程序中分别选择两个工位指令。

（3）等离子熔积-铣削光整复合直接制造特点。熔积铣削复合工艺中通常熔积一层或数层，将熔积层上表面铣削平整，再进行下一层的熔积，该工艺方法可有效解决熔积层高度和宽度方向的不平整问题,为下一个熔积层的堆积创造了良好的熔积条件,但熔积和铣削为分步串行的工序,熔积和铣削工位频繁切换增加了制造成本和时间。

（4）等离子熔积-铣削光整复合直接制造应用。

2005 年出现了熔化极气体保护焊和数控铣削复合工艺。同时,三维熔积-铣削系统被开发出来,并利用该系统制造出尺寸为 90 mm×175 mm×10 mm（W×L×H）的注塑模具,整个制造过程耗时 4 h,其中熔积时间为 1.5 h,铣削时间为 2.5 h。

2008 年,基于熔化极气体保护焊和数控铣削的复合分层制造系统被开发出来,该系统采用三轴数控铣削实现了注塑模具的快速制造。利用该系统制造的某注塑模具相比传统数控铣削加工,其制造时间减少了 37.5%,制造成本降低了 22.3%。

2009 年,出现了等离子熔积-铣削复合增材制造工艺,该工艺将等离子熔积与数控铣削复合,充分利用了等离子熔积设备运行维护成本低,成形效率高的特点,同时,复合数控加工实现零件或模具的高精度增材制造。

3. 激光沉积-铣削复合直接制造技术

激光沉积-铣削复合直接制造技术的增材制造部分被称为直接金属激光烧结（direct metal laser sintering,DMLS）,但实际上该名称并不准确,该工艺实际上是采用 EOS 公司的激光沉积技术。

（1）激光沉积-铣削复合直接制造原理及流程:激光沉积工艺并不是在一块底板上对金属粉末进行激光烧结,而是将金属合金粉末喷到激光器的焦点处（激光器聚焦于工件或基体表面）,使其完全熔化。金属粉末与激光器共焦,因此激光可将粉末加热熔化。基体表面也有薄薄的一层被熔化,因此粉末可与基体充分结合在一起。

激光沉积工艺首先需要将一块底板（磨平的热轧钢板）用螺栓固定在机床工作台上,加工时,一根挤压棒在底板上将金属粉末沉积和挤压成一薄层,激光则按照该零件的数控加工程序加热熔融金属粉末,然后工作台下降一薄层高度,并在前一层材料表面挤压和熔融另一层金属粉末。

通常在打印了 10 层材料后（有时可能层数不同）,机床就要以高转速对工件进行粗铣和半精铣加工。半精加工刀具在工件每一侧都要留出一定的余量。在接下来的 10 层材料被沉积和熔融后,也要对其进行粗铣和半精铣加工,然后用削柄铣刀进行精铣加工。这样做的原因是,每次开始打印新的一组（10 层）材料时,其边缘往往会略微收缩。因此每打印 10 层材料就要进行一次切削加工,以去除层间界线。对于刚打印出来的制件廓形,总是需要进行精铣加工。

（2）激光沉积-铣削复合直接制造的特点:激光沉积工艺不但可以从底板上从无到有打印出一个零件,并在造型过程中加工出所需几何特征,它也可以在已有的锻件、铸件或棒料上进行打印,然后加工出所需特征。在有些情况下,沉积的金属粉末量约占从无到有制成整个零件所需材料量的 5%。

激光沉积制造成形件具有十分优越的力学性能,采用该技术成形的金属零件,其力学性能可直接满足使用要求,并且能采用多种金属粉末成形多材料金属零件以及能成形大型金属零件,但存在尺寸精度及表面粗糙度较差的缺点。因此,如能解决其成形精度问题,该技术发展前景十分诱人。

(3)激光沉积-铣削复合直接制造应用:密苏里大学罗拉分校的激光辅助制造工艺实验室装备了一台五轴激光熔化沉积/CNC复合制造系统。该系统由工艺规划、控制、运动、制造过程以及修整五个子系统组成,工荼时,首先采用激光沉积成形好零件,然后再采用"T"形铣刀对零件进行铣削处理。

先成形后修整固然有利于节省整体加工时间,但是,这种后续机加工法却只适合于简单零件的高精度成形,对具有复杂结构的金属零件,由于铣刀难以进入结构内部,是无法进行后续机加工的。同时,由于后续机加工是针对三维实体展开的,无法直接采用增材制造过程的二维切片数据,在加工前,还需特别生成零件的数控铣刀行走路径,这也增加了数据准备时间。

11.4.2 间接方法制作金属模具

1. Keltool 法快速制模技术

Keltool 法快速制模技术由美国 3D Systems 公司开发成功,后转让给美国 Keltool 公司。Keltool 法快速制模技术实际上是一种粉末冶金工艺。

1) Keltool 法快速制模技术的原理及流程

首先,用增材制造系统制造原型(包括型腔和型芯);然后利用原型制得硅橡胶软模;接着在真空无压状态下,向软模内浇注由两种不同成分、不同粒径组成的双形态混合金属粉末与有机树脂黏接剂按一定比例组成的混合物,原型固化后制得待烧结的型坯;然后将待烧结的型坯放置于有氩气气氛的烧结炉内进行烧结,在烧结过程的低温阶段,黏接剂被去除并被氩气带走;再进一步增加烧结温度,制得孔隙分布均匀的骨架状坯体;最后向骨架状坯体中渗入另一种金属(铜、铝等),使之成为致密度高、性能较好的金属模具。例如,由 A6 模具钢粉末及碳化钨粉末组成的双形态混合铁粉作为基体并经过浸渗铜和热处理后得到钢制硬模,硬度可达 46~50HRC。图 11.15 是该方法制作型芯和型腔的工艺原理和流程。

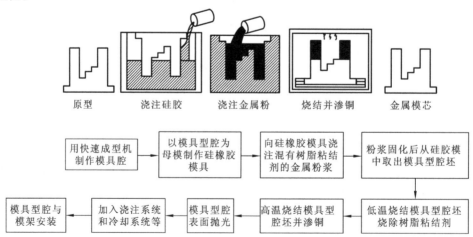

图 11.15 Keltool 法制作型芯和型腔的工艺原理和流程

Keltool 法快速制模一般使用 WC 粉末和 A6 工具钢粉末组成的双形态混合粉末为基体材料。其中,精细研磨的 WC 粉末较细,平均粒径为 2.5 μm,一般为多边形粒状;A6 工具钢粉末直径较粗,平均粒径为 27 μm。

(1) 双形态混合颗粒的优点:①粗细粒径比较大,堆积密度高;②黏接剂密度小,在还原炉中需要去除的黏接剂较少;③烧结过程中收缩率小,可提高精度。

(2) 工艺的优点:①工艺流程简单;②在温度控制精确情况下,烧结和渗铜可以连续进行,成本低;③烧结过程中收缩率小,精度高。

(3) 工艺的缺点:①对材料粒径要求高,且对黏接剂黏接性、流动性、固化性要求很高;②模具生产周期长,平均为 4 w,其中制作型芯件需 8~10 d;③所用母模强度一般,成形的模具精度不太高。

2) Keltool 法快速制模技术应用

Keltool 法快速制模成形工艺适合生产低公差、精细的模具,其尺寸精度为 250 mm±0.04 mm。Keltool 比传统注射成形模具可节省一半的制造成本,尤其对大部分模具需使用放电加工制造者,其模具制造时间将缩短为原来的 1/2~1/3。目前所使用的材料有三种,分别为 A6 工具钢、Stellite 和铜钨等粉末,若使用铜钨粉末则可制造出放电加工所需的电极,应用于注射成形寿命可超过 100 万件。

2. Rapid TooL 法快速制模技术

Rapid Tool 法制模技术也称为间接金属粉末激光烧结制模,是由美国 DTM 公司开发的一种用于快速模具的粉末成形技术。该成形技术是依据 Texas 大学获得的专利技术为基础致力于粉末类增材制造机器的研发与生产之后开发成功的。

1) Rapid TooL 法快速制模技术的原理及流程

Rapid TooL 法快速制模技术具体过程为:利用 CO_2 激光照射外层包有黏结剂的金属粉末使粉末黏结成为半成品。黏结剂为热塑性聚合物,颗粒粒径约为 5 μm,被预先包裹在低碳钢粉颗粒上;低碳钢粉颗粒粒径约为 55 μm。黏结剂熔化后使钢粉颗粒固定在一起成为半成品。半成品强度仅为 3 MPa,因此必须小心处理,以免损伤薄弱部位。

将半成品进行烧结处理。将半成品置于含有 25% 氢气和 75% 氮气的电炉中。炉温大约在 700 ℃时,黏结剂几乎全部被去除。氧化过程存在少量的炭渣,它会起胶黏作用,暂时协助黏和钢粉颗粒。这样烧结后制得有 60% 体积金属,以及 40% 体积孔隙的钢骨架半成品。

将钢骨架半成品进行渗铜处理。继续将钢骨架半成品放入充以 70% 氮气和 30% 氢气的加热炉内,并在适当位置摆设铜砖,之后升温至铜的熔点以上,低碳钢颗粒的熔点之下,大约 1120 ℃时,在制品下面的铜砖开始熔化并因毛细管现象渗入钢骨架中因黏结剂蒸发所遗留下来的孔隙,得到无孔隙的全致密的模具。

最后再将此全致密的模具进行一些后处理的工作如加工入料孔、冷却水孔、顶出孔等,便完成了用于注射成形模具型芯的制作,然后直接安装在模座上,便可以在注射成形机上进行批量制品的生产。如图 11.16 所示为该方法制模的工艺原理。

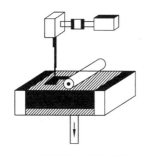
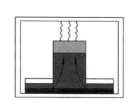
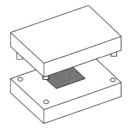

（a）SLS方法烧结涂有粘结剂的金属粉末　　　（b）烧结并渗铜　　　（c）表面处理并安装

图 11.16　Rapid TooL 法快速制模工艺原理

2）Rapid TooL 法快速制模技术的特点

Rapid Tool 方法所得到的型芯由 60% 的钢和 40% 的铜所组成,硬度可达 HRC27,材料机械性能优于 Al7075,寿命可超过 50 000 件。

该方法的优点包括制作过程快速（约 5～15 个工作日）;模具型芯中含有 40% 或 45% 的铜,注射模具的冷却效果好;模具寿命长;可使用传统工具进行机加工。该工艺方法也具有一定的缺点,在 1120 ℃渗铜时会因高温导致制件变形。

3）Rapid TooL 法快速制模技术的工艺材料及应用

DTM 公司的 Sinterstation 2500 增材制造系统所使用材料最初是一些热塑性材料,如 PVC、PC、尼龙、蜡粉,以及用于制作壳型熔模铸造模型的材料,后来成形材料又扩展,现在可以成形的材料包括三大类:丙烯酸基粉末（true form PM）、由尼龙与玻璃珠强化尼龙组成的合成材料、聚合黏结剂预包裹的低碳钢粉粒,如 Rapid Steel 2.0。

Rapid Tool 是利用 DTM 公司的 SLS（selective laser sintering）系统的 Sinterstation 2500 增材制造系统来实现的。图 11.17 Rapid Tool 制模工艺制作的模具型芯。

图 11.17　Rapid Tool 制模工艺制作的模具型芯

表 11.2 是根据 Ford 汽车制造公司的注塑工艺实践得到的 Rapid Tool 工艺注塑模与传统工艺注塑模相关参数的对比情况。

表 11.2　Rapid Tool 工艺注塑模与传统工艺注塑模相关参数的对比情况

模具类型	模具成本/$	模具开发周期/周	模具寿命/件	每件注塑件的成本/$
Rapid Tool 注塑模	20 000	6~7	5 000	4.00
传统注塑模	60 000	16~18	25 0000	0.24

3. SLS 法快速制模

SLS 烧结件往往是低密度的多孔状结构,为此可以渗入第二相熔点较低的金属后直接形成金属模具。用这种方法制作的钢铜合金注塑模,寿命可达 5 万件以上。具体特点可参见第 5 章。

1) SLS 法快速制模技术的工艺材料及应用

所用粉末为两种金属粉末的混合体,一种熔点较低,而另一种熔点较高。按照一定的比例混合两种金属粉末,并将粉末预热到某一温度(低于低熔点金属的熔点),再用中功率激光器进行选择性激光烧结,将低熔点金属熔化,熔化的金属将高熔点的金属粉末黏结在一起。模具强度较低,需经过后处理,如进行液相烧结(liquid phase sintering,LPS)以增加强度。

(1) 金属作为黏接剂的 SLS 间接法烧结制模。主要采用两种不同熔点金属粉末的混合体进行 SLS 烧结来制作模具。例如,对 50%压缩铜粉和 50%锡粉的混合物进行 SLS 烧结,在烧结前先对粉末基底进行压缩,这样烧结出的模具可以减少收缩,成形模具的密度是未进行压缩时的两倍,如图 11.18 所示。

还可对 Cu-Solder(70Pb-30Sn)、Ni-Sn,Sn 和 Solder 等双金属粉末材料进行烧结,但烧结出的金属模具强度很低,性能比较差。为了提高烧结件的性能,就必须提高低熔点金属的熔点。可用熔点接近或超过 1000℃的材料作为黏接剂,如 Bronze-Ni、Stainless Steel-Cu、Steel-Cu、Steel-Bronze、316L Stainless Steel、M2 High Speed Steel 等混合材料都可进行成功的烧结,如图 11.19 所示。

图 11.18　金属粉末的混合体进行　　　　图 11.19　较高熔点黏接剂的混合材料
　　　　　SLS 烧结来制作模具　　　　　　　　　　进行 SLS 烧结来制作模具

2）有机材料作为黏接剂的 SLS 间接法烧结制模

间接法使用的材料中,以高分子聚合物的有机材料为黏接剂的研究比较多。结构材料主要是不锈钢、铜和镍等金属粉末,黏接剂聚合物采用热塑性材料。有两类热塑性聚合物可以用做 SLS 烧结材料中的黏接剂,一类是无定型材料,另一类是结晶型材料。无定型材料分子链上分子的排列是无序的,如 PC 材料等;结晶型材料分子链上分子的排列是有序的,如尼龙(nylon)材料等。材料实际上是金属粉末和有机树脂黏接剂的混合体,按一定配比混合均匀,采用小功率激光器对混合粉末中的有机树脂黏接剂熔化,这些熔化的有机树脂黏接剂能将金属粉末黏结在一起。由于小功率的激光器成本低,成形比较容易控制,因此目前关于这类材料的研究较多,技术也较成熟。烧结好的模具也需要进行后续处理——高温烧结进行降解。这样既除去了有机树脂黏接剂,也提高了零件的机械性能和力学性能。

材料 Laser Form A6 是 2003 年最新研制的,它的金属粉末颗粒最小直径可达到 $10 \sim 11 \mu m$,比 Rapid Steel 2.0 的粉末颗粒直径还小,这有利于成形件的表面处理,同时也简化了黏接剂的降解和渗金属的工艺,有利于保证成形模具的形状、尺寸精度。该材料主要用于制造注塑模,制成的模具可生产 1 万件以上的塑料产品,如图 11.20 所示。

图 11.20　采用 Laser Form A6 制作的注塑模具镶块

3）金属粉末覆膜工艺制造模具

首先,制取激光烧结用覆膜金属粉末,金属粉末和有机树脂按一定比例在高速混合机内充分混合;然后用双螺杆挤出机挤出,再经粉碎、过筛后制得的粉末材料;最后,金属粉末颗粒外层均匀地包覆一层有机树脂,可以用小功率激光器来烧结覆膜金属粉末,如图 11.21所示,当 SLS 烧结时,激光作用在粉末上的能量只是把金属颗粒包覆层的有机树脂熔化,而金属颗粒并没有发生任何变化,熔化的有机树脂冷却后把周边的颗粒互相黏结在一起而形成烧结体;最后,SLS 成形的模具也需要进行后续强化处理,经高温烧结获得最终性能较好的模具。

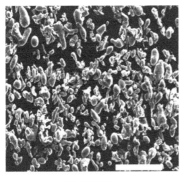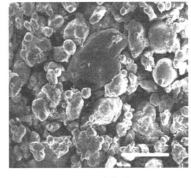

　　　　　　(a) 覆膜前　　　　　　　　　　　　　　　(b) 覆膜后

图 11.21　金属粉末覆膜前后的 SEM 照片

　　另外,金属箔作为 LOM 造型材料可以直接加工出实型铸造用 EPS 气化模,可批量生产金属铸件。若用金属材料作为 FDM 的造型材料,也可以直接形成金属模具。

4. 3DP 制模技术

3DP 具体原理和流程参见第 9 章。

　　(1) 三维打印制模技术的优点是可选材料范围广,材料的多样性既可体现在不同模件上,也可体现在同一个模件上,可制作尺寸较大,几何形状任意,过程简单。

　　(2) 三维打印制模技术的应用。麻省理工学院(MIT)的 E. sackS 教授领导的 AM 实验室将不锈钢粉末用 3DP 法制成金属型后,经过脱黏、烧结、渗铜等后处理工艺制成了具有复杂冷却通道的金属注塑模。

　　由 MIT 开发的 3DP 技术已发展成可利用喷头有选择地向金属粉末喷射黏结剂,利用黏结剂使金属粉末成形。这种低密度(约为 50%)的成形件也要经过去除黏结剂和渗铜处理,最终得到密度达 92% 以上的制件。

思考与判断

　　1. 快速制模的定义是什么? 快速模具和常规模具制造技术相比有什么优点? 快速制模的应用前景如何?

　　2. 硅橡胶软质模具制造工艺中,常采用哪种硅橡胶? 所制成的模具有什么特点?

　　3. 什么是过渡模? 过渡模有什么特点?

　　4. 软模与硬模的区别? 举例加以说明。

　　5. 硬模的快速制模技术分为哪两大类? 各包括哪些方法? 请列举几个例子加以介绍。

第12章　增材制造实验

12.1　飞机发动机模型光固化成形实验

1. 实验目的和意义

（1）深入了解光固化成形技术。

（2）增强学生对光固化成形技术原理及设备的认识,并懂得设备及相关软件的操作流程。

2. 实验原理

参见第2章光固化制造技术。

3. 实验设备和材料

本实验采用小型SLA设备型号:form 2,如图12.1所示,打印面积为145 mm×145 mm×175 mm,精度为20 μm,打印速度15 mm/h。

图12.1　光固化成形设备型号:form 2

4. 工艺流程

1) 获取三维模型

在计算机上,用计算机三维辅助设计软件,根据产品的要求设计飞机发动机三维模型,如图12.2所示,也可从网络上直接获取已设计好的三维模型;或者用三维扫描系统对已有的实体进行扫描,并通过反求技术得到三维模型。将三维模型转换为切片软件能够识别的 STL 文件格式,以便进行后续的切片处理。

图 12.2　飞机发动机样机零部件 STL 模型

2）三维模型的切片处理

将 STL 格式文件导入 Formlabs Form 2 3D Printer 软件中进行切片处理。首先根据模型形状和成形工艺性的要求选定成形方向,调整模型大小及摆放姿态。然后进行打印层厚、激光功率、扫描速度和树脂材料的温度等打印参数的设置。根据打印的工艺要求,需要对模型添加工艺支撑,软件里提供自动添加支撑的功能,有需要也可手动添加支撑,有助于减少零件的翘曲变形。为了成形完毕之后能够顺利取出零件,而不破坏零件底部与基板接触面,零件底部也同样需要添加支撑结构。此外,在添加支撑之前可以根据需求在切片软件中设置支撑的数量、直径和支点接触面积等参数。所有要素确定完毕后软件可进行切片处理,处理生成的文件可被设备直接读取。

3）分层叠加成形

将切片文件导入设备中,在软件系统上进行操作即可进行模型的打印。针对成形树脂选择相应的优化工艺参数,其过程是模型断面形状的制作与叠加合成的过程。该过程由计算机全程控制,只需等待打印结束即可。

4）制件清理及后处理

成形结束后,将制件从平台中取出,使用薄片状铲刀插入成形件与升降台板之间,取出成形件。此时成形件上附有未固化的树脂,可先用酒精清理表面残存的树脂,再用清水洗去成形件表面的残留酒精。视成形件固化程度的不同,固化不足的放入紫外灯箱中作进一步的固化处理。固化完毕后可去除支撑,如对模型表面有更高的要求,可对表面进行打磨、抛光、上色等后续处理。最后得到完整的飞机发动机模型。

12.2　故宫建筑模型叠层实体制造实验

1. 实验目的和意义

(1) 以故宫建筑为例,完成其模型的薄材叠加成形制造,了解薄材叠加成形设备的工作原理、工作方法及相关设备。

(2) 了解薄材叠加成形技术的特点和应用范围。

2. 实验原理

参见第 3 章叠层实体制造技术。

3. 实验设备和材料

实验采用华中科技大学与武汉滨湖机电技术产业有限公司生产的 HRP-III 型 LOM 激光增材制造设备,如图 12.3 所示,成形精度为 ±0.1 mm,扫描速度达到 600 mm/s,实验材料采用热敏涂覆纸。

图 12.3　HRP-III 型 LOM 增材制造设备

4. 工艺流程

LOM 的实验产品为故宫建筑模型,如图 12.4 所示,该模型由古代的房屋、放置房屋的平台、围栏及部分台阶组成,房屋由凹面的伞状屋顶、支撑柱及墙面构成。工艺流程分为前处理、成形加工、后处理三部分。

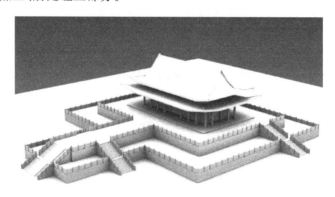

图 12.4　故宫建筑模型

1）前处理

（1）故宫建筑模型的构建。由于 AM 系统是由三维 CAD 模型直接驱动，因此首先要构建故宫建筑的三维 CAD 模型。根据参数要求，该三维 CAD 模型可以利用计算机辅助设计软件（如 Pro/E、I-DEAS、Solid Works、UG 等）直接构建，也可以将已有产品的二维图样进行转换而形成三维模型，或对产品实体进行激光扫描、CT 断层扫描，得到点云数据，然后利用逆向工程的方法来构造三维模型。

（2）三维模型的近似处理。用一系列相连的小三角平面来逼近曲面，得到模型的STL 文件。

（3）三维模型的切片处理。根据被加工模型的特征选择合适的加工方向，在成形高度方向上用一系列一定间隔的平面切割近似后的模型，以便提取截面的轮廓信息。间隔一般取 0.05～0.5 mm，常用 0.1 mm。间隔越小，成形精度越高，但成形时间也越长，效率就越低，反之则精度低，但效率高。

2）成形加工

设置工艺参数，包括激光切割温度、加热辊温度、切片软件精度、切碎网格尺寸等。由于工作台的频繁起降，所以必须将 LOM 原型件与工作台牢固连接，通常制作 5 层的叠层作为基底。制作好基底后，根据切片处理的截面轮廓，在计算机控制下，相应的成形头（激光头或喷头）按各截面轮廓信息做扫描运动，协调原材料送进机构、热黏压机构、激光发生器、激光切割系统、可升降工作台的动作使成形材料逐步送至工作台的上方进行黏和、切割、叠层，最终形成故宫建筑的三维叠层模型。

3）后处理

故宫模型成形并冷却后，人工将模型欧从工作台取下，去掉边框后，细心地将余料去除。为了提高原型的性能和便于表面打磨，经常需要对原型进行表面涂覆处理，纸材最显著的缺点是对湿度极其敏感，LOM 原型吸湿后叠层方向尺寸增长，严重时叠层之间会相互脱离。为避免因吸湿而引起的这些后果，在原型剥离后短期内应迅速进行密封处理。表面涂覆可以实现良好的密封，而且同时可以提高原型的强度和抗热抗湿性。最后放在高温炉中烧结以提高模型的强度和硬度。

12.3　兵马俑模型熔融沉积成形实验

1. 实验目的和意义

（1）以兵马俑为例，采用熔融挤出成形的方式成形其模型，了解熔融挤出成形设备的工作原理、工作方法及相关设备。

（2）了解熔融挤出成形技术的特点和应用范围。

2. 实验原理

参见第 4 章熔融沉积成形技术。

3. 实验设备和材料

本实验采用 HTS 型号 FDM 成形机及配套工装夹具(图 12.5)、安装了 UG 软件系统的计算机。FDM 工艺选用的材料为丝状热塑性材料,常用的有石蜡、塑料、尼龙丝等低熔点材料和低熔点金属、陶瓷等的线材或丝材。在熔丝线材方面,主要材料是 ABS、人造橡胶、铸蜡和聚酯热塑性塑料。

4. 工艺流程

FDM 实验的产品为兵马俑实体模型,如图 12.6 所示,该模型由头部、颈部、铠甲、两只手臂、两条腿及支撑台组成,头部是凸面,腰以下的铠甲是扇形的曲面。工艺流程包括设计三维 CAD 模型、CAD 模型的近似处理、对 STL 文件进行分层处理、造型、后处理。

图 12.5　FDM 设备

图 12.6　兵马俑模型

1) 设计 CAD 三维模型

设计人员根据产品的要求,利用计算机辅助设计软件设计出兵马俑的三维 CAD 模型。常用的设计软件有 Pro/Engineering、Solid Works、MDT、AutoCAD、UG 等。

2) 三维模型的近似处理

用一系列相连的小三角平面来逼近曲面,得到 STL 格式的三维近似模型文件。

3) STL 文件的分层处理

由于模型是靠加工一层层的截面而累加成形的,所以必须将 STL 格式的三维 CAD 模型转化为增材制造系统可接受的层片模型。片层的厚度范围通常为 0.025~0.762,间隔越小,成形精度越高,但成形时间也越长,效率就越低,反之则精度低,但效率高。

4) 造型

产品的造型包括两个方面:支撑制作和实体制作。

(1) 支撑制作。根据加工模型的 X-Y 方向的尺寸大小,选择合适的硬纸板,用双面胶把硬纸板黏结到清洁的工作台上(选择硬纸板的光面进行黏结)。为了防止制作过程中纸板翘起,通常用胶带纸把硬纸板四周黏固在工作台上。需要先完成腿部周围的铠甲的支撑,等到腿部和腰部以下的铠甲实体制作完成后,再进行手和前臂的支撑制作,最后等到颈部实体制作完成后,再完成对头部的支撑制作。

(2) 实体制作。设置相关工艺参数,包括层厚、挤压头挤料电机的速度因子、挤压头加工时的运动速度最大值、模型轮廓补偿值等,然后进行实体成形。

5) 后处理

FDM 的后处理主要是对成形件进行表面处理。去除实体的支撑部分,对模型清角,剥离支撑材料时可使用剪钳、镊子、铲刀等工具。对部分实体表面进行处理,由粗到细用砂纸、锉刀打磨表面,对较大的凸痕用铲刀和刮刀进行修整,使成形精度、表面粗糙度等达到要求。用毛刷清洁模型表面,对模型喷灰。观察表面是否还有明显的纹路并检查模型表面,用粉补细小的凹痕,然后用高一级的砂纸进行打磨。完成后重复清洁、喷灰、干燥步骤。最后观察模型表面的光滑程度,进行表面涂装、喷油或抛光数次,使模型表面更加光亮平整,产生光泽,铠甲上的纹理可用丝印完成。

12.4　人脸反求工程实验

1. 实验目的和意义

(1) 了解三维测量技术的原理及应用。

(2) 熟悉 PwerScan 系列快速三维测量系统的操作方法。

2. 实验原理

1) 三维测量技术原理

目前,三维测量技术在工程应用中,用来采集物体表面数据的测量设备和方法多种多样,其原理也各不相同。不同的测量方法,不但决定了测量本身的精度、速度和经济性,还造成测量数据类型及后续处理方式的不同。根据测量探头是否与零件表面接触,三维测量方法主要分为接触式和非接触式两种。

(1) 接触式测量。接触式测量方法中,三坐标测量是应用最为广泛的一种测量设备。通过接触式探头沿样件表面移动,与表面接触时发生变形,检测出接触点的三维坐标。

(2) 非接触式测量。一般常用的非接触式测量方法分为被动视觉和主动视觉两大类。本实验采用主动视觉的双目立体视觉,图 12.7 为双目立体视觉的原理图。其中 P 是空间中任意一点,O_1,O_r 是两个摄像机的光心,类似于人的双眼,P_{cl},P_{cr} 是 P 点在两个成像面上的像点。空间中 P,O_1,O_r 只形成一个三角形,且连接 O_1P 与像平面交于 P_{cl} 点,连线 O_rP 与像平面交于 P_{cr} 点。因此,若已知像点 P_{cl},P_{cr},则连接 O_1P 和 O_rP 必交于空间点 P。

2) 图像采集原理

测量时光栅投影装置投影特定编码的光栅条纹到待测物体上,一个摄像头同步采集相应图像,然后通过计算机对图像进行解码和相位计算,并利用匹配技术、三角形测量原理,解算出摄像机与投影仪公共视区内像素点的三维坐标,通过三维扫描仪软件界面可以实时观测相机图像以及生成的三维点云数据(图12.8)。

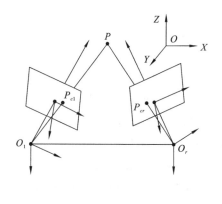
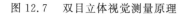
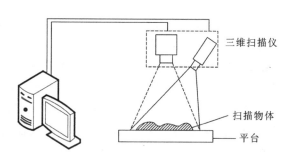

图 12.7　双目立体视觉测量原理　　　　图 12.8　测量系统框架图

3. 实验设备和材料

本实验采用华中科技大学快速制造中心自主研发的 PowerScan-II(双目)系列快速三维测量系统。图 12.9 为 PowerScan 系列快速三维测量系统参数表。

PowerScan Series
产品系列

产品型号	PowerScan-I（单目）	PowerScan-II（双目）	PowerScan-IV（四目综合型）
单幅测量范围（mm×mm）	350×280	100×80~350×280（可调节）	100×80~350×280（可调节）
摄像头分辨率（pixels）	1280×1024	1280×1024（可升级为更高分辨率）	1280×1024（可升级为更高分辨率）
测量点距（mm）	0.273	0.078~0.273	0.078~0.273
单幅测量精度（mm）	±0.040	±0.030	±0.030
1 m 拼合精度（mm）	±0.060	±0.048	±0.048
单幅测量时间（s）	≤3		
扫描方式	非接触式		
拼接方式	标志点自动拼接或转台自动拼接		
可输出文件格式	ASC，PLY，AC等通用数据格式		

图 12.9　PowerScan 系列快速三维测量系统参数表

4. 工艺流程

(1) 调试设备。标定摄像机、调整摄像机和转椅的高度与距离(需要专门人员进行调试)。

(2) 打开测量软件新建工程,并按照自己的要求、习惯命名。

(3) 调整摄像机光圈等参数,设定拼接方式(设定为自动拼接)。

(4) 开始测量。人坐在转椅上面保持静止状态,投射光栅到人体上。

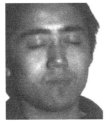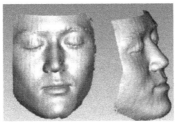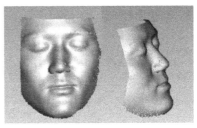

图 12.10　采集得到的局部数据

（5）转椅自动旋转一定角度（设置为 60°），进行一次摄像，不断重复，直到旋转一圈。采集得到局部数据如图 12.10 所示，最终拼接完毕后的数据如图 12.11 所示。

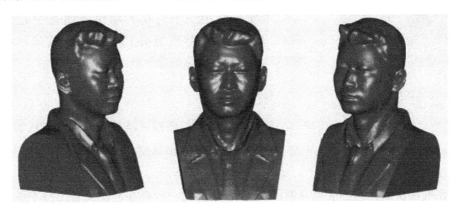

图 12.11　最终拼接完毕的数据

5. 实验问题

（1）在三维测量实验中，在转动人体进行测量时，对旋转的角度有没有要求，与哪些因素有关？

（2）说明一下你对三维测量技术的理解并分类列举一下三维测量技术在不同行业的作用。

（3）为什么多数情况下人体头发数据无法被测量？

12.5　手机壳软模翻制实验

1. 实验目的和意义

（1）以手机壳为例，完成其模型的软膜翻制，进一步了解软膜翻制设备的工作原理、工作方法。

（2）了解软膜翻制技术的特点和应用范围。

2. 实验原理

图 12.12　真空注塑机

在真空状态下,将液态的硅橡胶浇筑到模框中,液态硅橡胶在真空负压作用下,释放气泡并且牢固地贴敷在原型表面,固化后形成硅橡胶模具。所以根据材料固化的要求,将材料按照一定的比例放入容器中,然后将容器放入真空注塑机中并且抽真空,待气泡释放完毕,将材料浇注到模框中可成形出模具。

3. 实验设备和材料

本实验采用华中科技大学快速制造中心生产的HZK-A 型真空注塑机如图 12.12 所示,实验材料采用RTV-2 硅橡胶、固化剂等。

4. 工艺流程

软膜翻制的工艺流程为样品的制备—型框制作—硅胶计量—真空脱泡—注入硅胶—固化—刀剖开模—取出母模—完成,具体过程如下。

1) 原型表面处理

快速制模法制作的手机壳原制件,叠层断面之间一般存在缝隙或者凹凸不平的台阶纹,需进行防渗和强化处理来提高其抗湿性、抗热性和尺寸稳定性,为使翻制的产品有较高表面质量便于从硅胶模中取出,需对原型进行表面处理来提高表面光滑程度。

2) 确定分型面、制作模框

在设定好的分型面上贴上保留一定宽度的透明胶带,用硅胶棒在端面位置制作浇口,为节省材料便于起模,母模每边距离模箱 15～20 mm,设定完毕后,将原型固定于型框中。

3) 材料计量与准备

根据手机壳的尺寸和形状估计原型件的体积,再计算出型箱的体积,二者相减得出所需硅胶的体积。

4) 混合抽真空

通过硅胶的密度得出硅胶的重量后,将一定重量的硅胶和硬化剂的重量按 10∶1 的比例进行混合,搅拌均匀后进行真空脱泡,

5) 硅橡胶浇注

把排气过的硅胶小心地从型箱的侧壁缓缓倒入型箱,直到硅胶将原型件全部浸没。

6) 排气固化

将型箱置于真空室中作排气处理,以此来脱去在浇注时因吸附或受堵而残存在胶料中的气泡,否则会影响最终硅胶模型的强度硬度,在模型表面产生缩松气孔等缺陷。接着将型箱从真空室中取出,放入烘箱中加速固化。

7）脱模

硅橡胶膜固化后,将型框拆除,在分离面画出波浪形分割线,用美工刀按分割线的标记切开硅胶模,为防止浇注时模具错位,切割模具时,切口呈锯齿状,利用工具将原型件取出后,将硅胶上残留的胶带和硅胶屑去掉,从而手机壳的硅胶模具就制作出来了。

12.6　中国龙铸型激光选区烧结实验

1. 实验目的和意义

（1）以中国龙为例,完成其模型的 SLS 制造,了解 SLS 的工作原理,进一步理解增材制造制造的方法。

（2）了解 SLS 技术的特点和应用范围。

2. 实验原理

参见第 5 章激光选区烧结技术。

3. 实验设备和材料

采用华中科技大学与武汉华科三维有限公司生产的 HKS500 设备,额定功率为 55 W,实验材料采用熔模铸造常用的蜡基模料。

4. 工艺流程

实验产品为中国龙蜡模,如图 12.13 所示,该模型形态复杂,要达到纹理清晰和逼真的效果,传统的熔模铸造很难制作。近年来用 SLS 制造蜡模,再通过精密铸造的方法获得金属件,在铸造中已得到了广泛的运用。这种方法几乎可以制作出任意复杂的形状,并且获得精度和表面光洁度都很高的铸件。工艺流程分为前处理、成形加工、后处理三部分。

图 12.13　中国龙蜡模

1）前处理

（1）模型的构建。由于 AM 系统是由三维 CAD 模型直接驱动,因此首先要构建中国龙的三维 CAD 模型。该三维 CAD 模型通过对产品实体进行激光扫描、CT 断层扫描,得到点云数据,然后利用逆向工程的方法来构造。

（2）三维模型的近似处理。用一系列相连的小三角平面来逼近曲面,得到模型的 STL 文件。

（3）三维模型的切片处理。根据被加工模型的特征选择合适的加工方向,在成形高度方向上用一系列一定间隔的平面切割近似后的模型,以便提取截面的轮廓信息。

此阶段主要完成模型的三维 CAD 造型,并经 STL 数据转换后输入到粉末激光烧结增材制造系统中。

2) 成形加工

(1) 设置工艺参数,包括预热温度、激光功率、扫描速率、扫描间距、单层层厚等。

(2) 粉层激光烧结叠加。设备根据原型的结构特点,在设定的 SLS 参数下,自动完成原型的逐层粉末烧结叠加过程。当所有叠层自动烧结叠加完成后,需要将原型在成形缸中缓慢冷却至 40 ℃以下。

3) 后处理

成形完后取出原型并清除浮粉。由于 SLS 成形件本身的强度和表面的光洁度比较低,不能满足精密铸造的要求,因此必须进行一定的后处理。一般的后处理工艺为根据使用要求进行渗蜡等补强处理,以提高 SLS 成形件的表面光洁度和强度。即渗入低熔点蜡,并进行表面抛光,就可得到表面光滑,尺寸精度高的蜡模。经过浸蜡处理的 SLS 成形件可作为蜡模直接用于精密铸造。

12.7　镂空结构金属戒指模型激光选区熔化制造实验

1. 实验目的和意义

(1) 以戒指为例,完成其模型的 SLM 制造,了解其工作原理,进一步理解增材制造的方法。

(2) 了解 SLM 技术的特点和应用范围。

2. 实验原理

参见第 6 章激光选区熔化技术。

3. 实验设备和材料

采用华中科技大学与武汉华科三维有限公司生产的 HKM250 设备,成形精度为 ±0.1 mm,成形室尺寸为 250 mm×250 mm×250 mm,采用不锈钢和钛合金。

4. 工艺流程

如图 12.14 所示的金属戒指三维 CAD 模型可以看出其具有镂空结构,镂空结构不仅美观,且节约金属材料。但传统方法不易成形其精细部位,而采用激光选区熔化技术能直接成形金属零件,镂空结构减少了成形的实体体积,提高成形效率,可用于大批量生产。因此,本实验采用 SLM 成形。工艺流程分为前处理、成形加工、后处理三部分。

图 12.14　镂空结构金属戒指模型

1）前处理

（1）模型的构建。该三维 CAD 模型可以利用计算机辅助设计软件直接构建，也可以对设计实体进行激光扫描、CT 断层扫描，得到点云数据，然后利用逆向工程的方法来构造三维模型。

（2）三维模型的近似处理。用一系列相连的小三角平面来逼近曲面，得到模型的 STL 文件。

（3）三维模型的切片处理。根据被加工模型的特征选择合适的加工方向，在成形高度方向上用一系列一定间隔的平面切割近似后的模型，以便提取截面的轮廓信息。

此阶段主要完成模型的三维 CAD 造型，并经 STL 数据转换后输入到增材制造系统中。

2）成形加工

（1）设置工艺参数，包括激光功率、扫描速率、扫描间距、单层层厚等。较高的激光能密度，相对较高的扫描速度有利于减少成形过程中球化等问题的发生。层厚要足够小（0.05 mm），满足层间因重熔而实现冶金结合，降低脱层等问题的产生。为了减小成形件的残余拉应力，可采取基板预热、变扫描矢长的分块变向扫描策略。

（2）设备根据原型的结构特点，在设定的 SLM 参数下，自动完成原型的逐层粉末熔化叠加过程。

3）后处理

可通过退火等热处理消除成形件的残余应力。若对戒指的致密度要求较高，可以采取激光选区熔化与热等静压（SLM/HIP）的复合成形技术，首先采用 SLM 技术成形完全致密零件外壳或包套，接着经热等静压处理成形完全致密零件。这种技术能有效地发挥各自子技术优势，提高金属粉末 SLM 成形件的机械性能，通过对 SLM 成形件的 HIP 致密化处理，实现全致密化复合成形。

12.8　涡轮叶片砂型三维喷印成形实验

1. 实验目的和意义

（1）以涡轮叶片砂型为例，完成砂型成形制造，了解三维喷印成形设备的工作原理、工作方法及相关设备。

（2）了解三维喷印成形技术的特点和应用范围。

2. 实验原理

参见第 9 章三维喷印技术。

3. 实验设备和材料

实验研究基于华中科技大学快速成形中心自主设计研发的 HUST-3DP 设备。该设备采用惠普 802 热气泡式喷头，最大成形尺寸为 200 mm×200 mm×150 mm，打印速度 12～25 秒/层，打印分辨率 300 dpi×300 dpi。

4. 工艺流程

3DP 的实验产品为涡轮叶片砂型模型，如图 12.15 所示，该模型具有复杂的曲面结构，采用传统造型方法，需要采用多块模具拼装来造型，模具制造周期长，小批量生产成本高，而 3DP 工艺可以实现砂型的无模制造。其工艺流程分为前处理、成形加工、后处理三部分。

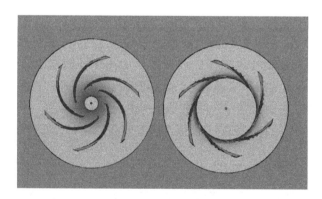

图 12.15　涡轮叶片砂型模型

1）前处理

（1）模型的构建。根据工程参数要求，该三维 CAD 模型可以利用计算机辅助设计软件（如 Pro/E、Solid Works、UG 等）直接构建，也可以将已有产品的二维图样进行转换而形成三维模型。

（2）三维模型的近似处理。用一系列相连的小三角平面来逼近曲面,得到模型的 STL 文件。

（3）三维模型的切片处理。根据被加工模型的特征选择合适的加工方向,在成形高度方向上用一系列一定间隔的平面切割近似后的模型,以便提取截面的轮廓信息。

此阶段主要完成模型的三维 CAD 造型,并经 STL 数据转换后输入到增材制造系统中。

2）成形加工

（1）设置工艺参数,包括饱和度、铺粉速度、单层层厚等。较高的饱和度会产生翘曲问题且增大黏结固化时间、相对减低的铺粉速度有利于减少成形过程中移位等问题的发生。层厚设置在 0.2～0.4 mm,根据成形精度越高,但成形时间也越长,效率就越低,反之则精度低,但效率高。

（2）设备根据原型的结构特点,在设定的 3DP 参数下,自动完成原型的逐层粉末黏结固化过程。当所有叠层自动叠加完成后,需要将原型在成形缸中静置一段时间。

3）后处理

模型黏结固化后,人工将模型从工作台取下,细心地将多余粉末去除。为了提高原型强度、降低发气量,需将初坯进行后烧结处理。后处理采用初坯放入填充玻璃微珠的容器中并露出上表面,快速升温至 200 ℃并保温 2 h,并随炉冷却至室温出炉。

参考文献

洪军,等,2000.快速成型中的支撑结构设计策略研究[J].西安交通大学学报,34(9):58-76.

黄卫东,等,2007.激光立体成形[M].西北工业大学出版社.

黄小毛,2009.熔丝沉积成形若干关键技术研究 [D].武汉:华中科技大学,36-50.

纪峰,陈荔,李占利,2006.基于 STL 文件的模型及应用[J].长安大学学报(自然科学版),26(1):104-107.

李鹏,2005.基于激光熔覆的三维金属零件激光直接制造技术研究[D].华中科技大学.

卢秉恒,李涤尘,2013.增材制造(3D 打印)技术发展[J].机械制造与自动化,42(4):1-4.

孙国光,2008.三维打印快速成型机材料的研究[D].西安:西安科技大学.

王广春,袁圆,刘东旭,2011.光固化快速成型技术的应用及其进展[J].航空制造技术,(6).

邢希学,等,2016.电子束选区熔化增材制造技术研究现状分析 [J].焊接,(7):22-26.

张海鸥,等,2010.金属零件直接快速制造技术及发展趋势[J].航空制造技术,(8):43-46.

张优训,2005.叠层实体制造(LOM)激光快速成型系统的研制与开发[D].中山大学.

赵火平,樊自田,叶春生,2013.三维打印技术在粉末材料快速成形中的研究现状评述[J].航空制造技术,(9).

周文秀,韩明,2002.薄材叠层制造材料的分析.材料导报,3(16):3-6.

Decard C R,1989. Method and Apparatus for Producing Parts by Selective Laser Sintering. US Patent ♯4863538.

Gibson I,Rosen D,Stucker B,2015. Binder Jetting[M] Additive Manufacturing Technologies. Springer New York,205-218.

Kruth J P,et al,2005. Binding mechanisms in selective laser sintering and selective laser melting. Rapid prototyping journal,11(1):26-36.

Mccllough E,Yadavalli V,2013. Surface modification offused deposition modeling ABS to enable rapid prototyping of biomedical microdevices [J]. Journal of MaterialsProcessing Technology,213:947-954.

Melchels F P W,Feijen J,Grijpma D W,2010. A review on stereolithography and its applications in biomedical engineering[J]. Biomaterials,31(24):6121-6130.

Osakada K,Shiomi M,2006. Flexible manufacturing of metallic products by selective laser melting of powder. International Journal of Machine Tools and Manufacture,46(11):1188-1193.

Stewart TD,Dalgarno K W,1999. ChildsTHC. Strength of the DTM RapidSteelTM 1. 0 material. Materials and Design,(20):133-138.

Sun M,1993. S. M. Physical modeling of the selective laser sintering process:[Ph. D. Dissertation],The University of Texas at Austin,Austin.

Thompson S M,et al. ,2015. An overview of Direct Laser Deposition for additive manufacturing:Part I: Transport phenomena,modeling and diagnostics [J]. Additive Manufacturing,8:36-62.

Wohlers T,Gornet T,2011. History of additive manufacturing [J]. Wohlers Report:Additive Manufacturing and 3D Printing State of the Industry Annual Worldwide Progress Report.

Yadroitsev I,Bertrand P,Smurov I,2007. Parametric analysis of the selective laser melting process. Applied surface science,253(19):8064-8069.

Zekovic S,Dwivedi R,Kovacevic R,2007. Numerical simulation and experimental investigation of gas flow from radially symmetrical nozzles in laser-based direct metal deposition [J]. International Journal of Machine Tools and Manufacture,47(1):112-123.

Zhou J,Herscovici D,Chen C,2000. Parametric process optimization to improve the accuracy of rapid prototyped stereolithography parts[J]. International Journal of Machine Tools and Manufacture,40(3): 363-379.